COLLECTION OPUS

DES RYTHMES
AU CHAOS

PIERRE BERGÉ, YVES POMEAU
MONIQUE DUBOIS-GANCE

DES RYTHMES
AU CHAOS

*Nouvelle édition revue
et augmentée*

INTRODUCTION

11 janvier 49 avant Jésus-Christ : César prononce le célèbre *Alea jacta est* (« le sort en est jeté ») et franchit le Rubicon. Il sait bien que l'issue de son action, hautement risquée, dépend aussi du hasard. La loi romaine interdit en effet le franchissement du Rubicon – rivière séparant le Latium de la Gaule cisalpine – par l'armée du gouverneur de cette province sans l'ordre du Sénat. La situation politique à Rome est tendue. C'est dans ces conditions difficiles que César s'apprête à violer la loi romaine quitte à être déclaré ennemi de la République. On connaît la suite : il devient maître de Rome et de l'Italie tout entière. Sans doute avait-il consulté les oracles et autres augures dans le but de conjurer l'incertitude de l'avenir. Cette fois, les devins ont eu raison...

Le souci de connaître l'avenir trouve sans doute son origine dans le besoin de se préparer à faire face aux situations qui se présentent. Il est très certainement dû aussi au désir, parfois inconscient, d'avoir des repères, donc de relier les événements à des chaînes causales, qu'elles soient d'origine physique ou religieuse. Or les prédictions, de quelque nature qu'elles soient, se projettent dans le temps, dimension où futur et passé se mêlent. La notion de temps, sa perception, sa mesure, sont donc essentielles dans l'appréhension de l'avenir.

De nos jours, les montres sont devenues des garde-temps si précis et sophistiqués, si accessibles, que nous avons du mal à imaginer que la mesure rigoureuse du temps, qui nous fournit une référence absolue indépendante des lieux et fiable sur de très longues périodes, est assez récente. Avant le XVIe siècle, les différents types de garde-temps (clepsydres, cadrans solaires) ne donnaient que des indications approximatives et portant sur des durées assez courtes. L'activité, essentiellement agricole, se réglait sur la longueur du jour et la succession des saisons : la connaissance précise de l'écoulement du temps, eût-elle été possible, n'aurait été que de peu d'intérêt. Quant aux différentes prédictions, elles n'étaient souvent que des corrélations irrationnelles entre certains phénomènes, spectaculaires ou inattendus (éclipses, comètes), mais aussi plus terre à terre.

Au XVIe et surtout au XVIIe siècle, des progrès considérables ont été accomplis dans la mesure du temps, avec l'apparition des horloges fondées sur un oscillateur indépendant et pour lesquelles Huyghens a joué un rôle déterminant. Les astronomes étaient les premiers intéressés par une mesure précise du temps et les meilleures horloges de l'époque se trouvaient souvent dans leurs observatoires. Quelques-unes ont même été conçues par certains d'entre eux, dont Galilée. À cette même époque, ou peu après, les navigateurs ont aussi exercé une influence importante dans la construction d'horloges transportables et précises ; la connaissance exacte de l'heure au méridien de référence est en effet indispensable pour déduire la longitude et se situer sur les mers.

Conséquence logique, c'est de cette époque que date aussi le début de l'ère scientifique moderne. Les lois de la physique n'existeraient pas sans une bonne métrologie du temps, temps auquel nous ne pouvons échapper, mais dont la maîtrise (au sens de la mesure) a élargi peu à peu notre champ de connaissance. Sa mesure précise a permis l'élaboration des premières lois de la physique. L'illustration la plus fondamentale réside dans les lois de Kepler décrivant le mouvement des planètes dont la théorie physique a été trouvée, quelques années plus tard, par Newton quand il a découvert la loi de la gravitation universelle. Ces lois sont les premiers jalons de la science moderne, pour laquelle les phénomènes observés sont le plus souvent traduits en relations mathématiques. Mais qui dit relations mathématiques dit aussi possibilité de calculs, donc de connaissance en fonction de différents paramètres et, en particulier, du temps. À partir de la connaissance du passé, le futur devenait calculable ; la prédiction scientifique était née.

Des scientifiques de grand talent se sont attelés à la tâche. Mathématiciens, tel Lagrange, physiciens et astronomes, tel Laplace (à la fin du XVIIIᵉ siècle, l'école française est pionnière), développent de nouveaux outils mathématiques pour cerner de plus en plus près l'évolution de systèmes physiques ; dans ce prolongement, on a pu dire que le XIXᵉ siècle a été l'âge d'or de la science positiviste. La foi en la toute-puissance de la science, notamment en celle des mathématiques, était grande ; les esprits éclairés ne doutaient pas que l'on puisse progressivement aboutir à une connaissance quasi complète de l'univers, présent et futur, sur la base du déterminisme des relations mathématiques.

C'était sans doute s'aveugler sur les capacités humaines et oublier les innombrables facettes de la nature. À la fin du XIXᵉ et au début du XXᵉ siècle, les travaux de Poincaré, puis ceux d'Hadamard, ont commencé à jeter une ombre sur les certitudes acquises en découvrant que certains systèmes mathématiques avaient des comportements si complexes qu'il était très difficile – voire impossible – de les prédire, tant ils dépendaient de façon capricieuse des valeurs choisies au départ. Un autre ébranlement sérieux est venu de la mécanique quantique : l'impossibilité de connaître avec précision à la fois la position et la vitesse d'une particule introduit une importante limitation qui révèle une vision plus complexe de la réalité.

Les coups décisifs contre la toute-puissance du déterminisme ont été portés dans les trois dernières décennies, semant les graines d'une nouvelle révolution conceptuelle, dans la lignée de Poincaré et d'Hadamard, dont les travaux mathématiques étaient restés dans l'ombre pendant de longues années (sauf pour l'école russe). Les découvertes récentes ont pleinement confirmé leurs observations en approfondissant le fait que même des systèmes relativement simples, décrits par des relations mathématiques bien définies, pouvaient être imprédictibles. La portée de cette découverte est universelle : elle s'applique à tous les domaines, que ce soit en mathématiques, mais aussi dans les différentes branches de la physique, de la chimie, de la biologie, et peut-être même aux sciences humaines. Il ne suffit pas de connaître les relations donnant l'évolution d'un système quel qu'il soit ; la nature de ces relations implique que, souvent, les états calculés perdent de leur réalisme au-delà d'un certain laps de temps ; cette limitation de la connaissance est inéluctable. Tout se passe comme si des images, que l'on voit très nettes de près, paraissaient de plus en plus floues au fur et à mesure qu'elles s'éloignent, l'espace symbolisant ici la distance temporelle.

À l'imprédictibilité est associée une évolution chaotique. Pourquoi ce chaos ? Dans quelles conditions s'installe-t-il ? Que peut-on savoir, malgré tout, sur les systèmes qui le subissent ? Comprend-on mieux aujourd'hui la nature du hasard ? Toutes les imprédictibilités sont-elles sans appel ? Le déterminisme souverain est-il définitivement enterré et le chaos nous rend-il notre libre arbitre ? Les pages qui suivent s'efforcent de jeter un peu de lumière sur ces problèmes difficiles. Même si l'imprédictibilité de systèmes simples peut paraître un défi de plus lancé par la nature aux scientifiques, ces systèmes peuvent présenter des états fascinants où l'ordre et le désordre se côtoient sans cesse. Le fait de comprendre leurs mécanismes, comme ceux d'une machinerie très complexe, a permis d'éclairer certains domaines scientifiques et même de mieux comprendre certains comportements collectifs.

CHAPITRE 1

Autrefois le temps

> « Le temps, cette image mobile de l'immobile éternité. »
>
> Jean-Baptiste ROUSSEAU
> (d'après PLATON)

En 1817, Germaine Necker, baronne de Staël, confiait, à l'approche de la mort et alors qu'elle avait seulement cinquante et un ans, que la vie lui avait paru longue tant elle avait créé à travers l'écriture et vécu d'événements divers au cours d'une existence mouvementée.

La notion du temps qui passe est variable d'un individu à l'autre. Pour chacun, elle change selon l'âge ou le moment. Au cours de notre vie, l'enfance est une période bénie où le temps paraît s'étirer longuement, quasi immobile (en était-il de même au début de l'humanité ?) ; puis, il s'accélère avec les années. Suivant nos actions ou nos émotions, nous pouvons avoir l'impression que le temps s'emballe ou, au contraire, qu'il ralentit, d'autant plus si nous sommes passionnés par ce que nous vivons. On parle ainsi de temps psychologique. Mais notre notion du temps n'est pas seulement liée à notre vie intérieure. Elle varie aussi avec notre culture, car elle se nourrit de la mémoire collective et de ses repères objectifs. Ces repères ont beaucoup évolué depuis le début de l'humanité. Le temps a donc une histoire.

Le temps immobile

Les hommes de l'Antiquité n'avaient probablement pas la même notion du temps que nous, mais, à l'échelle d'une vie humaine, les repères essentiels étaient les mêmes que les nôtres, c'est-à-dire le jour et l'année. L'activité, principalement agricole, était rythmée par le lever et le coucher du Soleil et par la succession des saisons qui conditionnaient les travaux. C'est ainsi que le calendrier égyptien n'avait que trois saisons : l'inondation (la période des crues du Nil), l'été et l'hiver.

Ces repères, jour, année, etc., tiraient leur origine des premiers phénomènes périodiques que les êtres humains aient pu observer, ceux que l'astronomie nous fournit de manière immédiate : rotation de la Terre autour de son axe pour le jour, mouvement de la Terre autour du Soleil pour l'année, rotation de la Lune autour de la Terre, etc. En fait, pour les anciens, la Terre était au centre du monde. Cette doctrine géocentriste, défendue pendant des siècles, a été élaborée par Ptolémée. Claude Ptolémée, astronome, mathématicien et géographe grec, probablement membre de l'école d'Alexandrie, plaçait en effet la Terre au centre du monde. Dans le *Planisphærium Ptolemaicum*, sept sphères centrées sur la Terre servaient à décrire, dans leur ordre respectif, les mouvements de la Lune, de Mercure, de Vénus, du Soleil, de Mars, de Jupiter et de Saturne ; une huitième sphère – dite « sphère des Fixes » – portait les étoiles (voir figure 1). Ces mouvements des corps célestes se répétaient à l'infini selon un rythme immuable.

Sans doute les astronomes des époques anciennes n'avaient-ils pas l'intuition que cet ensemble de mouvements pouvait être quasi périodique, c'est-à-dire que la périodicité du Soleil et celle des astres pouvaient être dans un rapport qui ne fût pas un nombre entier ou rationnel. C'est pourtant le cas dans le déroulement du calendrier pour lequel les « unités » de base dans le calcul du temps sont le jour et l'année et dont le rapport des durées astronomiques est 365,242... La partie non entière de ce rapport est à l'origine des années bissextiles : ajouter un 366ᵉ jour permet de rattraper

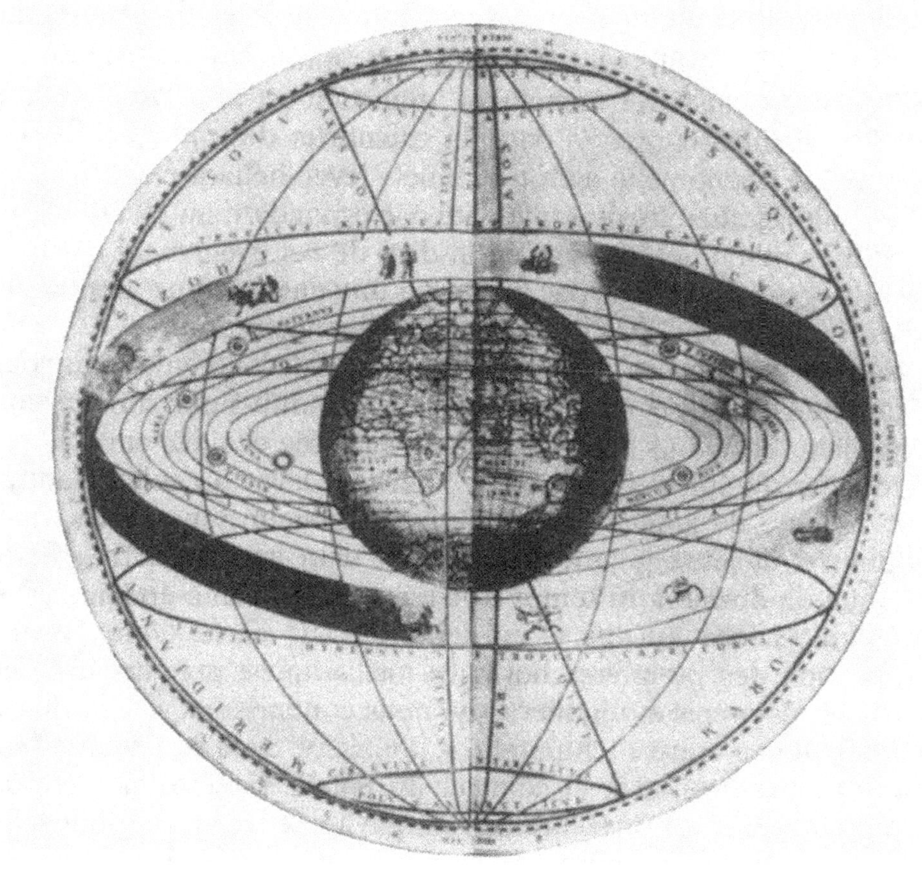

Fig. 1 – Système de Ptolémée.
© Palais de la Découverte.

presque parfaitement [1], tous les quatre ans, le retard pris sur une
année de 365 jours par rapport à un tour complet de la Terre sur
l'écliptique. Si l'on se réfère à la chronologie égyptienne, l'année
comptait invariablement 365 jours ; de ce fait, les saisons se déca-
laient d'année en année par rapport au calendrier à raison de un
jour tous les quatre ans. (Un décalage de six mois du calendrier
égyptien par rapport au temps réel astronomique – plein été en
« janvier » – se faisait en 730 ans.) Ce fait a été utilisé par les égyp-
tologues pour dater certains événements. En particulier, les anciens
Égyptiens étaient très attentifs au mouvement de l'étoile Sothis, que

nous nommons aujourd'hui Sirius. Quand le lever de cette étoile avait lieu juste avant celui du soleil, cela annonçait la crue imminente du Nil ; aussi cet événement important est-il parfois indiqué sur des documents avec la date du calendrier de l'époque. Si l'on sait que ce phénomène astronomique – lever héliaque de Sirius – se produit régulièrement à une date correspondant au 19 juillet du calendrier julien, le décalage de la date de cet événement dans le calendrier des Égyptiens par rapport à une date connue permet de situer, à quatre ans près, les événements concomitants.

Dans les travaux des champs, l'importance de la longueur du jour en tant que période éclairée par le soleil a conduit à une subdivision journalière du temps en douzième de la durée écoulée entre lever et coucher du soleil d'une part, coucher et lever du soleil d'autre part. L'heure de jour et l'heure de nuit n'étaient donc égales qu'à l'équinoxe, et leurs longueurs variaient d'un jour à l'autre. Cette pratique de division du temps a persisté jusqu'à une époque relativement récente. Au XIIIe et au début du XIVe siècle, donc jusqu'à l'apparition des premières horloges mécaniques, précurseurs des garde-temps précis et réguliers que nous connaissons, les horloges donnaient une heure « temporelle », douzième de la longueur effective du jour, entre lever et coucher du Soleil. Si cette manière de comptabiliser le temps n'était pas simple à mettre en pratique, elle était très proche du rythme de la nature et a été utilisée dans de nombreuses civilisations. On peut trouver [2] des descriptions de clepsydres (horloges hydrauliques) très sophistiquées, construites au Moyen-Orient, et qui donnaient des heures temporelles. Ces dernières ont également rythmé la vie au Japon jusqu'à une date assez proche.

Origine du monde, origine du temps

Le retour du jour et des saisons a donné pendant longtemps une perception globale du temps qui, à l'échelle de la vie du Cosmos et de la Terre, se référait à un monde immuable, où les astres tournaient indéfiniment autour de la Terre, centre du monde. La question sous-jacente du commencement, de la naissance de cet univers, trouvait sa réponse dans les croyances religieuses.

En ce qui concerne l'Égypte ancienne, le symbole de la création du monde est constitué d'une crête de limon émergeant des flots. D'après Hérodote, le delta du Nil s'était probablement formé par comblement d'un ancien golfe au cours de l'accumulation d'alluvions charriées par le fleuve. Il est donc possible que les premiers habitants de l'Égypte aient pu contempler des îlots de terre apparaissant progressivement au-dessus des eaux, et que les croyances de l'Égypte ancienne aient trouvé là leur origine : une étendue aqueuse inerte précédait la création, et le Dieu créateur initial, Neith, était assimilé à la « Terre émergeant de l'eau ». Cette première étape de la construction du monde était suivie d'événements dont les détails dépendaient des centres religieux où ils étaient développés.

À Héliopolis, qui célébrait le culte du dieu soleil Rê, un système théologique très intellectuel et de pure logique avait été développé pour expliquer les origines du monde. Atoum, divinité solaire qui émerge du chaos [3], va être l'auteur de toute la création à la suite de la naissance d'un couple lui-même créateur : Shou (l'air) et Tefnout (l'humidité), ce couple engendrant à son tour Geb (dieu de la Terre) et Nout (princesse du Soleil).

À Hermopolis, autre centre religieux, la tradition enseigne que quatre couples de divinités fondamentales naissent du chaos aquatique ou océan primordial. D'un œuf mystérieux jaillit le Soleil qui s'élance aussitôt dans l'espace. Une autre tradition du même centre imaginait, plus poétiquement encore, la naissance du Soleil à partir d'un calice de lotus flottant à la surface de l'océan primordial plongé dans les ténèbres.

De nombreux mythes égyptiens, sensiblement différents les uns des autres, tentaient d'expliquer la création du monde. Au-delà des détails, on ne peut manquer d'être frappé par certains de leurs points communs. C'est ainsi que la création s'opère par étapes, mais dans un ordre variable d'un système à l'autre, en particulier en ce qui concerne les êtres animés et le cadre dans lequel ils vont évoluer. Tout ce qui a été créé est sur un même plan – l'homme n'a pas de place à part – et dans un monde sans évolution... le temps est immobile. Autre point commun frappant : l'état initial précédant la création du monde est l'océan (ou le marais) primordial, milieu inorganisé, plongé dans les ténèbres et dans le chaos originel. L'îlot de terre émergeant de cet océan initial illustre en quelque sorte l'ordre émanant du chaos, préfigurant de façon évidemment bien vague une notion moderne que nous retrouverons comme un leitmotiv tout au long de cet ouvrage. Certains sages d'hier n'avaient-ils pas des intuitions remarquables ? Un autre exemple en est fourni par l'image des ténèbres primordiales soudain déchirées par la lumière. On pense au moderne *Big Bang*. On peut remarquer, par ailleurs, que le chaos est souvent figuré par une masse d'eau (océan, marécage, etc.). Or on sait aujourd'hui que l'état liquide correspond à un état fort désordonné à l'échelle des molécules dont l'agitation est, depuis Boltzmann, représentative du « chaos moléculaire ».

Chez les Grecs aussi, l'état primordial était le chaos, matière de forme vague mais contenant les principes du Monde. D'après la mythologie, ce chaos engendra la Nuit (sous forme d'une déesse des ténèbres). Ici encore, nous trouvons que les ténèbres ont précédé toute chose. La Nuit engendra à son tour les Cieux et le Jour (en fait, la lumière). La Terre naquit alors, et d'elle, l'Homme. De nombreuses divinités naquirent ensuite. Deux d'entre elles méritent plus particulièrement notre intérêt.

Divinité aveugle et inexorable, le Destin représente tout ce qui arrive dans le monde. Il est frappant de noter que les lois du destin étaient écrites de toute éternité en un certain lieu, malheureusement seulement accessible aux Dieux ! Ne faut-il pas voir dans cette croyance un très proche antécédent du déterminisme de Laplace [4] énoncé de manière scientifique plus de deux mille ans plus tard ?

L'autre divinité, Cronos [5], dieu cruel, mérite aussi notre attention. En effet, à l'exception des trois fils sauvés par son épouse (Zeus, Poséidon et Hadès qui, assimilés à Jupiter, Neptune et Pluton chez les Romains, donnèrent leur nom aux planètes les plus extérieures du système solaire), tous les autres furent dévorés avidement par leur père. Le point intéressant pour nous est que l'allégorie de Cronos (Saturne dans la mythologie latine) dévorant ses enfants représente le Temps qui consomme avec avidité les années qui s'écoulent.

La Bible a, elle aussi, sa description de la création divine du monde. Certains points sont communs avec les civilisations dont nous venons de parler, et la présence du chaos originel semble être une constante d'importance. La création du monde en six jours, divins certes, a été à l'origine de croyances persistantes sur le très jeune âge de notre planète. Cela paraît peu croyable aujourd'hui, mais ce n'est que vers le milieu du XIXᵉ siècle que la Genèse a été définitivement abandonnée comme repère dans la connaissance de l'âge de la Terre. Claude Allègre rapporte [6] que, vers 1540, une étude approfondie de textes grecs, égyptiens et chrétiens avait conduit à la certitude que la Terre avait été créée en l'an 4004 av. J.-C. Très précisément le 26 octobre à 9 heures du matin ! L'histoire de l'humanité s'étalant sur quelques milliers d'années, on pensait que l'histoire de la Terre lui était parallèle, comme le laissaient supposer les écrits de l'Ancien Testament.

De la prédiction dans les temps anciens

Au-delà des observations, une certaine maîtrise dans l'évaluation du temps et la reconnaissance de périodicités remarquables devait naturellement entraîner l'homme à faire des prédictions. Certaines furent réussies dès l'Antiquité. Thalès, dont le nom est immortalisé par un classique théorème de géométrie, aurait prédit des éclipses dès 640 av. J.-C. Hipparque, vers 140 av. J.-C., a prédit les éclipses de Soleil et de Lune devant se produire dans les six cents ans à venir. En Égypte, les crues du Nil étaient annoncées par une certaine position de Sirius par rapport au Soleil. Plus généralement, l'observation du ciel permettait de prévoir de nombreux phénomènes, dont le retour régulier des saisons. Dès lors, la répétition des événements astronomiques devait conduire les hommes des premières civilisations à la notion de relation de cause à effet et à l'utilisation du passé pour prédire l'avenir. Par une extrapolation logique, pourquoi ne pas associer le sort des hommes et de la Terre entière à la position des astres ? C'est ainsi que les anciens se servaient de certains livres, les éphémérides, constitués de tables astrologiques calculées par des mathématiciens. Avant de se lancer dans un quelconque projet, une consultation des éphémérides était hautement recommandable, les plus réputées étant dues à un astronome égyptien, Pétosiris. Mais force a été de reconnaître que la plupart des événements, dont certains majeurs, ne pouvaient être prévus par cette méthode car, comme l'on sait, l'incertitude domine aussi bien la vie individuelle que le comportement social ou celui de la Nature. Cette situation, peu confortable devant l'avenir inconnu, a promu le développement d'un palliatif, toujours présent dans nos sociétés et que les rationalistes considèrent [7] comme injustifié. Il consistait à s'adresser à des devins et à des oracles de tous ordres pour lever cette troublante incertitude et aider la prise de décisions. Une autre attitude, plus résignée, consiste aussi à attribuer à la volonté de Dieu ou des dieux les événements qu'on n'a pu prévoir. Cette attitude n'est d'ailleurs pas antinomique de celle consistant à faire appel à la divination car, dans l'Antiquité, beaucoup de devins étaient, en fait, censés déchiffrer la volonté des dieux. Plus encore, dans l'Égypte ancienne, c'est l'oracle des dieux eux-mêmes qui était directement pris en compte. Bien évidemment, les processus de la consultation n'étaient pas directs et revêtaient de multiples formes. Le tirage au sort de réponses préparées pouvait être une de ces méthodes, l'interprétation de voix entendues, de nuit, dans des sanctuaires, en était une autre, alors que la plus courante et la plus directe, en quelque sorte, consistait à interroger la statue du dieu lui-même lors de processions festives : c'est le mouvement des porteurs qui – convenablement interprété – traduisait la réponse divine. Dans l'Égypte ancienne, il était régulièrement fait appel à ces oracles divins, aussi bien par le peuple, pour les menus soucis quotidiens, que par les rois et les pharaons, pour les grandes décisions politiques ou militaires qu'ils devaient prendre.

La Grèce antique, si sensible à l'existence de prodiges surnaturels, était une grande utilisatrice de la divination, témoin la célébrité internationale de la Pythie, archétype de la prophétesse. La Pythie était la prêtresse-devineresse de l'oracle de Delphes, résidence – sauf durant les mois d'hiver – du dieu Apollon dont elle était censée communiquer la volonté. Loin de représenter un per-

sonnage unique, la dénomination de pythie représente une fonction, d'ailleurs quelquefois remplie simultanément par plusieurs
personnes, tant la demande – émanant du monde méditerranéen –
était importante. Il est instructif et rassurant de remarquer l'ambiguïté des oracles dont la forme finale était le fruit d'un « traitement de l'information » complexe. La Pythie, souvent choisie parmi
des femmes simples et ignorantes, se bornait à rendre ses oracles
dans un état de transes frénétiques, enivrée – pensait-on – par les
émanations du gouffre au-dessus duquel elle officiait, assise sur son
légendaire trépied. Plus que ses paroles, on entendait surtout des
cris inarticulés ; il est vrai que la tâche ne lui était pas facilitée (sage
précaution ?) puisque le rituel, fort compliqué, prévoyait – entre
autres – qu'elle ait des feuilles de laurier (-sauce) dans sa bouche.
C'est assez dire le rôle clef des prêtres d'Apollon qui l'assistaient et
se chargeaient de l'interprétation – et de la rédaction en vers – de
ses oracles. S'il s'agissait de conseils très généraux et de bon sens,
l'oracle rédigé était assez intelligible, alors qu'en matière de véritable consultation sur l'avenir de nombreuses obscurités calculées
et des doubles sens émaillaient le texte. Le fait d'écrire l'oracle avait
en tout cas cela de bon que les prêtres – gardant prudemment une
copie [7] – pouvaient au moins établir une cohérence entre des prophéties successives... Quand on prend en compte le fait que, souvent, l'oracle rédigé était incompréhensible par le client et devait
donc faire l'objet d'une exégèse par les devins qui abondaient au
voisinage du temple de Delphes, on peut penser que de telles prédictions relevaient essentiellement du hasard, hasard dont nous
parlerons souvent dans ce livre.

De très nombreuses autres méthodes de divination étaient pra-
tiquées aussi bien en Grèce qu'à Rome. Sans entrer dans plus de
détails, il est instructif d'insister sur la généralité et l'importance de
ces pratiques. Les devins, augures et interprètes de songes avaient
une autorité reconnue et jouissaient d'une grande considération. À
Rome, leurs fonctions allaient jusqu'à revêtir un caractère officiel.
La « science » augurale était rédigée, faisait partie de la théologie
chez les Grecs et fut érigée à Rome au rang des institutions de
l'État. Aucune action importante ne se décidait sans que l'on ait
préalablement consulté les augures. En matière de stratégie mili-

taire tout particulièrement, les auspices étaient d'un très grand poids et les chefs d'armée avaient toujours à leur disposition des augures pour consulter les dieux.

De tels recours, que nous pourrions juger aberrants aujourd'hui, montrent, si besoin est, l'angoisse absolue de l'homme devant l'inconnu, cet inconnu dont une grande part se manifeste par des événements que nous aurions tendance aujourd'hui à relier au hasard. En ce sens, ils sont donc imprédictibles, ce qui a toujours été difficilement supportable, sauf à se raccrocher à la volonté d'une Puissance supérieure. Dire que l'intérêt pour les prophéties a disparu serait une erreur, et de nombreux devins ont acquis une place importante du fait de leur art. Parmi les plus connus, Nostradamus prophétisa au XVIe siècle dans les *Centuries astrologiques* de nombreux événements dont beaucoup sont encore à venir. Il serait bien risqué de penser que Catherine de Médicis le fit venir à la cour pour ses seuls talents de médecin, qu'il mit au service de Charles IX, tout comme il serait hasardeux de prétendre que, de nos jours, époque moderne très éclairée par la science, d'importants décideurs, voire des chefs d'État, ne consultent pas des voyants ou autres extralucides. Contentons-nous de remarquer la place importante consacrée à l'astrologie dans de nombreux journaux ou revues à grand tirage... alors que les articles relevant d'informations scientifiques y sont très rares.

CHAPITRE 2

De notre temps

> « Nous descendons et ne descendons pas
> deux fois le même fleuve. »
>
> SÉNÈQUE

Au fur et à mesure que l'histoire de l'humanité se fait plus longue, la connaissance du passé a donné à ceux qui la possèdent un certain recul par rapport à la notion de temps. L'image d'un temps constructeur peut se nourrir de l'admiration que suscitent l'évolution et la beauté de certaines réalisations humaines ; celle d'un temps destructeur peut susciter le désespoir ou la révolte devant le caractère éphémère et parfois dérisoire de la plupart des activités humaines et des civilisations. Mais cette prise de conscience, importante vis-à-vis de la notion du temps à l'échelle humaine, a comme toile de fond la vie de notre planète. La connaissance du passé et des étapes géologiques et climatiques – même à des époques incroyablement reculées – a récemment fait un formidable bond en avant. Notre vision du monde et notre conception du temps s'en trouvent profondément modifiées : l'échelle de temps des phénomènes évolutifs que nous pouvons connaître semble désormais hors de proportion, non seulement avec une durée de vie humaine, mais même avec l'histoire de l'humanité tout entière.

Lois et stabilité

Dans les temps anciens, la vie de l'univers était réglée par les mouvements périodiques des astres et semblait d'une éternelle stabilité. Les premières lois scientifiques, celles de Kepler (1609 et 1619), ont rendu compte, de façon remarquable tant elles sont simples et justes par rapport aux observations de l'époque, du mouvement des planètes autour du Soleil. La découverte de ces lois a été rendue possible par la mesure de plus en plus précise du temps. En effet, les planètes dont la révolution autour du soleil suit des périodes très différentes apparaissent à des positions variables dans le ciel (d'où le nom d'astres errants sur la célèbre sphère des Fixes que leur donnaient les Anciens). Il est donc important de les situer précisément dans l'espace et dans le temps si l'on veut en déduire leur trajectoire. Les lois de Kepler ne remettaient pas en cause la stabilité de l'univers, bien au contraire, puisqu'elles en donnaient des lois d'équilibre.

D'où vint la première fêlure dans ce dogme de l'éternelle stabilité ? De la loi de Newton, ou loi de la gravitation universelle. Les lois de Kepler étaient des lois empiriques. Newton en a trouvé la raison physique, à savoir l'attraction qui s'exerce entre masses. Mais cette attraction ne rend compte de ces lois que si l'on considère uniquement le mouvement de chaque planète prise isolément autour du soleil. Tout se complique dès qu'intervient l'attraction entre les planètes elles-mêmes, bien que celle-ci soit très faible par rapport à l'attraction solaire. Newton a eu, semble-t-il, l'idée que les multiples interactions entre les planètes pourraient déstabiliser leur mouvement, mais il s'en remettait à Dieu qui, dans sa grande sagesse, devait assurément maintenir la stabilité du système solaire [1].

Près d'un siècle plus tard, précision des observations et avancée des mathématiques dues à Lagrange et à Laplace ont permis à ce dernier d'affirmer que le mouvement des planètes était stable et prédictible, malgré leur interaction mutuelle, stabilité qui ne sera remise en question qu'à la fin du XIXᵉ siècle par Henri Poincaré.

Qu'avaient-ils apporté de plus que Newton ? Ils avaient à leur disposition des outils de calcul plus élaborés et avaient pu calculer l'influence de certaines interactions, influence dont Newton n'avait eu que des idées intuitives.

Mathématiques du temps continu

En dehors de ce travail important sur le mouvement des planètes, Laplace et Lagrange ont contribué à une évolution scientifique majeure : le temps, mesurable de façon continue, est devenu aussi une variable suivant laquelle des évolutions pouvaient être décrites continûment et précisément. C'était la naissance de toute une branche des mathématiques, celle des équations différentielles et de leur résolution.

Posons-nous le problème fondamental suivant. Soit à déterminer le mouvement d'un objet de masse m seulement soumis à une force constante F (par exemple son propre poids) et ayant, à l'instant initial t = 0, la vitesse Vo (éventuellement nulle) et la position Xo. Galilée [2] a été le premier à trouver expérimentalement la solution de ce problème fondamental et, mérite supplémentaire, avant que Newton n'établisse la loi de l'attraction universelle. Ses expériences portaient, en particulier, sur le mouvement d'une boule de bronze placée dans un petit canal creusé dans un chevron de bois incliné (voir figure 1).

Nous connaissons de nos jours le principe d'inertie qui dit que la variation $(V_2 - V_1)$ de la vitesse mesurée aux instants t_2 et t_1 sera proportionnelle à l'intervalle de temps $(t_2 - t_1)$, à la force agissante F et inversement proportionnelle à la masse m de l'objet. Cela se traduit par l'égalité :

$$V_2 - V_1 = (t_2 - t_1) \times F/m$$

ou encore :

$$(V_2 - V_1) / (t_2 - t_1) = F/m.$$

Si intéressante qu'elle soit, cette relation ne permet pas pour autant d'obtenir une relation explicitant la valeur de la vitesse à

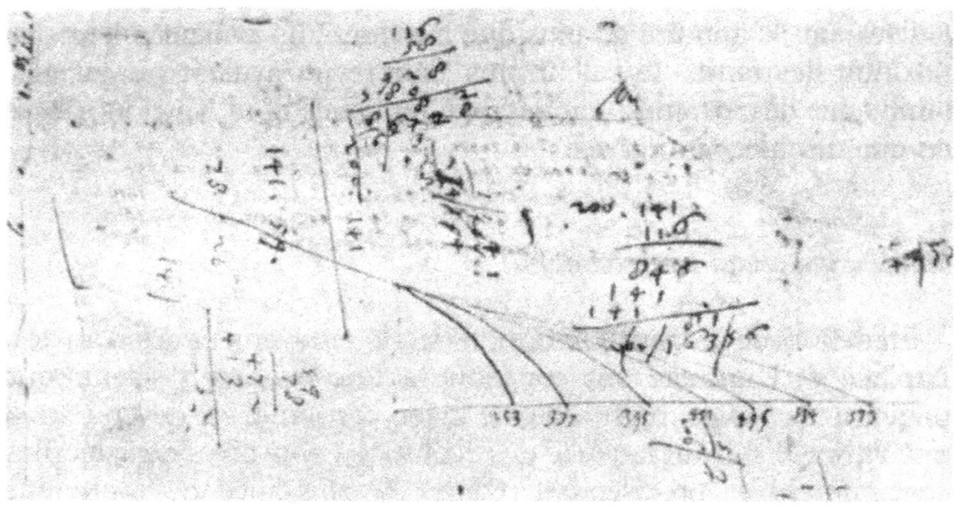

Fig. 1 – Dessin manuscrit de Galilée illustrant différentes trajectoires de boules à la sortie du plan incliné. Cliché G. Sansoni Firenze, Bibliothèque nationale de Florence.

tout instant. Un progrès considérable – dont Leibniz fut l'initiateur au XVIIe siècle – consiste à passer au temps continu en considérant la variation de vitesse dV pour des intervalles de temps $dt = (t_2 - t_1)$ infiniment petits ; le rapport $(V_2 - V_1) / (t_2 - t_1)$ s'écrit alors dV/dt (dérivée de la vitesse par rapport au temps) et l'équation s'écrit alors : $dV/dt = F/m$. Nous possédons maintenant une relation explicite entre la vitesse et le temps que l'on appelle équation différentielle. Certes, tout n'est pas gagné ! Comme pour toute équation, il faut pouvoir la résoudre par le calcul et nous verrons que ce n'est pas possible dans de nombreux problèmes. Mais dans notre cas, les méthodes du calcul intégral (ici particulièrement simples) permettent d'en trouver la solution :

$$V = Vo + (F/m) \times t.$$

Vo est la vitesse initiale, au temps $t=0$ pris comme origine. Un pas considérable a été franchi puisque nous pouvons maintenant calculer – donc prévoir ! – la vitesse V à tout moment. (Nous remarquons que cette dernière croît proportionnellement au temps : c'est le mouvement uniformément accéléré.) Nous ne saurions nous satisfaire de cette étape, car c'est la position X de l'objet en fonction du temps qui nous intéresse *in fine*. Nous savons tous que la vitesse (moyenne, car nous venons de voir qu'ici elle varie et c'est bien cela qui complique maintenant notre problème) est le quotient de la distance $X_2 - X_1$ parcourue par le temps mis à la parcourir. Cela s'écrit :

$$V = (X_2 - X_1) / (t_2 - t_1).$$

Mais cette égalité a quelque chose d'approximatif, du fait, précisément, que la vitesse varie à chaque instant. Son estimation est donc d'autant plus précise que l'intervalle de temps $t_2 - t_1$ sera plus petit, d'où un intérêt supplémentaire de passer à la limite $t_2 - t_1$ infiniment petit avec :

$$V = dX / dt.$$

En égalant cette expression de la vitesse à sa valeur calculée ($V = Vo + (F/m) \times t$) on a finalement :

$dX / dt = Vo + (F/m) \times t$, qui est l'équation différentielle du mouvement et dont la solution, ici aussi très facile à calculer, s'écrit :

$$X = Xo + Vo\, t + 1/2\, (F/m) \times t^2.$$

Xo est la position initiale au temps $t=0$. Notre problème est résolu puisque nous avons maintenant une relation nous permettant de connaître à tout moment la position du corps soumis à la force F. Nous pouvons donc, à partir des conditions initiales Xo et Vo, prévoir avec exactitude son mouvement à tout instant futur.

La puissance du calcul ne se limite pas à des mouvements aussi simples. Avec à peine un peu plus de difficulté mais en suivant une procédure semblable, nous pouvons écrire (et résoudre !) l'équation différentielle du mouvement d'une planète autour du soleil et donc, partant de sa position et de sa vitesse à un moment quelconque (conditions initiales), connaître exactement sa position dans un futur aussi lointain que l'on voudra. Cette possibilité théorique a conduit Laplace à affirmer en 1814 :

> « Nous devons donc envisager l'état présent de l'Univers comme l'effet de son état antérieur et comme cause de celui qui va suivre. Une intelligence qui pour un instant donné connaîtrait toutes les

forces dont la nature est animée et la situation respective des êtres qui la composent, si d'ailleurs elle était assez vaste pour soumettre ses données à l'analyse, embrasserait dans la même formule les mouvements des plus grands corps de l'Univers et ceux du plus léger atome : rien ne serait incertain pour elle, et l'avenir, comme le passé, serait présent à ses yeux... »

Ce texte, publié dans l'*Essai philosophique sur les probabilités*, devenu ensuite très célèbre, est souvent cité comme référence du déterminisme « pur et dur » de l'époque et de Laplace en particulier. Ce déterminisme n'était pas une déduction purement scientifique, mais relevait pour Laplace d'une prise de position matérialiste bien dans l'esprit du temps qui s'opposait à toute intervention d'origine divine [3].

Vers l'évolution

Le déterminisme n'exclut pas des évolutions complexes, bien au contraire. Ces évolutions possibles, qui ne sont pas le fait du hasard, suivraient des lois que l'intelligence humaine serait susceptible de décrypter. L'idée d'évolution dans le monde physique était ainsi présente dès la fin du XVIIe et du début du XVIIIe siècle. Qu'en était-il pour le monde vivant ? En 1809 parut la *Philosophie zoologique* de Lamarck. Ce texte important était le premier traité donnant une théorie de l'évolution des espèces vivantes. Même si certaines des explications qui s'y trouvaient ont été réfutées par la suite, l'idée générale d'évolution était pour la première fois défendue et argumentée scientifiquement. Ce concept novateur n'a pas été bien accueilli par les contemporains de Lamarck, peut-être en partie à cause de la rivalité qui l'opposait à Cuvier, dont il ne partageait pas les vues sur les temps géologiques. Il faudra attendre le milieu du XIXe siècle, avec les travaux de Darwin (et de Wallace) et la publication du traité sur *L'Origine des espèces* (1859), pour que l'évolution des espèces reçoive une explication logique, sinon convaincante. Mais, que ce soit chez l'un ou l'autre de ces deux fondateurs, l'évolution des espèces n'est pas indépendante de l'évolution du monde géologique.

Le temps éclaté

Dans les idées que se faisaient les Anciens sur la stabilité du monde, la vraie question était celle de l'origine de la Terre et de l'Univers. Depuis l'Antiquité, deux approches de pensée avaient été élaborées : création de l'univers, acte divin par excellence, et ce dans un temps relativement court (en accord avec la Bible et, dans ce cas, à une époque peu lointaine) ou hypothèse d'un temps infini avec retour cyclique... Dans ce cas, la question des origines était simplement annulée. Ces deux conceptions ont eu leurs adeptes jusqu'à une époque très récente. La première avait les faveurs des religions judéo-chrétiennes, la deuxième se retrouvant dans la philosophie hindouiste.

En fait, tant que des données scientifiques précises n'avaient pas été obtenues, des spéculations concernant les deux possibilités ont été émises, donnant souvent lieu à une forte opposition entre les deux clans. Cependant, à partir du milieu du XVIIIe siècle, l'idée que l'âge de la Terre pouvait être bien supérieur à quelques dizaines de milliers d'années faisait son chemin. Il apparaissait que l'orogénie (néologisme désignant la création des chaînes montagneuses) avait certainement duré beaucoup plus de temps que les six mille ans bibliques. Par exemple, des coquillages fossiles trouvés sur certaines montagnes montraient par leur constitution qu'ils avaient séjourné au fond d'une mer, et donc qu'ils dataient d'un passé obligatoirement très ancien. Buffon, quant à lui, n'avait-il pas estimé (1778) que cet âge pouvait être de trois cent mille ans ? Par la suite et jusqu'à nos jours, des évaluations de plus en plus réalistes ont été effectuées. Les quelques milliers d'années de la Genèse ont fait place à des millions d'années au XIXe siècle. Lamarck croyait à une évolution géologique s'étalant sur des temps très longs. Sans donner de chiffres, il pensait que cette durée importante était nécessaire à la lente transformation des espèces (à travers le mécanisme de l'hérédité de l'acquis). Darwin, géologue aussi bien que biologiste, avait estimé, en 1859, que la Terre avait environ trois cents millions d'années d'après des observations géologiques. Par ailleurs, après l'élucidation par Fourier – au début du XIXe siècle – des lois de conduction de la chaleur, les scientifiques commencèrent à se poser la question de l'âge de la Terre en étudiant le problème de son refroidissement, en admettant que sa température initiale était celle des laves sortant actuellement des volcans. Ce refroidissement avait besoin, lui aussi, de bien plus que les quelques milliers d'années bibliques. C'est ainsi que Lord Kelvin était arrivé à un ordre de grandeur de plusieurs centaines de millions d'années en calculant le temps mis par la Terre pour se refroidir depuis une température initiale de quelques milliers de degrés jusqu'à la température moyenne de surface actuelle.

Ces estimations sont rapidement devenues caduques lorsque de nouvelles méthodes de datation ont été utilisées. Ces méthodes ont joué le rôle de nouvelles horloges. Révolutionnaires à leur apparition, elles se sont appuyées sur des découvertes fondamentales concernant la radioactivité et la notion de richesse isotopique, découvertes qui ont d'ailleurs souvent valu le prix Nobel à leurs auteurs, pour ne citer que Pierre et Marie Curie et Henri Becquerel (ils eurent tous les trois le prix Nobel de physique en 1903) ou Ernest Lord Rutherford (prix Nobel de chimie en 1908).

La radioactivité est le phénomène d'émission spontanée de particules ou de rayonnement par le noyau d'un atome. Suivant le type de particules émises, l'atome émetteur se transforme en un autre atome, bien défini. Celui-ci peut, lui aussi, être radioactif et se désintégrer à son tour. Plusieurs mutations en cascade peuvent ainsi se faire comme c'est le cas de l'uranium qui finit par se transformer en plomb. Les désintégrations s'opèrent au hasard parmi les atomes présents mais on peut définir une durée de vie moyenne [4]. Au bout de ce temps, il reste un nombre d'atomes d'uranium non désintégrés dans une proportion connue du nombre de départ, les autres ayant abouti au plomb. En faisant l'analyse des teneurs en plomb de certains minerais d'uranium, il est alors possible de connaître l'âge de ces minerais et d'estimer un âge minimal pour la Terre. Ces types de mesure ont donné des âges de deux milliards d'années (Boltwood 1917), puis trois milliards (Holmes 1927). Des analyses encore plus fines ont finalement abouti à cinq milliards d'années

(C. Patterson 1950) et cette donnée est très proche de celle admise aujourd'hui pour l'âge de la Terre, soit 4,5 milliards d'années.

Repères géologiques, repères climatiques

Le temps terrestre a donc trouvé son origine. Même si cette connaissance n'a aucune incidence sur notre vie de tous les jours, elle nous donne une perspective vertigineuse – mais bien réelle – sur l'échelle des temps qui concernent, d'une certaine manière, l'humanité. Mais ce n'est pas tout. En peu d'années, même pas un siècle, quelle révolution dans la connaissance de notre planète et de l'univers ! La connaissance de son âge n'est qu'un maillon dans tout ce que les techniques récentes ont permis de comprendre, de suivre au cours des temps géologiques. Le laps de temps qui nous sépare, nous humains du XXe siècle, de cette époque lointaine, n'est pas une boîte noire, par-dessus laquelle nos connaissances feraient un saut aveugle. Des techniques de même nature que celles citées plus haut, utilisant les phénomènes radioactifs et l'existence de différents isotopes pour un même élément, ont permis de dater de nombreuses phases de la vie de la Terre et ont donc jalonné de repères cette étendue de plus de quatre milliards d'années. Elles ont aussi encouragé des recherches délicates et difficiles, auxquelles elles pouvaient apporter une ultime compréhension.

Nous ne donnerons ici que deux exemples liés à l'histoire géologique et à l'histoire des climats.

La vie de notre planète peut être scindée en époques nommées ère primaire, ère secondaire, etc., elles-mêmes subdivisées en Cambrien, Silurien, Carbonifère, puis Trias, Jurassique, etc. Comment et quand a-t-on pu attribuer des dates significatives à ces différentes périodes ? Ces appellations correspondent à la nature des fossiles qui se trouvent dans les strates sédimentaires étudiées dès le milieu du XVIIIe siècle dans le Bassin parisien et dans le bassin de Londres. Au XIXe siècle, la connaissance de ces strates s'est approfondie et la notion de l'existence d'ères géologiques s'est rapidement imposée. Mais personne ne s'aventurait à leur attribuer un âge précis. C'est en 1917 que J. Barrell de l'université de Yale, utilisant la mesure

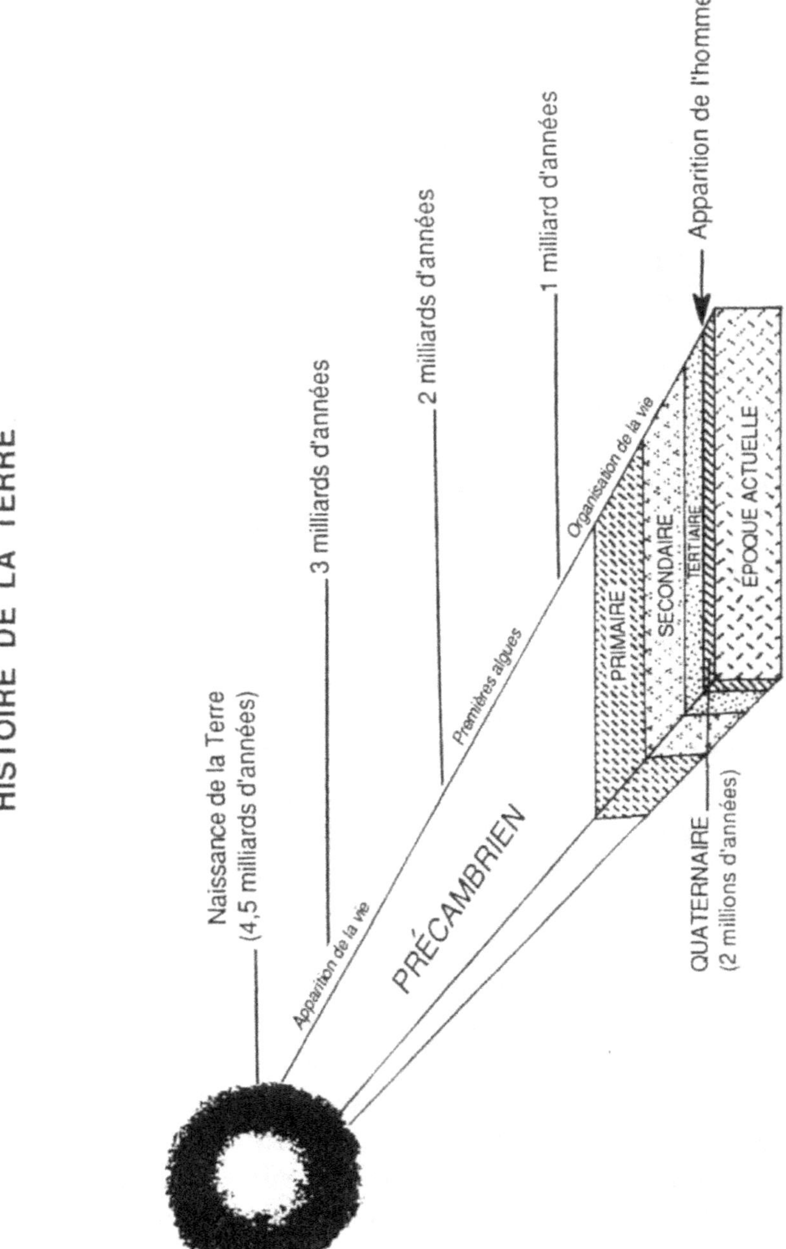

Fig. 2a – Schéma des principales étapes de l'histoire de la Terre. (D'après un document du BRGM.)

de la teneur en plomb des sédiments, a pu sans ambiguïté dater réellement les différentes ères géologiques. Les résultats qu'il a obtenus sont très voisins de ceux que donnent aujourd'hui des méthodes plus sophistiquées (voir figure 2). Il est à remarquer que l'ère primaire, qui marque le début de l'apparition d'une certaine vie évoluée sur Terre, ne remonte qu'à 550 millions d'années !

La Terre a-t-elle toujours connu le même climat ? Nos ancêtres lointains bénéficiaient-ils de conditions propices pour le développement du couvert végétal ? Dans ce domaine, les réponses connues ne le sont, là aussi, que depuis peu. L'horloge qui a permis de situer dans le temps de nombreux vestiges des époques passées a été donnée par la science des isotopes. Qu'est-ce qu'un isotope ? C'est un peu comme un frère jumeau d'un atome. Ils représentent tous deux le même élément, l'hydrogène ou le carbone par exemple, et ils ont les mêmes propriétés chimiques de base. Mais ils n'ont pas tout à fait le même poids, si bien que leur comportement pourtant très semblable peut varier dans des détails qui, si infimes soient-ils, peuvent néanmoins donner de précieuses informations.

Il en est ainsi pour le rapport des abondances de deux isotopes de l'oxygène, rapport sensiblement constant pour l'ensemble de la nature, mais qui peut varier localement à la suite d'évolutions physico-chimiques. La mesure de ce rapport dans les sédiments marins [5] a mis en évidence que la Terre avait connu, de façon répétitive, des périodes très froides. Ce sont les fameuses périodes glaciaires dont la dernière en date s'est terminée il y a dix à douze mille ans environ. (Les humains qui ont peint les grottes de Lascaux, datées à 14 000 ans av. J.-C., vivaient donc en pleine période glaciaire.) Comme dans le cas des strates sédimentaires terrestres, il fallait cependant une horloge pour dater avec précision les différents segments des carottes de sédiments prélevées dans les fonds marins. Cette horloge existe, elle n'est pas banale car non régulière ; on dira même qu'elle est chaotique, mais elle a permis de situer des comportements géologiques sur des échelles de centaines de milliers d'années. Elle est liée aux renversements du champ magnétique terrestre et son intérêt et son mystère seront décrits dans le chapitre suivant. On a donc aujourd'hui un panorama du climat de l'hémisphère boréal depuis plus d'un million d'années. Cette époque

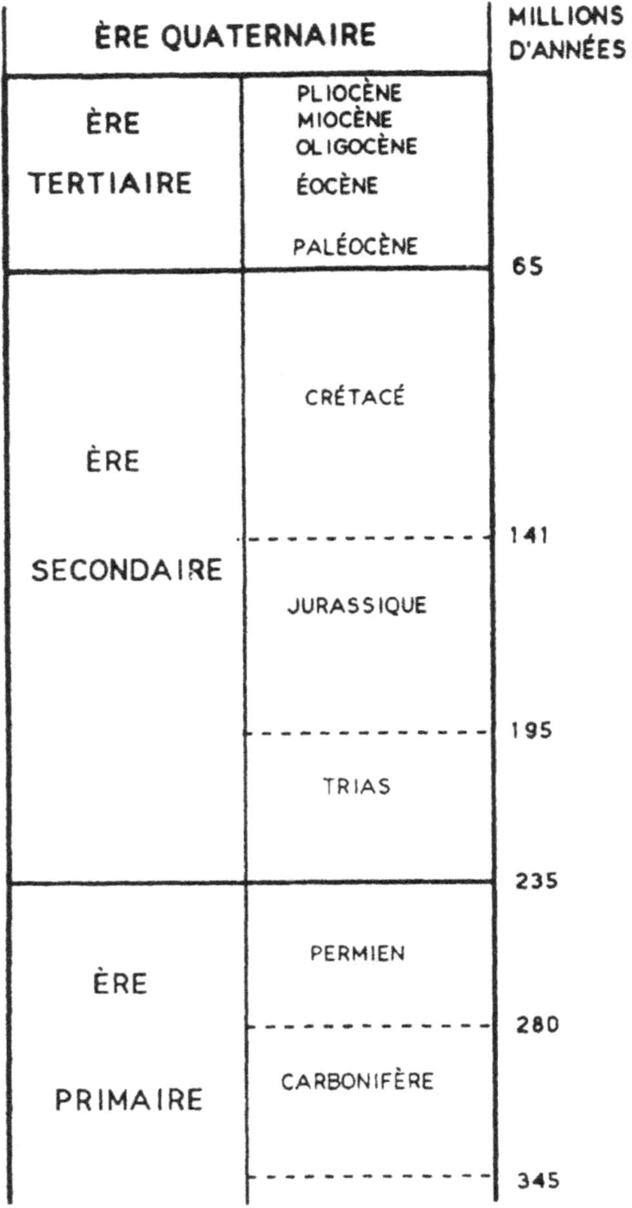

Fig. *2b* – Échelle des temps géologiques.

a vu se succéder de longues périodes glaciaires séparées par des périodes interglaciaires, plus chaudes, qui apparaissent tous les 120 000 ans environ [6] et qui durent rarement plus de dix mille ans.

On sait aujourd'hui que la Terre n'a pas toujours connu cette succession de climats glaciaires et interglaciaires, qui serait apparue il y a trois millions d'années environ. Auparavant, il semble que le climat ait été en moyenne plus stable et plus chaud.

Ainsi, les dernières décennies ont apporté, grâce à un travail scientifique remarquable, une somme considérable d'informations sur notre passé, que ce soit sur l'humanité ou sur la planète. Les dates admises pour de nombreuses étapes géophysiques ou climatiques n'ont fait que reculer dans le passé pour atteindre aujourd'hui, soulignons-le, des valeurs quasi certaines. Notre perception du Temps a donc pris un recul tout à fait nouveau. Naguère, l'aube de l'humanité paraissait extrêmement lointaine, car elle représentait la limite des connaissances du passé. Désormais, l'apparition de l'homme sur Terre semble dater d'hier, passé extrêmement récent par rapport à ce tout que notre planète a déjà vécu auparavant.

La prédiction aujourd'hui

Les hommes d'aujourd'hui, tout comme ceux d'autrefois, aimeraient connaître à l'avance les événements qui vont se produire et l'impact que ceux-ci pourront avoir sur la vie publique ou leur vie personnelle ou professionnelle. Bien sûr, nous excluons ici toute prédiction relevant de la voyance ou de l'astrologie, malgré le succès qu'elles rencontrent encore aujourd'hui. Il y a plus de deux cents ans déjà, on pouvait lire dans un dictionnaire de physique :

> « Pour l'astrologie, ce n'est qu'un amas de principes imposteurs tirés de l'aspect des planètes et de la connaissance de leurs prétendues influences, par lesquels on s'engage à prédire des événements moraux ou deviner ce qui s'est passé. Voyez l'origine et les progrès de cet art ridicule dans le premier tome de l'*Histoire du ciel* par M. Pluche. »

Que peut nous apporter aujourd'hui la prédiction scientifique ? La question est d'importance et d'autant plus actuelle que l'avènement des ordinateurs (nos pythies modernes ?) ainsi que la course quasi effrénée que se livrent les constructeurs pour les rendre plus rapides et plus performants, ont favorisé l'élaboration de calculs de plus en plus sophistiqués pour essayer de prévoir les évolutions dans de nombreux domaines. Qui de nous n'a écouté avec intérêt les bulletins de la météorologie nationale ou avec scepticisme certaines prévisions économiques ?

Ainsi que nous l'avons dit, les premiers phénomènes que les hommes ont essayé de prédire étaient liés à l'astronomie. Bien sûr, la précision s'est accrue au cours des siècles, si bien que, de nos jours, marées, éclipses, position des planètes peuvent être calculées aussi longtemps à l'avance que l'on veut et avec une fiabilité de prédiction excellente. Ainsi, par exemple, le 25 décembre 2500 (dans un peu plus d'un demi-millénaire !) la Lune se lèvera à Paris à 10 h 01, se couchera à 20 h 13 et sera dans une phase située entre la nouvelle lune et le premier quartier [7]. Qui sait comment aura évolué l'humanité et dans quel état sera notre planète, mais ce qui est sûr et certain, c'est que l'astre des nuits se lèvera, immanquablement, ce samedi de Noël à 10 h 01 précises...

En dehors du domaine astronomique, tout ou presque est objet de prédiction aujourd'hui. D'une part, nous vivons dans un monde qui change rapidement ; d'autre part, la connaissance du passé nous indique que l'évolution est permanente, y compris à des échelles de temps très longues. Par ailleurs, les progrès des sciences ont essayé de mettre en « boîte », sous forme de relations mathématiques, un grand nombre de comportements, en physique, en chimie mais aussi dans les sciences sociales, celles de la nature, de la vie... Tout est donc réuni, avec la puissance des ordinateurs, pour essayer d'interroger les futurs possibles. Futur quotidien, avec des prévisions sur le trafic routier, important pour ceux qui doivent le contrôler et l'harmoniser. Futur quotidien également, avec les prévisions météorologiques, très surveillées par les agriculteurs et les métiers de la marine et de l'aviation. Futur à plus long terme, avec les prévisions sur les développements économiques, sur l'évolution des populations, etc. Notre planète et les conditions de vie qu'elle nous offre ne sont pas tenues à l'écart de ces interrogations : influence à long terme de l'effet de serre, de tel ou tel constituant dans l'atmosphère, prévision de l'évolution possible des climats, avenir du système planétaire et prévision de trajectoires de certains objets célestes (astéroïdes, comètes, etc.).

Les questions se posent, des réponses sont données, mais quelle est leur crédibilité ? Elle varie avec la nature des problèmes posés. Les prédictions, comme celles de la météorologie, ont acquis une certaine fiabilité à très court terme (de un à quelques jours), mais avec des fluctuations (quelquefois, cela « ne marche pas » du tout). Il est d'autres domaines où la prédiction est actuellement presque impossible et les réponses données par les modèles sont plus prospectives que prédictives. C'est le cas en particulier pour ce qui concerne les climats, les tremblements de terre, les éruptions volcaniques, sans parler de l'économie.

D'où vient la limite de prédiction ? Outre le fait que les relations utilisées ne sont souvent qu'un reflet plus ou moins (quelquefois très) tronqué d'une réalité complexe, le type de relations mises en jeu peut avoir une limite intrinsèque de prédiction. Ces relations, et les évolutions qu'elles sont censées décrire, appartiennent à un monde appelé par les scientifiques « systèmes dynamiques non linéaires ». Ce n'est pas un monde abstrait mais celui de la plupart des systèmes dépendant du temps. Au cours des pages qui suivent, le lecteur trouvera quelques échappées vers ce monde, où peuvent apparaître des évolutions inattendues, fascinantes ou déroutantes, où la prédiction révélera ses limites et où le chaos peut s'installer.

CHAPITRE 3

Regards sur un passé terrestre

> « Partout où quelque chose vit, il y a, quelque
> part, un registre où le temps s'inscrit. »
>
> Henri BERGSON

La chronologie des événements passés n'est pas un problème simple. Pour le résoudre, il a fallu trouver les bons repères ou les bonnes horloges. Tant que les textes de l'Ancien Testament étaient l'unique référence (du moins pour les Européens et les civilisations méditerranéennes), la naissance de l'Univers, et donc de notre planète, était censée remonter à seulement six mille ans environ. L'histoire de la Terre n'était donc pas démesurément plus longue qu'une durée de vie humaine. Mais il a bien fallu abandonner la chronologie biblique lorsque, à partir du milieu du XVIIIe siècle, les progrès de la géologie et de la géophysique ont accrédité l'idée que la durée des temps géologiques était nettement plus longue. On a alors délaissé le moyen de datation que la culture judéo-chrétienne proposait : le compte du temps d'après le nombre de générations humaines écoulées, nombre donné par une chronique commençant avec le temps lui-même. En l'absence du témoignage « direct » emprunté à la chronique historique, il est devenu fort difficile de dater les événements lointains. Heureusement, une des découvertes majeures de la géophysique moderne a fourni une méthode de datation relativement sûre. Paradoxe, cette forme de datation fait appel à une « horloge » qui fonctionne de manière chaotique ! La « pendule » en question bat de façon irrégulière. En fait, ce sont précisément ces irrégularités qui la rendent utilisable et qui vont nous donner l'occasion d'un premier contact avec les dynamiques chaotiques qui se retrouvent dans des domaines très variés de la connaissance.

Champ magnétique terrestre

Pour bien comprendre ce qu'est cette « horloge géologique », il faut partir d'un phénomène physique fondamental : l'existence du champ magnétique terrestre. Il a sur la surface du globe la distribution d'un dipôle, c'est-à-dire de deux pôles situés chacun dans le voisinage d'un pôle géographique. On sait aujourd'hui que ce champ magnétique est d'origine interne : il est engendré par des courants électriques qui circulent dans la partie centrale du globe, le noyau de la Terre. Ce noyau a un diamètre d'environ trois mille kilomètres (chiffre déduit de la propagation des grosses perturbations sismiques). Il a la viscosité d'un liquide habituel comme l'eau, sauf dans le cœur très central ou graine, qu'on suppose solide du fait des pressions très élevées qui s'y exercent. Le liquide constitutif du cœur – un métal fondu, bon conducteur de la chaleur et de l'électricité – est dans un état très turbulent par suite des courants de convection qui y règnent. Ces derniers sont dus à l'instabilité thermoconvective à laquelle est soumis tout fluide dans un champ de pesanteur auquel on applique une différence de température, elle-même liée à l'existence d'une source froide et d'une source chaude. Ici, la source froide est créée par le refroidissement de la partie externe du noyau en contact avec le manteau, lui-même beaucoup moins fluide et plus froid que le noyau et formant une coquille solide entourant ce dernier (en fait, le manteau est susceptible de se déformer sur de grandes échelles de longueur et d'être lui aussi le siège de courants de convection comme schématisé figure 1). La source chaude a deux origines : la radioactivité et l'évolution à partir des conditions initiales de formation du globe terrestre qui a conduit à une température interne, dans le noyau,

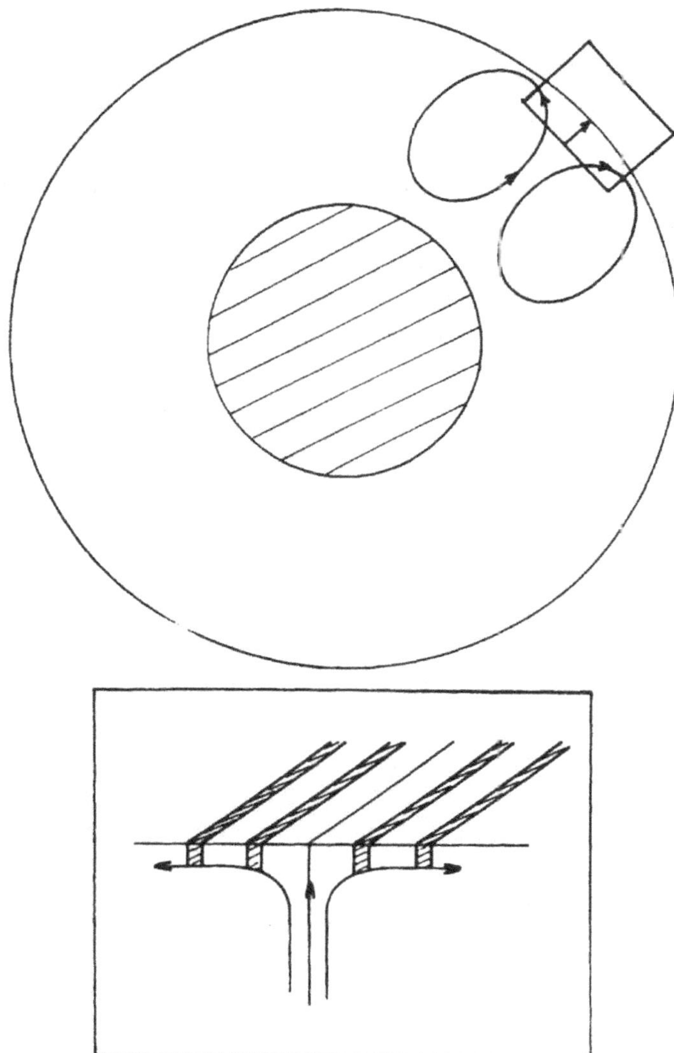

Fig. 1 – Courants de convection dans le manteau terrestre. Les roches plus chaudes montent du fait de la poussée d'Archimède et, une fois refroidies à la surface, elles redescendent. La configuration réelle des écoulements dans le manteau est évidemment plus complexe tout en suivant les principes indiqués sur la figure (le noyau est la région centrale hachurée).

En encart : principe de la formation d'une dorsale. Les zébrures représentent de façon très schématique des domaines où les roches ont une orientation magnétique différente.

Nous remercions Mme Moissenet qui a réalisé ce dessin, ainsi que beaucoup d'autres dans cet ouvrage.

plus élevée qu'à la périphérie, dans le manteau. Selon notre conception moderne du monde, la condition initiale se rapporte au mécanisme de la formation de notre planète. Le système solaire résulterait de l'accrétion de poussières qui auraient formé un disque entourant un « protosoleil ». Ce disque, uniforme au départ, se serait coagulé plus ou moins lentement en planètes, sous l'effet de l'attraction entre poussières. L'énergie de gravitation entre les poussières se serait ainsi finalement convertie en échauffement de la matière constituant les planètes. Autrement dit, la perte d'énergie mécanique lors des chocs inélastiques entre poussières ou entre entités plus grosses serait principalement responsable de la température élevée de l'intérieur du globe terrestre.

C'est ainsi que la différence de température entre le centre et la périphérie du noyau entraîne des mouvements convectifs dans le liquide qui le constitue. Affectant un liquide conducteur d'électricité, ces mouvements créent spontanément, par ce qu'on appelle un effet de dynamo auto-excitée, le champ magnétique terrestre (voir plus loin un modèle mécanique d'une telle dynamo).

L'horloge géologique dont nous nous servons pour déterminer la chronologie terrestre est liée à l'évolution de ce champ magnétique et de ses effets. Ce champ terrestre a varié au cours des âges géologiques, non seulement en grandeur (ou si l'on veut en intensité), mais aussi en signe : il est arrivé au dipôle terrestre magnétique de pointer soit vers le nord, soit vers le sud (sans qu'il y ait, bien sûr, de renversement du globe terrestre lui-même). L'aiguille d'une boussole se serait donc orientée suivant les époques, soit vers le nord, comme actuellement, soit vers le sud. En fait, d'après ce que l'on sait aujourd'hui (voir la figure 2), le champ a pointé à peu près aussi souvent dans le sens actuel que dans le sens contraire, l'intervalle de temps moyen entre les renversements atteignant quelques centaines de milliers d'années.

On commence à deviner que la chronologie de ces renversements constitue, ne serait-ce que par l'ordre de grandeur de l'intervalle les séparant, une excellente horloge géologique, l'échelle des temps géologiques étant plutôt de l'ordre du million d'années ou même davantage (âge de la Terre : 4,5 milliards d'années ; apparition de la vie : 3,5 milliards d'années environ). Cependant, il reste à « enre-

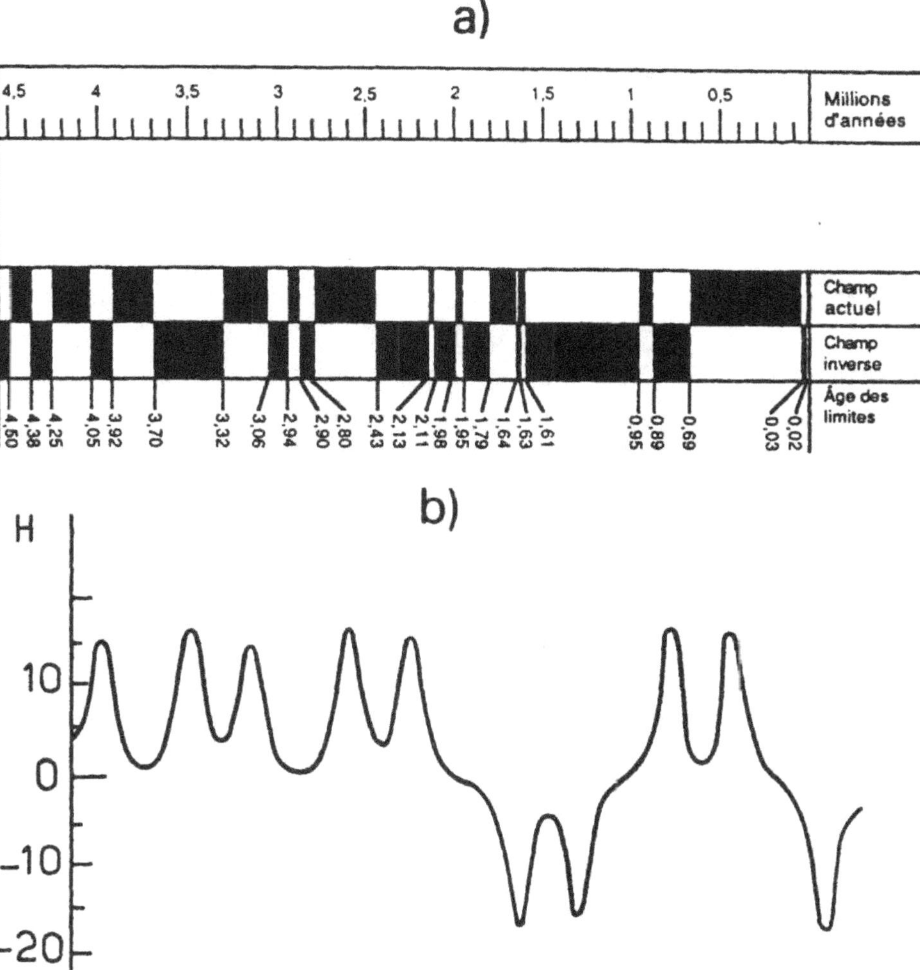

Fig. 2a – Alternances du sens de l'aimantation déduit des mesures effectuées sur les roches constitutives du fond de l'océan. Les bandes noires représentent alternativement soit les périodes avec le champ pointant vers le nord comme actuellement, soit celles où la direction du champ était inverse (DR).

Fig. 2b – Résultat des calculs du modèle de Rikitake. On remarque les oscillations permanentes du champ magnétique **H** (analogues à celles du champ terrestre, ces dernières étant de moindre amplitude) entrecoupées de retournements du champ (aux temps voisins de 14, 16,5, 18 sur la figure...).

gistrer » quelque part les « battements » de cette horloge. C'est ce qu'assure le phénomène de Curie.

Les matériaux magnétiques, tels le fer ou le nickel, lorsqu'ils sont portés à une température suffisante (de l'ordre de 800° C pour le fer), perdent leur aimantation spontanée. Cette température est le point de Curie du matériau en question qui correspond à ce que l'on appelle en physique une transition de phase du second ordre. Cette transition est réversible : le matériau se refroidissant en dessous du point de Curie redevient aimanté et prend pour orientation de son aimantation, qui se préservera au cours du temps, celle du champ magnétique présent à l'extérieur au moment du passage par la température de Curie. Il y a donc là un mécanisme possible de mise en mémoire de l'orientation du champ terrestre par le fait qu'une roche magnétique conservera – au travers de son aimantation – la mémoire de l'orientation du champ magnétique présent à l'époque où sa température est passée au-dessous de son point de Curie.

Quand on perd le Nord...

Bien sûr, la seule existence de ce phénomène n'est pas encore suffisante, puisqu'il faut en outre savoir si cette transition (refroidissement en dessous du point de Curie) a bien eu lieu au cours des temps géologiques et s'il en reste des traces utilisables comme marqueurs de temps, ce qui n'est nullement évident. La découverte d'un renversement du champ magnétique terrestre est relativement ancienne. Elle est due à P. David et B. Brunhes qui s'intéressaient, au tout début de ce siècle, à l'orientation de l'aimantation des coulées volcaniques dans la chaîne des Puys, en Auvergne. Certes, ces coulées volcaniques ne sont pas faciles à dater sauf si elles ne sont pas trop anciennes et si on parvient à découvrir des morceaux de bois carbonisés sous la coulée de lave, que l'on peut alors dater par la méthode du carbone 14. En revanche, on peut être assuré que les coulées superposées se suivent dans un ordre chronologique bien défini, les plus anciennes étant évidemment situées au-dessous. Or Brunhes, en analysant une telle séquence de coulées superposées, avait vu que celles situées au-dessous pointaient leur aimantation dans une direction opposée à celles du dessus, d'où l'idée que l'orientation du dipôle terrestre avait pu se renverser au cours des âges. Notons que cette idée passablement révolutionnaire a, elle aussi, mis du temps à être admise : en particulier, des mécanismes d'inversion spontanée de l'aimantation (donc sans aucune influence extérieure) ont tout d'abord été invoqués et il a fallu attendre les années cinquante pour que s'impose l'idée que la Terre avait bel et bien pu « perdre le nord ». Les laves auvergnates ne sont pas les seules à avoir été analysées : l'orientation du champ magnétique de nombreuses autres coulées, en différents points du globe, a également été mesurée. L'ensemble de ces observations mettait bien en évidence que le champ terrestre s'était inversé de nombreuses fois et que si les époques relativement stables – avec une orientation donnée – s'étalaient sur des temps très longs, les phases de renversement proprement dites étaient beaucoup plus rapides et se succédaient à des intervalles de temps complètement aléatoires.

Pourquoi ces renversements et comment expliquer leur irrégularité ? L'analyse de ce phénomène est difficile parce qu'on ne possède pas, à l'heure actuelle, de modèle complètement satisfaisant de la dynamo terrestre, même si les principes en sont élucidés depuis longtemps. Il n'existe pas – et c'est une des raisons majeures de cette situation – de modèle expérimental de dynamo fluide. Ceci est d'ailleurs plutôt dû au caractère pusillanime des décideurs qu'à une impossibilité en soi [1] : on a de bonnes raisons de penser qu'en entraînant dans un écoulement complexe une masse de quelques mètres cubes de sodium ou de potassium fondus (fluides utilisés en bien plus grandes quantités dans les surgénérateurs nucléaires), on créera une dynamo fluide auto-excitée, comme dans le noyau terrestre, avec production spontanée de champ magnétique (donc en l'absence de tout matériau magnétique, mais grâce au seul mouvement d'un fluide conducteur de l'électricité). Pour se représenter le problème physique de la génération de ce champ magnétique par les mouvements d'un fluide conducteur, nous allons utiliser un modèle de dynamo auto-excitée dû à Rikitake, un des pionniers de ce genre d'étude.

Une dynamo, auto-excitée ou non, utilise le phénomène physique de l'induction : un conducteur se déplaçant dans un champ magnétique constant voit apparaître à ses bornes une différence de potentiel si le circuit est ouvert, et se trouve être le siège d'un courant électrique si le circuit est fermé. Ce phénomène est à la base de la génération de courant électrique par les dynamos, alternateurs, etc., c'est-à-dire de pratiquement toute notre consommation électrique, à l'exception de celle donnée par les piles chimiques. Une dynamo (dite alors homopolaire) est auto-excitée lorsqu'on utilise le courant qu'elle produit pour engendrer le champ magnétique nécessaire à son fonctionnement : en effet, un courant électrique passant dans un conducteur crée un champ magnétique à l'extérieur. On comprend facilement que l'induction résulte d'une instabilité : sans courant, pas de champ magnétique et sans champ magnétique, pas de courant électrique. La figure 3 montre une réalisation possible d'une telle dynamo auto-excitée. Bien sûr, cette dynamo ne peut fonctionner sans apport d'énergie extérieure. Cette énergie est d'origine mécanique et compense le couple résistant engendré par la force qui s'exerce sur un fil conducteur, parcouru par un courant et se déplaçant dans un champ magnétique [2]. C'est là, bien sûr, une idéalisation de ce qui se passe dans le noyau terrestre, où il n'existe ni fil conducteur mobile ni couple extérieur qui entretiendrait le mouvement d'un hypothétique circuit électrique dans un champ magnétique. En fait, ce mouvement est assuré par les courants de convection qui assurent l'apport d'énergie, et le conducteur est le fluide lui-même.

On peut décrire de façon mathématique la génération spontanée de champ magnétique par un fluide conducteur en mouvement, mais la très grande complexité du système empêche encore de produire un modèle réaliste un tant soit peu détaillé de la génération du champ terrestre par la convection. En revanche, un modèle simplifié a été proposé par Rikitake [3] qui couple deux dynamos analogues à celle de la figure 3. Si ce modèle ne prétend pas décrire les détails du phénomène, il a au moins le mérite de montrer sa nature essentiellement instable, et rend bien compte des basculements aléatoires d'un pôle à l'autre. Les équations décrivant ce

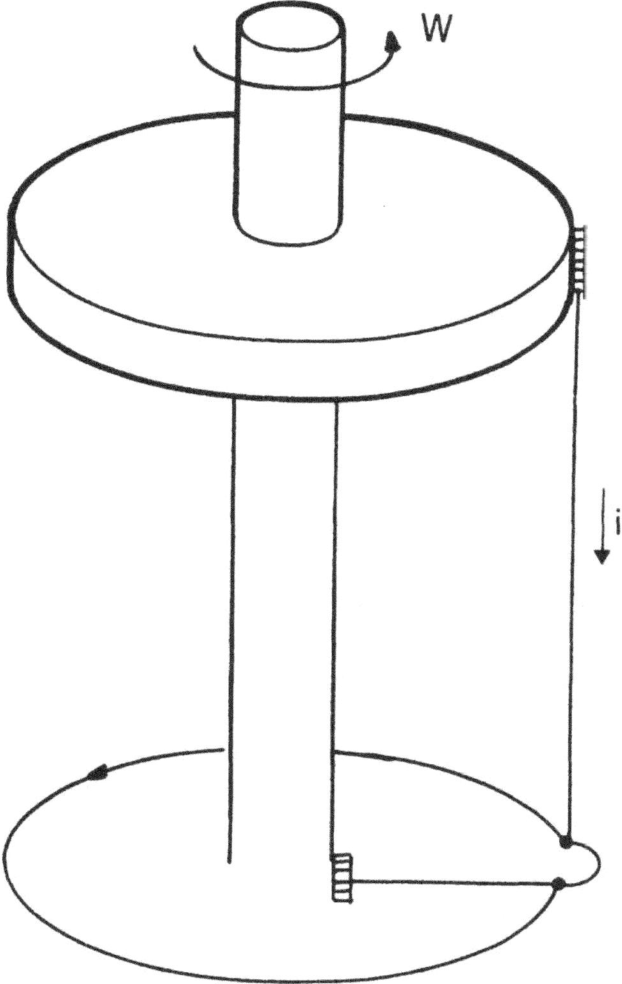

Fig. 3 – Réalisation possible d'une dynamo auto-excitée. Un disque conducteur tourne autour de son axe dans un champ magnétique constant. Une tension électrique apparaît entre l'axe et la périphérie du disque. Cette tension est appliquée aux bornes d'une spire (dessinée dans la partie inférieure). Le courant qui y circule crée à son tour un champ magnétique qui renforce le champ initial au point de rendre ce dernier inutile. On dit alors que la dynamo est auto-excitée.

modèle peuvent être réduites à une forme simple par des transformations algébriques élémentaires, sans leur faire perdre quelque propriété que ce soit (le modèle plus développé est présenté dans la note 3 de ce chapitre).

Cette forme simple s'écrit :

$$\frac{dw}{dt} = r - z.y - nw \qquad (1.a)$$

$$\frac{dz}{dt} = w.y - z \qquad (1.b)$$

$$\frac{dy}{dt} = w.z - y \qquad (1.c)$$

Les quantités w, y et z sont des fonctions du temps et sont proportionnelles aux grandeurs physiques W(t) (vitesse angulaire de la dynamo), et i(t) et j(t), courants électriques produits respectivement par chacune des dynamos. Ces courants servent à leur excitation réciproque. Les coefficients r et n sont des constantes qui dépendent des différentes grandeurs intervenant dans le système initial. On les considère comme des paramètres en ce sens que leur valeur dépend d'une réalisation particulière de ce système de dynamo, mais elle est différente *a priori* d'une réalisation à l'autre.

Le modèle (1) a plusieurs propriétés remarquables. S'il s'agit d'un système d'équations beaucoup plus simple que celui qui décrit le fluide réel, il a néanmoins une certaine complexité potentielle, notamment en ce qui concerne ses solutions possibles. Cette complexité est due à la présence de non-linéarités (le produit de deux variables, tel que z.y dans [1.a] par exemple) et du couplage entre les trois variables (le nombre trois n'est pas innocent, mais nous expliquerons cela plus loin). On peut essayer de résoudre (ou d'« intégrer ») le système d'équations (1) par les méthodes de calcul connues, c'est-à-dire par ce que l'on appelle les « quadratures ». En fait, on se rend compte assez rapidement que cela est impossible en général, c'est-à-dire qu'il n'y a pas de solutions analytiques. L'autre méthode possible consiste alors à résoudre numériquement ces équations sur un ordinateur, qui va délivrer des suites de valeurs représentant celles des variables w, y, z en fonction du temps. Ce genre de calcul peut être relativement facile à mettre en œuvre et a été fait dès 1958 par Rikitake, pour des valeurs particulières des paramètres. Il a alors mis en évidence deux phénomènes fort intéressants et reliés à notre propos. Tout d'abord, le modèle mathématique présente bien une instabilité qui conduit à la génération spontanée de champ magnétique, comme on s'y attendait. Mais, de plus, cette instabilité ne conduit pas à un état constant dans le temps. Le champ magnétique qui apparaît n'est jamais stationnaire : il oscille de part et d'autre de ce qui serait le pôle Sud ou le pôle Nord, et après un certain nombre d'oscillations autour d'un pôle, il bascule rapidement vers l'autre, autour duquel de nouvelles oscillations prennent place, etc. (voir figure 2b). C'est sensiblement le comportement du champ magnétique qui a existé sur notre Terre au cours des âges (voir figure 2a et la suite du chapitre). La similitude est d'autant plus frappante que dans ce modèle, comme dans l'histoire de notre champ terrestre, les oscillations, de faible amplitude, ont une période relativement bien définie alors que les renversements surviennent à des intervalles de temps aléatoires.

Une bande enregistreuse au fond des océans

Les coulées de laves volcaniques ont été les premiers témoins (discontinus) des renversements du champ magnétique terrestre. Mais un autre témoignage – continu celui-là – a été mis en évidence plus récemment. Il est lié à l'une des découvertes majeures de la géophysique de ce siècle : celle de la dérive des continents, dont l'histoire est particulièrement riche et intéressante. L'idée de la dérive des continents, sous forme d'hypothèse scientifique cohérente, revient à F. Wegener, un géophysicien autrichien du début de notre siècle [4]. La partie de cette histoire qui nous intéresse ici est ce que l'on pourrait appeler la confirmation définitive, en 1962-1963, des idées de Wegener. Avant cette date, elles n'étaient pas prises très au sérieux par la communauté des géophysiciens dont, par ailleurs, certaines théories nous paraissent aujourd'hui totalement absurdes (on imaginait, par exemple, que la croissance des montagnes était due à des plissements résultant du rétrécissement de la surface de la Terre lors de son refroidissement). Mais les idées de Wegener ont été confirmées en faisant précisément appel à la mémoire magnétique des renversements du champ terrestre. Wegener a montré que les continents dérivent les uns par rapport aux autres en « flottant » sur le fond des océans ; ce fond des océans est composé de roches qui peuvent être considérées comme la surface d'un liquide très visqueux soumis à des courants de convection du manteau terrestre, donc à grande échelle (voir figure 1). Au centre des océans, sur ce que l'on appelle les dorsales [5] (orientées grossièrement nord-sud dans l'Atlantique), de la roche basaltique fluide remonte des profondeurs du manteau, se refroidit brutalement (au moins à l'échelle géologique) à la surface du manteau (c'est-à-dire au fond des mers) et passe de ce fait en dessous de son point de Curie. L'orientation de l'aimantation qu'elle acquiert alors est parallèle au champ magnétique terrestre du moment. Les roches issues de la dorsale, une fois refroidies, sont transportées au fond des océans par le courant de convection superficiel du manteau (vitesse de l'ordre du centimètre par an) comme par un tapis roulant. L'aspect le plus spectaculaire de cette découverte est le suivant : le champ magnétique terrestre ayant subi au cours des âges des changements d'orientation brusques, bien caractérisés, et se suivant de façon aléatoire, ce tapis roulant doit reproduire à sa surface l'histoire des renversements du champ terrestre, et ceci de la même façon de chaque côté de la dorsale. C'est exactement ce qu'on a observé et ce qui a confirmé les idées de Wegener, dont plus personne ne doute. On comprend bien que le caractère désordonné de la succession temporelle des renversements a joué un rôle capital : les deux séquences temporelles sans périodicité claire, mesurées de chaque côté de la dorsale (celle de l'Atlantique au début et, depuis, toutes les autres dorsales), reproduisent la même histoire à des détails incroyablement précis près. On calibre alors la séquence des renversements du champ terrestre en supposant que le tapis roulant du fond des océans a gardé la même vitesse (à des corrections éventuelles près) au cours des temps géologiques. Les résultats ainsi obtenus attestent remarquablement et complètent les données plus partielles obtenues à partir des laves. Notons que le dernier renversement a eu lieu il y a sept cent trente mille ans environ.

Pour ce qui est de la datation, ce marqueur magnétique a un énorme avantage par rapport à d'autres méthodes : il se réfère à une échelle unique pour le globe entier, alors que, par exemple, les séquences géologiques peuvent donner une histoire locale précise, mais en laissant éventuellement très floue la datation absolue par rapport à une échelle commune à tout le globe. Ainsi, la nature de certains fossiles varie suivant les endroits, bien qu'ils puissent appartenir à la même époque. Un exemple des problèmes de synchronisation qui se posent pour les échelles de datation se retrouve dans les controverses qui subsistent sur le caractère instantané ou non de la disparition des grands reptiles (les fameux dinosaures !) à la fin du tertiaire, son lien avec l'anomalie d'Alvarez pour l'iridium [6], etc.

Un fait troublant : l'errance déterministe

On ne comprend pas encore bien tous les mécanismes physiques responsables des renversements aléatoires de l'orientation du dipôle terrestre au cours des temps géologiques. Mais, nous l'avons vu, un modèle simple a permis d'en comprendre la dynamique. Outre l'intérêt incontestable de ce modèle qui rend compte de façon satisfaisante d'événements géologiques, les comportements qu'il décrit pouvaient paraître, à son époque, tout à fait non intuitifs, voire révolutionnaires et même « sacrilèges », en comparaison du déterminisme classique.

Une dynamique erratique ne résulte pas nécessairement de l'intervention d'un grand nombre de variables indépendantes, comme on l'a longtemps cru. Paradoxalement, elle peut très bien procéder de l'interaction de quelques variables seulement, et ce dans un cadre parfaitement déterministe [7]. L'exemple des renversements du champ terrestre permet aussi de saisir combien cette idée est peu intuitive. En effet, la théorie de Rikitake, malgré sa simplicité et son contenu physique, est loin d'être universellement acceptée. D'autres explications continuent d'être proposées. Par exemple, certaines font appel à des fluctuations improbables dans la configuration des courants à l'intérieur du noyau qui se produiraient de loin en loin, mais sans modification de configuration à grande échelle, comme celle décrite par les équations de Rikitake. Ces conspirations improbables conduiraient à un renversement du champ. D'autres chercheurs imaginent des collisions entre la Terre et de gros météorites magnétiques. Sans vouloir entrer dans une discussion plus détaillée de ce type de théorie, on voit clairement combien il est difficile d'accepter l'idée qu'un phénomène naturel, à grande échelle, tel que ce renversement du dipôle terrestre, puisse résulter de sa dynamique propre et non de la perturbation d'un état stable par un agent extérieur plus ou moins mystérieux. On pourrait faire des remarques analogues dans d'autres domaines de la connaissance : il n'est nullement évident que l'évolution des sociétés soit une succession de grandes perturbations ou « révolutions » qui seraient seules suffisantes pour sortir d'un état fondamentalement stationnaire – ou même stable. Il semble plutôt que l'évolution soit permanente, très lente sur de longues périodes, mais aboutisse à des transformations spectaculaires, qui, elles, s'opèrent en des temps très courts.

CHAPITRE 4

Une loi simple...
un comportement complexe

> « Les petites causes ont parfois de grands
> effets : l'absence d'un clou perdit le fer à cheval,
> de fer à cheval la monture, et de la monture, le
> cavalier. »
>
> Benjamin FRANKLIN

Vous avez sans doute déjà été frappé par le mouvement désordonné des feuilles mortes les jours de grand vent. Aucune régularité ne se manifeste dans leurs déplacements : elles montent, elles semblent s'arrêter pour repartir de plus belle avant de redescendre... Impossible de deviner quelle sera leur trajectoire. Vous vous êtes peut-être dit qu'une telle complexité dans le mouvement révélait l'existence d'une cause elle-même complexe ; vous avez eu raison. La feuille mue par l'air turbulent subit une conjonction d'influences très diverses : celles de multiples tourbillons de toutes tailles et de toutes énergies. Le résultat global d'une telle multitude d'actions indépendantes engendre alors un comportement imprédictible. Peut-être en avez-vous déduit, presque naturellement, que tout comportement complexe tire nécessairement son origine d'une cause elle-même complexe. Cette fois, vous avez eu tort ! Aussi paradoxal et choquant que cela puisse paraître, on connaît aujourd'hui de très nombreux cas d'évolutions parfaitement désordonnées qui résultent néanmoins d'une cause très simple. (Du reste, nous en avons rencontré un exemple dans le chapitre précédent.) Un tel fait – qui contredit beaucoup d'idées reçues – mérite pour le moins quelques explications. Les calculs que ferait un éleveur soucieux de comprendre le développement de son cheptel peuvent constituer le départ d'un modèle. En y adjoignant une loi très naturelle pour limiter la croissance du nombre d'animaux, nous allons obtenir une formule extrêmement simple mais aux conséquences étonnantes, inattendues... et complexes !

La croissance d'une population animale

Idéalisons quelque peu le problème de notre éleveur. On sait que si quelques animaux (des deux sexes !) sont mis dans un vaste espace réunissant toutes les conditions favorables à leur vie, en moyenne leur nombre croît. Pour évaluer cette croissance, point n'est besoin de dénombrer continûment le cheptel. En effet, des naissances interviennent au printemps, des morts en hiver. Il est donc préférable de n'effectuer le dénombrement qu'« à temps discret », par exemple tous les ans à date fixe. C'est ainsi qu'on obtiendra, au fil des années, une suite de nombres P_{n-1}, P_n, P_{n+1}... où l'indice n indique le numéro d'ordre de l'année. L'expérience montre qu'au début, les animaux étant peu nombreux, chaque année qui passe voit leur population multipliée par un certain nombre C. Exprimée sous forme algébrique, cette loi de croissance s'écrit $P_{n+1} = C \times P_n$. Cette loi très simple, itérée année après année, permet donc de prévoir de façon parfaitement déterministe la population de l'année suivante en multipliant par un certain nombre la population de l'année en cours. Bien qu'un ordinateur, même très rudimentaire, soit parfaitement adapté à ce type de calculs répétitifs, on peut voir la correspondance graphique d'une telle itération dans la figure 1. Le nombre C peut être de l'ordre de 2 ou 3 pour les mammifères de taille moyenne ; il est considérablement plus élevé pour de petits animaux comme les souris ou les lapins.

Peut-être vous souvenez-vous de la légende selon laquelle, au roi qui lui proposait une récompense, un de ses serviteurs demanda un cadeau en apparence bien modeste. Ce sage se serait contenté,

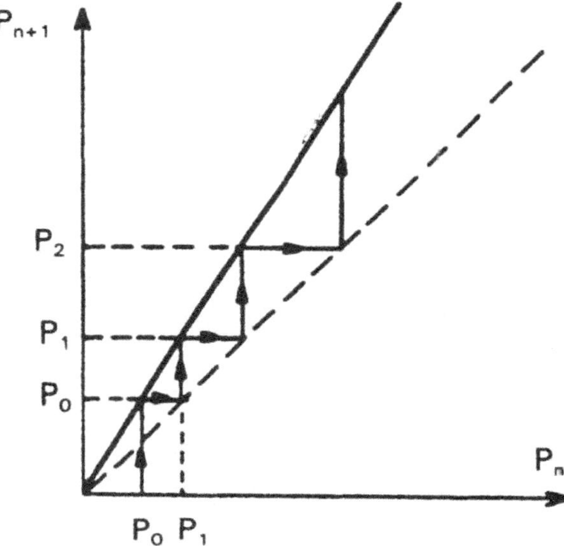

Fig. 1 – Itération graphique d'une loi de croissance exponentielle du type $P_{n+1} = C\,P_n$. Ici, la population de départ est représentée par Po ; sa première image est P_1 que l'on reporte dans la fonction grâce à la première bissectrice pour trouver P_2, etc.

en effet, d'une quantité de riz mesurée comme suit : prenant un échiquier, on disposerait sur la première case un grain de riz, sur la seconde deux grains, sur la troisième quatre grains. On doublerait ainsi le nombre de grains attribués chaque fois que l'on passerait d'une case de l'échiquier à la suivante. Peut-être ce sage – contrairement à son roi – connaissait-il la redoutable vitesse de croissance de ce que nous appelons aujourd'hui une loi exponentielle. En effet, le nombre de grains de riz variant comme les puissances successives de 2, ce nombre dépasse mille dès la dixième case, un million dès la vingtième... et, arrivé à la soixante-quatrième et dernière case, il s'écrit (approximativement) comme 1 suivi de dix-neuf zéros ! Nombre absolument gigantesque : juxtaposés côte à côte, ces grains de riz pourraient aisément recouvrir... la surface d'un continent et tous les rois du monde ne pourraient évidemment pas offrir un tel cadeau ! Telle est la « magie » de certaines opérations élémentaires sur les nombres : nous sommes partis d'une quantité infime – un seul grain de riz –, nous avons procédé à une opération modeste – le doublement – et l'avons répétée un nombre très modéré de fois ; nous avons néanmoins obtenu un résultat totalement « inhumain ». Cette simple constatation devrait nous réserver des surprises dans la croissance animale.

Passons en effet des grains de riz aux animaux et des cases de l'échiquier aux années qui se succèdent. Pour les mêmes raisons, une population, multipliée plusieurs années de suite par un facteur – C en l'occurrence – plus grand que 1, croît très rapidement. Même avec un taux de croissance de C = 3 par exemple, si on part de dix individus ils seront trente l'année suivante, quatre-vingt-dix au bout de deux ans et, au bout de dix ans, ils seraient près de soixante mille ! C'est dire qu'un tel modèle d'évolution des populations n'est réaliste que pour de petits nombres d'individus et que l'espace, donc la nourriture, venant à manquer pour les grands nombres, une saturation, voire une décroissance, ne manquent pas d'intervenir.

Un précurseur méconnu !

L'Homme représente-t-il une créature singulière au sein du règne animal du point de vue de l'évolution de sa population ? Il n'existe pas de réponse définitive à cette question. Du moins peut-on remarquer que l'homme est capable d'analyser les causes et les conséquences de l'accroissement de sa population et – éventuellement – d'en tirer les conséquences. Thomas Malthus (1766-1834), un pasteur anglican devenu un économiste renommé, était très préoccupé par le nombre important de pauvres que comportait la société anglaise à la fin du XVIIIe siècle. Pour lui, ce phénomène s'expliquait par le fait que la population croissait plus vite que la production. Cette thèse est à la base de son *Essai sur le principe de population*, publié en 1798. Malthus estimait que la population doublait tous les vingt-cinq ans, alors que les moyens de subsistance croissaient selon une loi bien plus lente. D'où la méthode à laquelle son nom est resté attaché et qui préconise une restriction de la procréation. C'est alors qu'intervint un précurseur inspiré, Pierre-François Verhulst (1804-1849). Ayant fait ses études à Bruxelles, à Gand et à Leyde, ce mathématicien a consacré son premier travail de recherche à l'étude de la croissance des populations. Le climat social de l'époque n'est pas pour rien dans l'orientation de ce travail : les Flandres avaient connu durant la première moitié du XIXe siècle une crise économique très dramatique. La nécessité de maîtriser les problèmes de pauvreté pour promouvoir une politique sociale raisonnable avait rendu les recherches sur les lois de croissance de la population d'un grand intérêt. Prolongeant les idées de Malthus, Verhulst greffa sur l'idée de croissance exponentielle la notion de facteurs inhibiteurs. Ainsi, d'après lui, une population ne pouvait croître indéfiniment mais, au contraire, devait se limiter à une valeur maximale. Verhulst a suggéré que le taux de croissance d'une population ne serait pas constant mais dépendrait de l'importance de cette population. Plus précisément, il estimait que le taux de croissance devait être proportionnel à l'écart, à la valeur maximale, que la population pouvait atteindre. D'après les notations utilisées au début de ce chapitre, C n'est plus constant mais doit s'écrire :

$$C = k \times (P_i - P_n).$$

P_i représente cette population maximale. La loi de croissance s'écrit alors :

$$P_{n+1} = k \times P_n \times (P_i - P_n).$$

Il est commode, pour le calcul, de faire apparaître une « population réduite » $X = P / P_i$ par division des deux membres par la population maximale P_i :

$$X_{n+1} = K \times X_n \times (1 - X_r).$$

X, population réduite, varie entre 0 et 1 et K doit être choisi entre 0 et 4. Verhulst a appelé cette formule (qu'il écrivait sous une forme différente mais équivalente) « fonction logistique », et ce nom lui est resté jusqu'à nos jours. Elle sert de modèle universellement utilisé pour l'étude des systèmes dynamiques. Cette formule, très en avance sur son époque, est assez vite tombée dans l'oubli – ainsi que son auteur – pendant près d'un siècle. Des démographes américains l'ont redécouverte au début de ce siècle, mais il a fallu attendre les années soixante pour qu'elle apparaisse comme un modèle de portée universelle.

Grâce à cette loi, nous pouvons reprendre l'étude de l'exemple – idéalisé – de la population animale. On retrouve bien pour les populations $P \ll P_i$, donc $X \ll 1$, la loi de croissance décrite plus haut. Mais dès que P augmente, X cesse d'être négligeable devant 1 et le terme $(1 - X)$ tempère l'augmentation du nombre d'individus.

De la même façon que pour la loi de croissance exponentielle, on peut construire graphiquement l'itération, comme il est montré figure 2, mais cette fois c'est entre la première bissectrice et la parabole représentative de la loi que se déroule la construction. Il est instructif de voir le résultat des itérations pour différentes valeurs de K.

Si K est inférieur à 3, ce qui correspond au cas de la figure 2, on voit qu'après une période de croissance les itérés successifs convergent vers un état d'équilibre X^*. Ce résultat est somme toute naturel, la population finit par se stabiliser et, chaque année à la même époque, nous retrouvons le même nombre d'individus.

Le propre des mathématiques et particulièrement de l'algèbre est qu'une formule d'allure innocente peut engendrer des comportements inattendus et peut être source de réflexions très profondes [1]. Nous en trouverons par ailleurs des exemples frappants. En ce qui concerne la fonction logistique, avec laquelle nous ne sommes pas au bout de nos surprises, nous découvrons, pour $K = 3$, un changement important de comportement. Obtenue pour une valeur de K légèrement supérieure à 3, la figure 3 montre qu'après extinction du comportement transitoire X prend maintenant deux valeurs d'équilibre qui se succèdent alternativement, X_1^* et X_2^*. Cela veut dire en pratique que la population retournera à l'identique tous les deux ans seulement (une année sur deux elle est plus élevée, et entre deux, plus faible). Ce changement de régime, faisant passer pour une valeur parfaitement définie du paramètre K d'un régime à un seul état d'équilibre à celui où il y en a deux (la période a doublé), est appelé « bifurcation ».

Si nous continuons à augmenter progressivement K, nous arrivons à une nouvelle valeur $K = 3,45$ environ, pour laquelle le

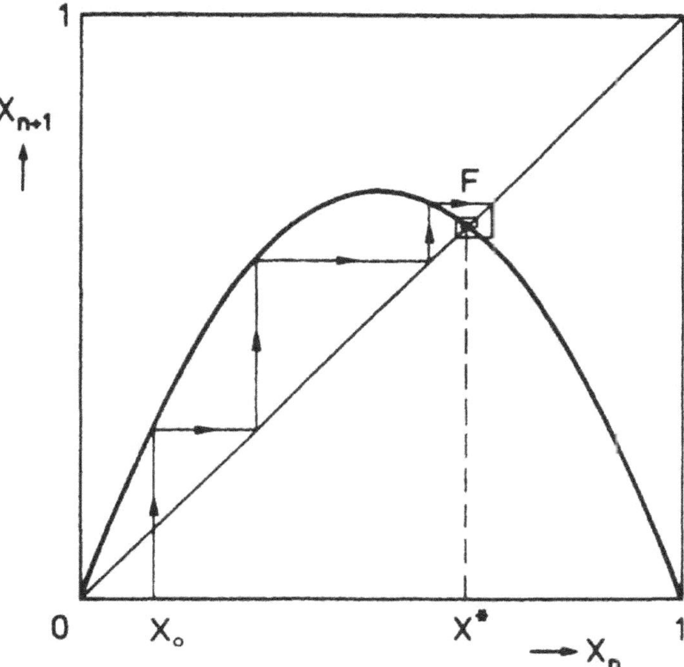

Fig. 2 – Représentation de la parabole logistique pour K = 2,8. L'itération de toute valeur initiale converge rapidement vers le point F – point d'intersection de la parabole et de la bissectrice – représentant l'état d'équilibre.

régime change encore. Cette fois, ce ne sont plus deux états d'équilibre qui se succèdent périodiquement mais quatre. En somme, il nous faut maintenant attendre quatre ans pour retrouver une population identique à ce qu'elle était (quatre ans auparavant) ! Nous avons encore franchi un point de bifurcation à partir duquel la période du phénomène est devenue quadruple de ce qu'elle était au départ (voir figure 4a).

Le lecteur aura peut-être deviné que ce processus de doublement se répète à l'infini et que, pour de nouvelles valeurs de K, d'autres bifurcations interviennent, à partir desquelles la période est à chaque fois doublée donc, au bout du compte, multipliée par 8, par 16, etc. Ce qui, par contre, n'est pas du tout évident, mais est essentiel, c'est le fait que les valeurs de K se resserrent de plus en plus [2]. Ces bifurcations successives sont de plus en plus voisines et finissent par s'accumuler en une valeur « K∞ » (3,57 environ), au-

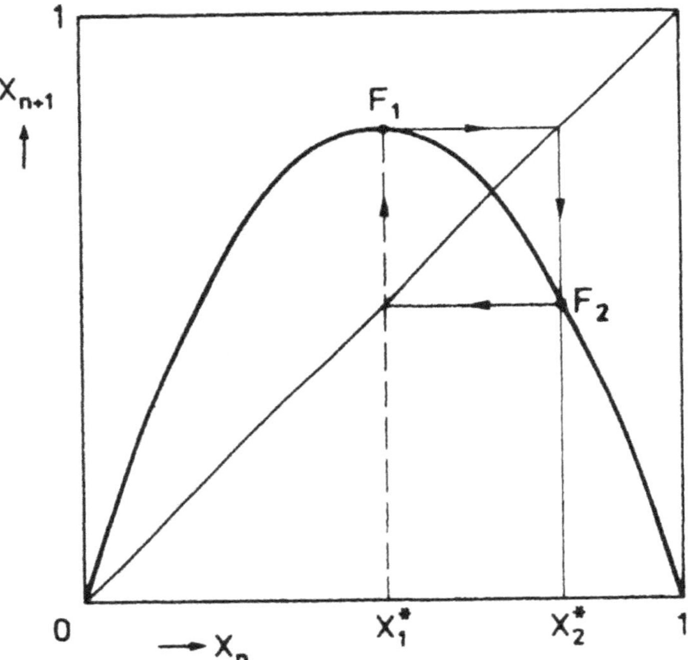

Fig. 3 – Représentation de la parabole logistique pour K = 3,2. Il existe maintenant deux points d'équilibre visités successivement, F_1 et F_2.

delà de laquelle ce n'est plus huit ans, seize ans, etc., qu'il faut attendre pour retrouver la valeur d'une population antérieure, mais un temps infini. Autrement dit, on ne retrouve plus jamais une séquence obtenue antérieurement ! Nous annoncions quelques surprises, celle-ci est de taille. K∞ constitue la limite entre deux régimes qualitativement différents. Comme cela est montré figure 5, pour K inférieur à K∞, les populations se répètent : en attendant – selon les valeurs de K – deux, quatre, huit, seize, trente-deux ans (au lieu de parler d'années on peut, plus généralement, parler de « pas » de temps), on retrouve la séquence déjà vue. C'est l'éternel retour, en quelque sorte, et cette répétition permet de prévoir l'avenir en se fondant sur le passé : le régime est prédictible – voir figure 4a. Au contraire, si K est supérieur [3] (un peu supérieur) à K∞, rien de tel n'est plus possible ! Même en attendant très longtemps on ne peut retrouver du « déjà vu » et les valeurs de X se succèdent de façon apériodique et désordonnée, erratiquement en

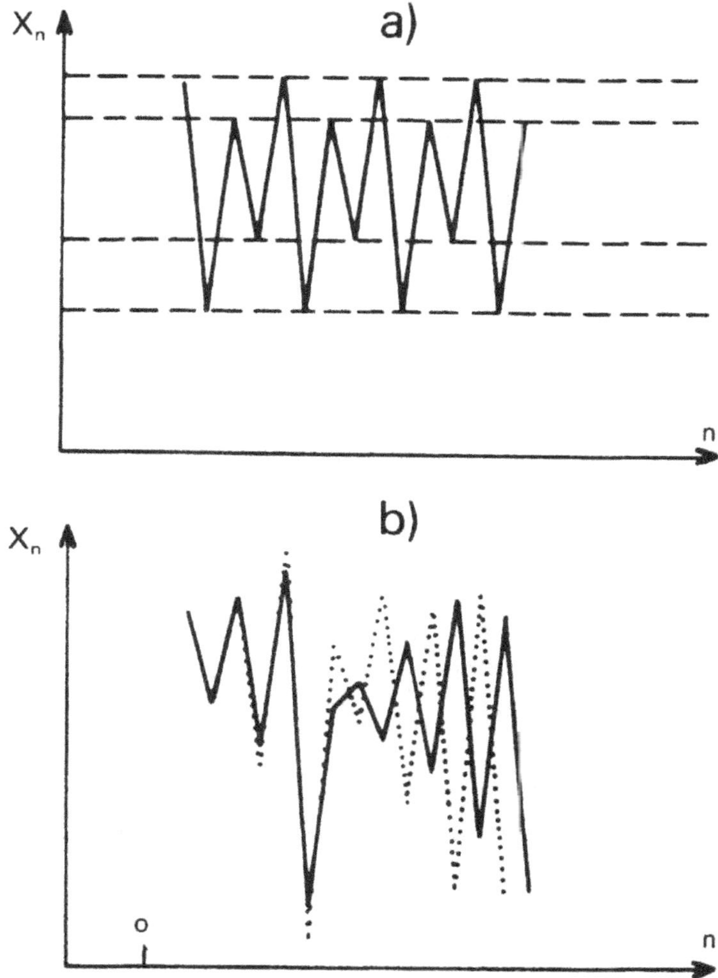

Fig. 4a – Évolution de X_n en fonction de n dans le cas où le système est de période 4 (K = 3,48). L'évolution reste parfaitement prédictible.
Fig. 4b – Évolution de X_n pour K> K∞. On ne retrouve plus aucune périodicité dans la variation de X_n. Une deuxième évolution calculée à partir d'une valeur initiale X'_o très voisine de X_o est tout aussi chaotique, et au bout de peu d'itérations, elle ne ressemble en rien à la première.

somme, comme si elles obéissaient au seul fait du hasard, comme la suite des valeurs reportées figure 4b. Le régime est donc devenu imprédictible !

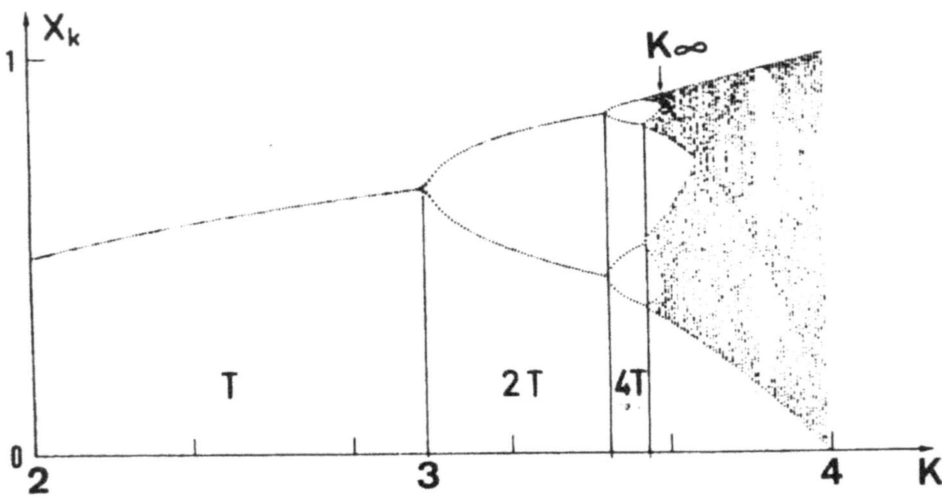

Fig. 5 – Valeur(s) à l'équilibre – c'est-à-dire après les évolutions transitoires – des populations X_n en fonction du paramètre K.

Aucune erreur ne vous sera pardonnée...

Qu'une loi d'évolution aussi simple et déterministe que la fonction logistique puisse avoir un comportement erratique pour certaine valeurs de K (> K∞) a de quoi étonner. Ce paradoxe entre déterminisme et imprédictibilité mérite qu'on s'y attarde.

Philosophique voire théologique, tels sont les qualificatifs couramment associés à l'idée de déterminisme. Mais le déterminisme est aussi une notion strictement scientifique dont on a vu que le chantre le plus éloquent fut le grand savant français Pierre-Simon marquis de Laplace (1749-1827). En simplifiant, on peut résumer le concept de déterminisme comme suit : si on connaît l'état d'un système à un instant initial, on peut déterminer son état à tout instant ultérieur. Or le déterminisme de l'application logistique ne peut faire de doute : la connaissance de X_n détermine *ipso facto* celle de X_{n+1}. Alors pourquoi cette errance quand une série de valeurs successives de X est calculée pour K > K∞ ? Pour tenter d'en faire sentir la raison subtile, faisons une expérience très simple qui consiste à recommencer le calcul. Si nous repartons exactement de la même valeur X_o (0,6 dans le cas de la figure 4b), nous retrouverons exactement la même évolution : cela nous rassure sur deux points, le système est déterministe et notre ordinateur ne commet pas d'erreur de calcul !

Recommençons encore une fois le calcul mais en entachant la valeur initiale d'une toute petite erreur ; partons non plus de 0,6 mais de $X'_o = 0,599$. Cela revient à se tromper, dans le décompte du cheptel, d'un individu sur six cents ! Dénombrer une population d'animaux en liberté, forte de six cents individus, en ne se trompant que d'un seul est une entreprise presque désespérée. Et pourtant, si, au début, l'évolution calculée avec la nouvelle condition initiale ressemble à celle qui a été calculée précédemment, au bout de quelques itérations elle n'a plus rien à voir avec cette dernière (voir figure 4b) ! L'introduction d'une incertitude initiale, pourtant minime, entraîne rapidement des conséquences considérables ! La connaissance du passé ne permet plus – en pratique – la prévision de l'avenir (sauf l'avenir immédiat) et nous retrouvons là l'errance évoquée ci-dessus. Puisqu'une si faible incertitude dans les conditions de départ prend, quand le temps passe, une telle importance, c'est que cette « erreur » augmente beaucoup à chaque nouvelle itération. En effet, si nous calculions les différences entre les deux séries représentées figure 4b, nous constaterions que les écarts croissent en moyenne exponentiellement : à chaque pas du calcul, l'écart est, en moyenne, multiplié par un nombre supérieur à 1. (Souvenez-vous de l'échiquier et des grains de riz !) Dans le cas de la figure 4b pour laquelle on a pris $K = 4$, le coefficient multiplicatif des écarts – appelé coefficient de Lyapunov – est voisin de 2, ce qui signifie qu'en dix itérations, l'écart des séries est multiplié environ par mille ! C'est dire que si les valeurs de X étaient pratiquement confondues au départ, elles n'ont rapidement plus rien à voir les unes avec les autres. Pour illustrer ce fait à partir des populations animales, il suffit de considérer que la conséquence de l'erreur initiale consistant à avoir compté une bête de moins se traduit au bout de sept itérations (sept années dans cet exemple) par une erreur d'estimation du cheptel de plus de deux cents bêtes...

Nous touchons là le cœur du problème : la propriété que possèdent certaines fonctions non linéaires d'amplifier exponentiellement toute erreur, si minime soit-elle, empêche toute prédiction à long terme et entraîne un comportement erratique semblant obéir aux seules règles du hasard, malgré le déterminisme strict de ces fonctions. Cette propriété d'amplification exponentielle des écarts qui réconcilie les notions de déterminisme et d'imprédictibilité est nommée « sensibilité aux conditions initiales » ou SCI. Pour bien identifier, du point de vue de la sémantique, ce comportement erratique lié à un processus déterministe parmi d'autres comportements imprédictibles, « aléatoires », liés au contraire à des processus beaucoup plus complexes et non déterministes, on lui a consacré l'adjectif « chaotique ».

De la nature de ce hasard

La notion de hasard, au sens conventionnel du terme, est profondément liée à celle d'imprédictibilité. Si la connaissance de l'évolution passée ne permet pas de prévoir l'évolution future, on a tendance à dire que cette évolution est liée au hasard. Mais ce hasard peut être d'origines très diverses. Il est vrai que la connaissance d'une séquence – même longue – d'une évolution résultant de l'application logistique en régime chaotique ne permet de prédire l'évolution à venir qu'à très court terme. De ce point de vue, le comportement chaotique ressemble à un comportement dû au hasard. La comparaison peut aller sensiblement plus loin. Essayons de simuler, à partir de l'application logistique, le fonctionnement du jeu de pile ou face dont nul ne doute que le résultat soit strictement aléatoire et parfaitement lié au hasard. Pour cela, décidons d'affecter le résultat « pile » (p) quand le résultat X_n est compris entre 0 et 0,5 et « face » (f) quand X_n est compris entre 0,5 et 1. Ainsi, tout au long de l'itération de l'application logistique en régime chaotique, nous obtenons une succession de piles et de faces. Une étude statistique soignée montre à l'évidence que le hasard dans la succession des piles et des faces est aussi grand, que ce tirage provienne de l'application logistique ou d'un véritable tirage « au sort » avec une pièce de monnaie. Plus précisément, tirons réellement – avec une pièce de monnaie cette fois – à pile ou face et considérons une séquence de résultats que nous représentons par une succession de P (pile) et F (face), par exemple

PPFPFPPPF FFPFP.

Le fait frappant est que l'on pourra retrouver parmi les multiples tirages de l'application logistique cette même séquence soit

ppfpfppf ffpfp.

On pourra même la retrouver un nombre infini de fois ! Cette propriété est très générale : on peut retrouver n'importe quelle séquence obtenue par pur hasard par itération de l'application logistique, pour $K = 4$, application pourtant parfaitement déterministe ! C'est dire combien, même à partir d'une loi déterministe mais soumise à la SCI, la connaissance du passé n'entraîne pas pour autant celle de l'avenir, idée en contradiction avec celle du déterminisme de Laplace. Encore une fois, c'est la propriété de SCI qui en est la seule responsable.

Au cours des chapitres suivants, il sera montré comment ce hasard déterministe – ou chaos – n'est pas toutefois aussi hasardeux que le hasard purement aléatoire et procède d'une nature beaucoup plus subtile.

Modèle ou réalité ?

Jusqu'ici, nous avons seulement décrit une curiosité mathématique. Est-ce une curiosité isolée et particulière ou peut-elle représenter des phénomènes réels ? La notion de chaos déterministe ainsi que sa racine fondamentale, la *sensibilité aux conditions initiales*, ont été illustrées à partir de l'application logistique. Cette dernière a été naturellement introduite, comme elle le fut à l'origine par Verhulst, à partir de la dynamique des populations. A-t-on des preuves expérimentales que, dans la réalité, la dynamique des populations (humaines, animales, bactériennes) suive ce modèle ? La réponse n'est pas si claire ! On possède bien quelques évidences d'évolutions erratiques dans des populations animales qui sont très probablement à rattacher à un petit nombre de variables [4]. Mais, comme souvent dans le cas des sciences de la vie, les comportements ne sont pas simples et se prêtent mal à servir d'exemple pour illustrer des lois rigoureuses. Aussi, pour répondre à la question posée, nous préférons quitter pour le moment le domaine de la zoologie pour celui de la chimie. Une réaction particulière, dite de Bélousov-Zhabotinsky, va nous servir d'exemple. Habituellement, si l'on met en présence des réactifs chimiques, ils se combinent pour donner le produit de la réaction selon une loi d'évolution régulière et progressive, dite monotone. Contrairement à la majorité des réactions chimiques, celle de Bélousov-Zhabotinsky est non monotone. C'est dire que les réactifs [5] se combinent avec des oscillations temporelles (nécessairement amorties si on ne renouvelle pas ces réactifs). Un tel système chimique, fort original car sensiblement éloigné des exemples classiques de la physique, ne pouvait laisser indifférents les chercheurs à une époque, les années 1970, où les systèmes dynamiques et le chaos suscitaient l'enthousiasme. C'est ainsi qu'au centre de recherche Paul Pascal, laboratoire CNRS de Bordeaux-Talence, cette réaction oscillante a été étudiée du point de vue de ses régimes dynamiques, puis ces études se sont poursuivies à l'université d'Austin, au Texas, « exportées » par l'un des chercheurs de l'équipe de Bordeaux. C'est sur les résultats de ces chercheurs que s'appuient les illustrations qui suivent.

Par analogie entre la dynamique des populations animales et cette réaction chimique, on pourrait dire que l'équivalent du parc animalier est le récipient (ou réacteur) dans lequel se combinent les réactifs. Le rôle du taux de reproduction des animaux se retrouve dans le temps de séjour τ des réactifs dans le réacteur. En effet, celui-ci est continuellement alimenté en produits frais ; ces derniers réagiront d'autant plus qu'ils resteront un plus long temps t en présence. Enfin, ce ne seront plus des populations animales que nous mesurerons mais la concentration Q d'une espèce chimique (ou « population de molécules » en quelque sorte). Qu'observe-t-on alors ?

Pour des valeurs modérées de t, on détecte une oscillation parfaitement régulière de Q. C'est l'équivalent de l'oscillation annuelle de la population animale (naissances au printemps et morts en hiver dans l'exemple cité plus haut). De la même façon que pour les animaux, si nous nous bornons à mesurer Q à un moment déterminé de l'oscillation, par exemple quand elle est à son maximum, nous obtenons une constante.

En augmentant progressivement le temps de séjour t, le scénario suivant est mis en évidence. Pour t supérieur à une certaine valeur seuil t_1 on observe un doublement de la période : il faut attendre deux périodes d'oscillation pour retrouver une même valeur de Q. Puis, au-delà d'un nouveau seuil t_2, la période quadruple. Les difficultés expérimentales rencontrées en pratique pour contrôler les débits des réactifs – donc un temps de séjour t – avec une précision meilleure que le « pour cent » font que les autres étapes du doublement ne peuvent être mises en évidence (dans l'état actuel des techniques instrumentales) et on passe directement au régime chaotique dans lequel Q évolue de façon totalement désordonnée et imprédictible.

C'est ainsi que l'expérience confirme pleinement le modèle de l'application logistique dans lequel le régime devenait, de même, chaotique après une cascade de doublements de période (limitée dans l'expérience ci-dessus à ses deux premières étapes du fait de contingences expérimentales). L'analogie entre le comportement de la réaction chimique et l'application logistique va au-delà du type de transition vers le chaos. On peut, en effet, porter sur un diagramme la concentration Q telle qu'elle est en fonction de ce qu'elle était une (pseudo) période avant. Reconstruisant ainsi Q_{n+1} en fonction de Q_n (ou application de premier retour, analogue direct des diagrammes X_{n+1} en fonction de X_n considérés plus haut), on obtient non pas exactement une parabole mais une courbe en cloche dont les propriétés topologiques sont identiques.

Vue géométrique sur la sensibilité
aux conditions initiales

Un tout petit écart dans les conditions initiales a des effets considérables à long terme. Ainsi avons-nous présenté la sensibilité aux conditions initiales. Un peu de géométrie élémentaire permettra de mieux comprendre – en l'illustrant visuellement – son influence sur la prédictibilité.

Les lasers sont des sources de lumière très directives. Un pinceau lumineux émis par un laser est presque idéalement parallèle, mais pas strictement du fait de ce que l'on appelle la diffraction : il diverge d'un tout petit angle inversement proportionnel à son diamètre. Si ce diamètre est de l'ordre du millimètre, la divergence (ou angle que font les rayons extrêmes) est inférieure au dixième de degré et l'on peut – grâce à un tel faisceau – pointer avec précision un objet situé à plusieurs dizaines de mètres. Tentons d'opérer un tel pointage en éclairant une cellule et une seule choisie sur une rangée de multiples cellules identiques. Supposons de plus que nous soyons contraints de faire réfléchir préalablement le faisceau sur quatre miroirs, comme on le voit sur la figure 6, avant qu'il n'atteigne sa cible. Si les quatre miroirs sont plans, les lois de la réflexion de Descartes nous apprennent que le faisceau réfléchi garde sa divergence angulaire, et rien ne s'oppose à ce qu'après un réglage convenable de l'orientation du laser nous atteignions la cellule visée et elle seule. Nous pouvons traduire cette réussite en disant que la maîtrise de la condition de départ nous a permis de connaître, avec une précision comparable, la condition d'arrivée. Remplaçons maintenant les miroirs plans par des miroirs cylindriques. Cette fois, les lois de Descartes nous apprennent que la divergence du faisceau, après réflexion, est égale à celle du faisceau incident multipliée par un certain facteur qui dépend du rayon de courbure. Pour un rayon de courbure de quelques centimètres, ce facteur est de l'ordre de quelques unités, 5 par exemple. À chaque réflexion, la divergence angulaire est alors multipliée par 5 (on notera que les réflexions successives sont équivalentes aux itérations du problème mathématique précédent). Au bout de quatre réflexions, la divergence est devenue $5^4 = 625$ fois la divergence initiale, et le faisceau voit sa divergence passer de 1/10e de degré – au départ – à 60 degrés à la sortie ! C'est dire qu'il éclaire toutes les cellules sans aucune sélectivité. Une égale maîtrise dans la condition de départ ne permet plus du tout de connaître la condition d'arrivée. Tel est l'effet de la croissance exponentielle de toute incertitude initiale (ou SCI). Il en découle que, même dans un système très simple, la connaissance de l'état initial n'implique nullement celle de l'évolution future.

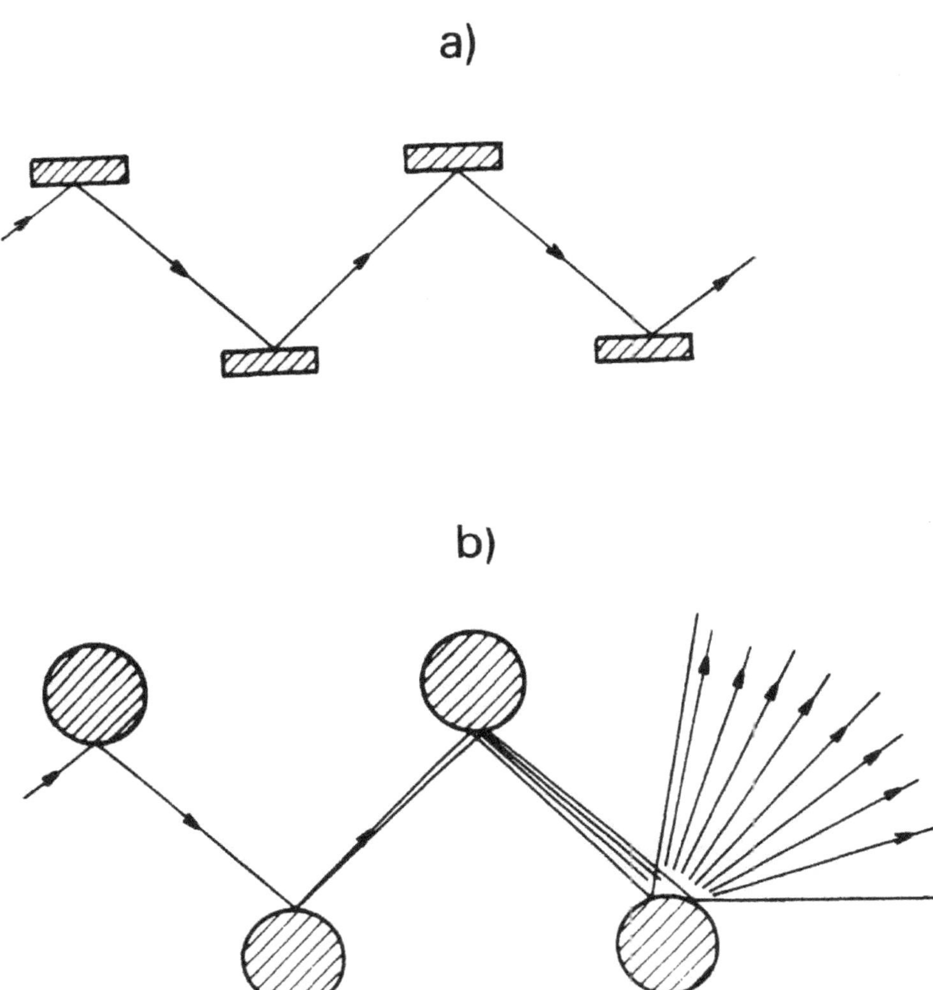

Fig. 6 – Jeu de miroirs permettant d'illustrer la SCI optique. Dans le cas de la figure 6a, le faisceau laser garde une divergence négligeable après réflexion sur les quatre miroirs plans, ce qui lui permet d'atteindre l'endroit prévu de la cible. Au contraire, dans le cas de la figure 6b, les miroirs cylindriques multiplient à chaque réflexion la divergence par un facteur nettement plus grand que 1. À la sortie, le faisceau laser a perdu toute précision et atteindra n'importe quel endroit de la cible.

CHAPITRE 5

Les rythmes des horloges :
le temps régulier

> « On décréta qu'il n'y aurait là ni horloge ni cadran mais que toutes les occupations seraient distribuées au gré des occasions et des circonstances. »
>
> François RABELAIS

Les phénomènes astronomiques, qui jouent un rôle important dans le décompte du temps sur de longues périodes, sont de peu d'utilité lorsqu'on veut faire des mesures sur des durées courtes devant la longueur du jour. L'imagination humaine a alors été mise à l'épreuve et les solutions adoptées ont souvent évolué en parallèle avec, d'une part les besoins, d'autre part les progrès des techniques. On peut mesurer aujourd'hui le chemin parcouru depuis les premiers gnomons, avec lesquels l'heure était repérée par la longueur de l'ombre d'une tige, jusqu'aux horloges atomiques, références actuelles du temps, en passant par les classiques horloges mécaniques [1].

Les premières horloges

Les premières horloges étaient à écoulement d'eau. Ce sont les clepsydres qui, autant qu'on le sache, auraient été élaborées en

Égypte dès le IIIe millénaire av. J.-C. alors que les sabliers, qui pourraient paraître très anciens du fait de leur conception particulièrement simple, ne sont apparus que vers le XIVe siècle de notre ère. Les clepsydres ont servi la mesure du temps pendant plusieurs millénaires ! Certaines sont restées en activité jusqu'au début du XVIIe siècle et Galilée a établi la loi de la chute des corps en se servant de telles horloges. Cette longévité explique qu'au cours de leur histoire elles ont subi de nombreuses améliorations dont certaines fort élaborées. Cependant, l'intérêt dont elles étaient l'objet ainsi que les développements que les artisans cherchaient à leur apporter dépendaient beaucoup de la demande « sociale ».

Sous l'empire de Charlemagne, le célèbre calife de Bagdad, Haroun al-Rashid, évoqué dans les contes des *Mille et Une Nuits*, fit envoyer à la cour de l'empereur une merveilleuse horloge à eau pour démontrer combien étaient grands le savoir-faire des artisans de son royaume, et, par extrapolation, sa propre puissance. La cour admira, mais l'événement fut vite oublié et nul ne songea ou ne parvint à construire de telles « machines » à mesurer le temps. On rapporte également qu'à la fin du XIe siècle, un empereur de Chine fit construire une horloge astronomique très sophistiquée, mue par une roue hydraulique. Outre la position de la Lune, du Soleil et de certains astres indispensables pour l'établissement du calendrier, mais aussi pour la divination, elle indiquait les heures et les quarts. Cette horloge resta en état de marche pendant un temps relativement bref et fut, elle aussi, rapidement oubliée, ainsi que la technologie savante qui avait été nécessaire pour sa construction. De fait, la mesure précise du temps n'était pas du tout une préoccupation pour des sociétés dont l'activité était réglée par les rythmes de la nature.

À l'opposé, l'islam avait besoin de repères temporels réguliers, en particulier dans les villes pour les appels quotidiens à la prière. La fabrication d'horloges (à eau) fut donc une grande tradition de l'islam médiéval. Comme les problèmes posés par l'élévation et la distribution de l'eau tenaient une place importante au Moyen-Orient, ces clepsydres ont bénéficié d'apports techniques développés dans d'autres domaines de l'hydraulique (irrigation, fontaines, etc.) et elles étaient très en avance sur toute l'horlogerie existant ailleurs. Certaines réalisations étonnantes reposant sur d'astucieuses régulations du débit de l'eau sont restées célèbres, en particulier celles décrites dans un traité rédigé par Al-Jazari. Cet homme, apparemment « mécanicien » de grand talent, était au service de princes islamiques à la fin du XIIᵉ siècle. Ici aussi les clepsydres avaient un rôle social important et apportaient la considération à leurs constructeurs. Dans certaines clepsydres monumentales, à l'indication de l'heure, du jour solaire ou lunaire était associé le mouvement de nombreux automates : personnages, animaux, etc., ainsi que des sons musicaux.

Malgré leur sophistication, les clepsydres avaient des inconvénients. Tout d'abord elles étaient intransportables et ne donnaient donc qu'une mesure locale, difficilement comparable d'un lieu à l'autre. Ensuite, leur précision était très limitée. Aussi, l'avènement des horloges mécaniques a été une véritable révolution. Il semble que les premières aient été construites au XIVᵉ siècle, bien qu'il y ait une certaine ambiguïté sur cette date parce que le nom d'horloge ou *horologium* au Moyen Âge, désignait tout dispositif donnant l'heure, la clepsydre comme le cadran solaire, puis l'horloge mécanique. Notons que si les langues latines ont conservé le mot « horloge » pour désigner l'horloge mécanique, les langues germaniques lui ont donné à son apparition un nom différent de celui des autres repères de temps, soit *clock* ou un terme semblable, nom rappelant plutôt la cloche.

Les premières horloges mécaniques, souvent placées dans le beffroi des églises, ne donnaient qu'une heure approximative. De plus, elles se déréglaient facilement. C'est C. Huygens, au XVIIᵉ siècle, qui leur a apporté une modification décisive : l'indépendance de la référence de temps – c'est-à-dire la période d'oscillation d'un balancier – par rapport à l'entretien du mouvement de celui-ci, indépendance qui améliorait considérablement la régularité du mouvement. Cela a marqué le début de la quête de garde-temps de plus en plus précis et facilement transportables, tels ceux que nous connaissons encore aujourd'hui. Leur histoire, très instructive [2], montre, s'il en était besoin, combien le progrès technique est fortement motivé par les besoins de la société.

Qu'est-ce exactement qu'un pendule ?

Le prototype de l'horloge, au sens général du terme, est la pendule à balancier, dont le mouvement scande de façon très régulière et répétitive la progression du temps et pour laquelle la référence temporelle est donnée par la période de l'oscillation de la partie pendulaire. La pendule est donc une réalisation particulière d'un pendule, au sens que lui donne le physicien (voir figure 1).

Examinons d'un peu plus près ce pendule, car son fonctionnement est moins trivial qu'il n'y paraît et, s'il mesure le temps, il est aussi l'archétype du système dynamique de base que l'on nomme « oscillateur ». Le pendule peut être représenté par une masse suspendue au bout d'une tige dont l'autre extrémité est fixée. L'ensemble peut osciller autour du point de fixation, tout en restant dans le même plan si on se limite au mouvement le plus simple. La position de repos est la verticale : vitesse nulle, énergie cinétique (liée au mouvement) nulle, comme lorsque l'enfant fatigué reste assis sans bouger sur sa balançoire. Mais si nous animons le pendule en l'abandonnant à lui-même après l'avoir écarté de la verticale, la masselotte prend de la vitesse, passe à la verticale du point de fixation, puis remonte de l'autre côté jusqu'à une certaine hauteur où sa vitesse s'annule. Elle redescend ensuite, repasse à la verticale pour remonter de l'autre côté, à la même hauteur, où sa vitesse s'annule à nouveau et ainsi de suite, avec une remarquable périodicité, si, de l'extérieur, rien ne vient perturber le mouvement.

Le mouvement du pendule n'existe que par la présence du champ de pesanteur terrestre ; dans les espaces intersidéraux, loin de toute masse pesante attractive telle celle d'un astre, le pendule serait immobile et ne servirait à rien. Sur Terre, le travail fourni contre la pesanteur par déplacement du poids crée une énergie potentielle qui se change en énergie cinétique au cours du mouvement descendant, puis se retransforme de nouveau en énergie potentielle lorsque la masse remonte. La somme de ces deux énergies reste constante et le pendule remonte toujours à la même hauteur, que ce soit à droite ou à gauche. En ces points, l'énergie cinétique est

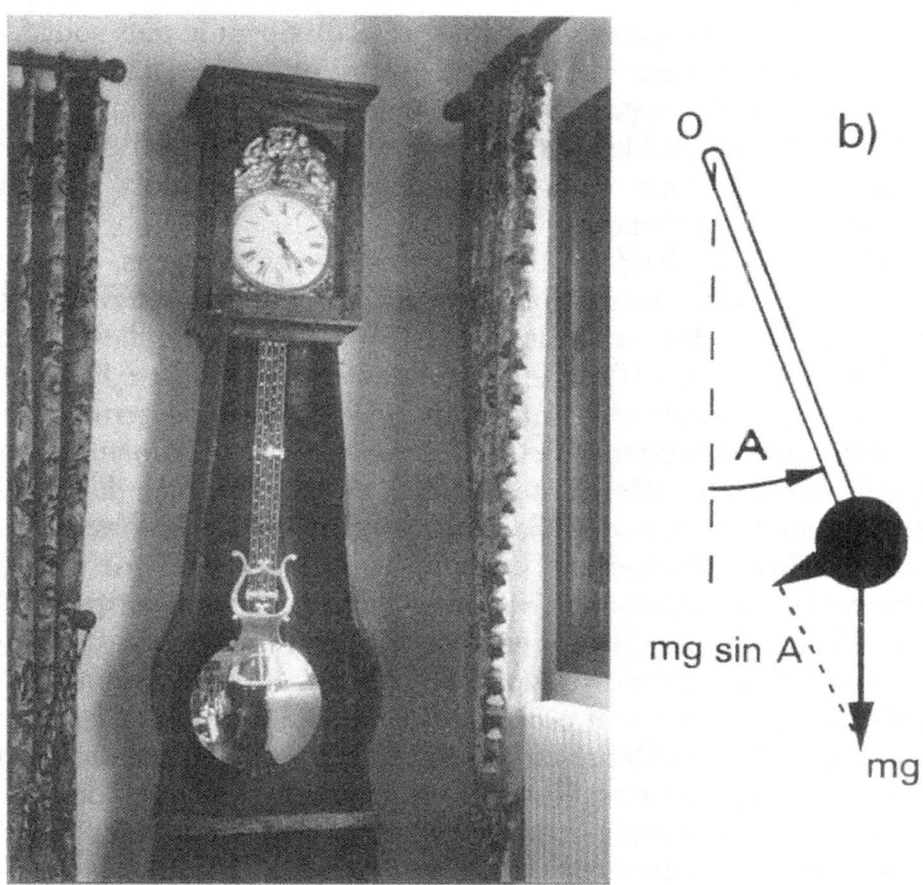

Fig. 1a – Pendule ancienne avec balancier.
Fig. 1b – Schéma d'un pendule de physicien. Son point de fixation est en
O. A est l'angle que fait le bras du pendule avec la verticale, mg est le poids
dont la partie motrice est la composante mg sinA.

nulle (la vitesse s'y annule) et l'énergie potentielle est maximale. Le
temps que met le pendule pour revenir répétitivement au même
point de sa course est donc rigoureusement le même : mouvement
monotone, mais dont la régularité même en fait tout l'intérêt.

Cette régularité n'est cependant pas présente d'elle-même. En
effet, dans notre environnement immédiat, le mouvement perpétuel

n'existe pas, du moins pour des objets macroscopiques. Les forces de frottement inhérentes à tout système mécanique consomment une partie de l'énergie emmagasinée et la dissipent le plus souvent sous forme de chaleur : cette perte d'énergie est irréversible et, dans le cas du pendule, conduit inexorablement à l'arrêt de son mouvement. C'est pourquoi les horloges ont besoin d'un apport extérieur d'énergie – descente d'un poids, détente d'un ressort – pour compenser les frottements.

L'invention de l'horloge à pendule est due à Huygens, qui eut l'idée de prendre l'oscillation d'un pendule comme référence de temps et en fit des réalisations dès 1654 avec la complicité d'un horloger de La Haye (Galilée, et peut-être même Léonard de Vinci, auraient eu la même idée, mais sans qu'elle soit suivie, semble-t-il, de réalisations pratiques.) Cette découverte a été fondamentale car la présence d'une référence temporelle, en principe bien définie, a apporté un gain considérable dans la précision de la mesure du temps ; celle-ci devenait de l'ordre de 10 à 20 secondes par jour, à comparer à une quinzaine de minutes pour les anciens dispositifs. Cependant, pour que la référence de temps soit préservée, il fallait que l'entretien, c'est-à-dire l'apport d'énergie, affecte le moins possible avec le mouvement propre du pendule. La partie mécanique importante, intermédiaire entre le balancier et sa stimulation, est celle de l'échappement. Huygens utilisait un système – déjà en vigueur à son époque – qui nécessitait des amplitudes assez importantes de battement (angle de l'ordre de 20° avec la verticale), ce qui était une limitation pour l'amélioration ultérieure de la régularité du pendule. L'autre découverte essentielle a donc été celle de l'échappement à ancre qui, lui, peut travailler avec des amplitudes d'oscillation de quelques degrés seulement. Mais quelle que soit la nature de l'échappement et du mécanisme qui le stimule, l'ensemble est tel que c'est l'oscillation du pendule elle-même qui déclenche l'impulsion d'entretien ; celle-ci est brève et prend place deux fois par période, juste quand le pendule est au maximum de sa course. Bien sûr, l'impulsion doit être faible et juste suffisante pour compenser le frottement sur une demi-période, « pas plus forte que le souffle de notre haleine » disait Huygens. Tout cela donne des conditions optimales pour que la fréquence propre du pendule soit le moins possible influencée par l'entretien. Nous verrons comment, à l'opposé, le mouvement du pendule peut être affecté si les impulsions délivrées par l'entretien ne respectent pas strictement la période du pendule et interviennent avec une dynamique propre (on parle alors de « forçage »).

La dissipation – terme consacré pour désigner la dégradation irréversible de l'énergie – a des conséquences très importantes et en particulier exige un apport constant d'énergie pour assurer le maintien de tout mouvement continu (moteurs, déplacements, etc.). Une autre conséquence est que l'état dynamique, de l'horloge par exemple, dépend de la puissance d'entretien qui lui est fournie. Dans le cas des horloges à pendule, celle-ci est constante tant que le poids n'est pas en position basse et que le mouvement du balancier est le même d'une oscillation à l'autre ; de plus, et fort heureusement pour la mesure du temps, celui-ci ne dépend pas de la manière dont il a été lancé initialement. En effet, si le balancier est lâché d'une position plus élevée que celle correspondant à son débattement en régime normal, l'amplitude d'oscillation va diminuer peu à peu jusqu'à reprendre celle de la dynamique d'équilibre, stable dans le temps, comme on le voit sur la figure 2. De même, si l'amplitude de départ est trop faible, la stimulation de l'entretien la fera augmenter jusqu'à ce qu'elle atteigne la valeur de stabilité. Cette propriété intéressante du pendule est plus généralement caractéristique de tout système dissipatif entretenu : l'état dynamique, se manifestant par des oscillations régulières, ne dépend pas des conditions de départ (à supposer cependant qu'il n'y ait qu'un seul régime d'équilibre).

Espace dynamique du pendule ou espace des phases

Toutes ces dynamiques peuvent être illustrées par des graphiques (figure 3). On peut porter, en fonction du temps, l'angle A que fait à chaque instant le balancier avec la verticale, ou sa vitesse instantanée V. Si l'angle maximal de débattement est faible, ces deux courbes ont la même allure et ce sont des sinusoïdes, signature du

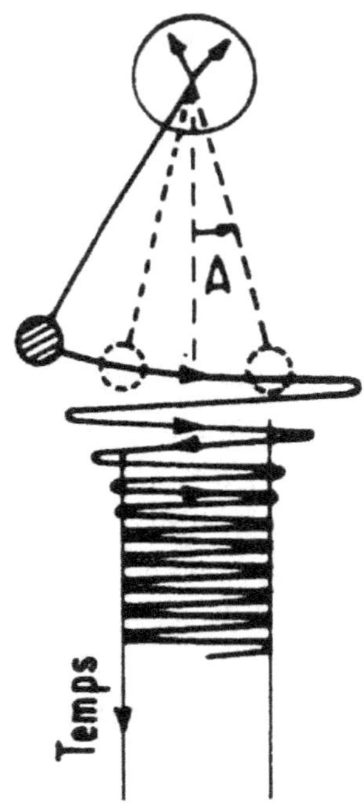

Fig. 2 – Retour au mouvement d'équilibre d'un pendule dissipatif entretenu lancé avec un angle trop grand.

comportement périodique le plus pur, défini par la présence d'une seule fréquence dans la dynamique. On peut aussi tracer la courbe qui traduit la relation entre les deux variables, c'est-à-dire la vitesse en fonction de la position du balancier. Cette courbe se referme sur elle-même après une période T et elle est décrite récursivement par le point représentatif de l'état du pendule, d'une période à la suivante, dès lors que l'état d'équilibre dynamique est atteint (cette courbe appartient à la grande famille des trajectoires dynamiques). Chaque fois que le balancier est en position basse – l'angle A du balancier avec la verticale est nul – la vitesse a une valeur maximale V_{max}, que le balancier aille de droite à gauche ou de gauche à droite ; mais si nous affectons par convention un signe + à un sens et − à l'autre sens, la vitesse est alternativement $+ V_{max}$ et $- V_{max}$ chaque fois que la position correspond à l'angle nul. Au contraire, chaque fois que le balancier atteint une position extrême à droite (angle $+ A_{max}$) ou à gauche (angle $- A_{max}$), sa vitesse est nulle. Entre

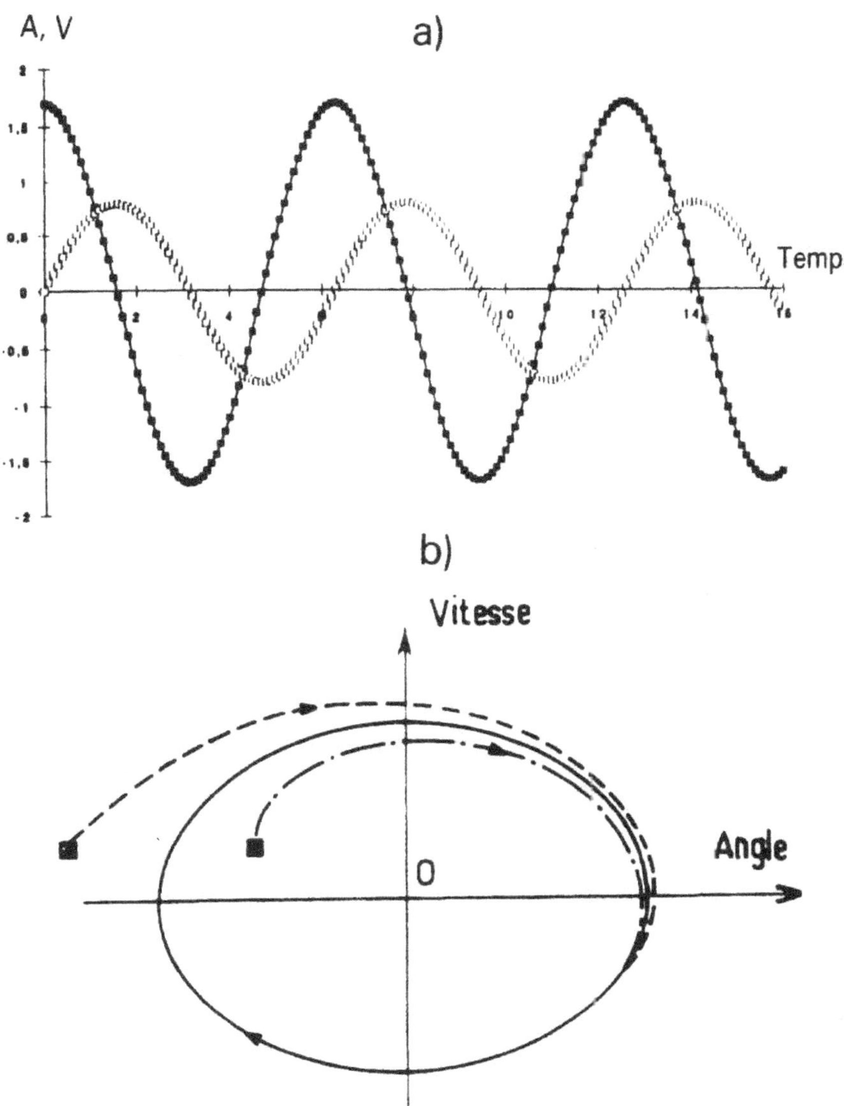

Fig. 3a – Variation en fonction du temps de l'angle A et de la vitesse V d'un pendule entretenu lorsqu'il est à l'équilibre. A et V sont en quadrature de phase. Cas linéaire : A et V varient sinusoïdalement avec le temps. (On peut remarquer qu'autour des valeurs nulles de la variable (A ou V) la sinusoïde peut être assimilée à une droite.)

Fig. 3b – Cycle limite ou trajectoire dynamique (cas linéaire) du mouvement périodique du pendule (Vitesse en fonction de la position ou angle). Deux transitoires sont également représentés. Ils correspondent à des lancers avec angle trop grand et angle trop petit, par rapport à l'amplitude angulaire d'équilibre.

ces quatre points cycliquement visités, le point figuratif du mouvement décrit une « trajectoire » régulière dont la forme est pratiquement celle d'une ellipse. L'avantage d'une telle représentation est de bien mettre en évidence la moindre perturbation qui pourrait intervenir dans le mouvement du balancier (par un décalage de la trajectoire), mais il est surtout de donner très clairement la « phase » du mouvement à chaque instant, dans le sens « phase temporelle », de même que l'on parle des « phases de la Lune ». L'espace mathématique dans lequel la courbe est tracée s'appelle donc l'espace des phases. Il pourrait aussi se nommer espace des variables, car les grandeurs qui en constituent les coordonnées sont les variables indépendantes du système.

Quelles sont donc les variables indépendantes – on dit aussi « degrés de liberté » – du système constitué par le balancier oscillant ? Quittons un instant notre balancier pour considérer un système d'où la dynamique est absente mais qui va mieux faire sentir cette notion de degré de liberté. Soit à accrocher un tableau sur un mur. Nous pouvons, selon notre goût, le disposer plus ou moins haut et plus ou moins à gauche ou à droite dans la pièce que nous voulons ainsi décorer. Pour satisfaire au mieux notre sens de l'esthétique, nous disposons de deux « variables indépendantes » qui sont la hauteur et la largeur (nous ne considérerons pas l'inclinaison du tableau). Nous ajustons indépendamment chaque variable jusqu'à complète satisfaction : dès lors que les deux sont fixées, le système constitué par le tableau sur le mur est totalement défini.

Il en va de même pour le système dynamique que représente le balancier oscillant : à partir du moment où nous fixons, à un instant donné, sa position et sa vitesse, la dynamique du système est complètement déterminée. Le pendule oscillant – et plus généralement tout système élémentaire se mouvant de façon périodique dans le temps, comme, par exemple, une masse oscillant verticalement au bout d'un ressort – possède deux variables indépendantes (ou deux degrés de liberté), qui sont donc la vitesse et la position dans le cas du pendule. L'espace des phases correspondant est à deux dimensions et la courbe d'équilibre vers laquelle tend le mouvement s'appelle « cycle limite », nom évoquant bien la propriété de convergence du mouvement vers la dynamique cyclique d'équilibre, indépendante des conditions initiales. En effet, dans un tel cycle limite, l'amortissement et les phénomènes non linéaires dans les amplitudes et l'entretien (voir plus loin) s'équilibrent de façon unique. Cela veut dire aussi que, pour des paramètres donnés, comme l'apport de puissance et les caractéristiques mécaniques du dispositif oscillant, l'amplitude et la fréquence des oscillations sont complètement déterminées. Mais il faut savoir que cette indépendance n'existe pas pour les systèmes sans frottement, appelés aussi systèmes conservatifs, car leur énergie interne est conservée et leur état dépend crucialement des conditions initiales. La notion et l'expression de « cycle limite » sont dues à Poincaré, qui, par contre, ne semble pas avoir fait de suggestions en ce qui concerne son application à des phénomènes physiques réels. Ceci est sans doute dommage, car il a fallu attendre bien des années pour que ce concept prenne place dans la physique et la mécanique expérimentales (voir chapitre 8).

Quand le pendule ralentit ou action des non-linéarités

Interrogeons-nous quelques instants sur la valeur de la période de notre pendule oscillant. Nous avons appris depuis le lycée que cette période est indépendante de la masse m du pendule, varie comme la racine carrée de la longueur l du bras pendulaire et que de plus la mesure de cette période est un moyen de connaître l'accélération de la pesanteur g. En effet l'expression générale [3] nous dit que la valeur de la période T s'exprime comme $2\pi\,(l/g)^{1/2}$ (soit environ 2 s pour une longueur l de 1 m), mais cette expression est-elle toujours vérifiée ? La réponse est négative car la relation indiquée n'est vraie que pour des amplitudes de débattement faibles, comme dans le cas des pendules comtoises pour lesquelles le balancier s'écarte très peu de la verticale. On parle alors de l'isochronisme des petites oscillations, découvert par Galilée. En réalité la période serait bien celle exprimée, et donc une constante pour un pendule donné, si la force de rappel due à la gravité (composante active du poids du pendule) était toujours proportionnelle à l'angle du balancier avec la verticale. Mais de fait cette force de rappel dépend de l'angle A comme la fonction sinus (A) : elle croît jusqu'à un angle de 90° pour lequel elle est maximale, puis décroît ensuite quand l'angle continue à augmenter. Cette dépendance suit donc une relation non linéaire qui n'est sensiblement proportionnelle à A que pour les petites valeurs de A. Le mouvement du balancier en fonction du temps devient alors plus complexe à décrire. Il n'est plus parfaitement sinusoïdal [4] (il est en toute rigueur la somme d'une infinité de sinusoïdes) mais reste périodique avec une période T' qui augmente avec l'amplitude maximale A_{max}. À l'extrême limite, si A_{max} est égal à π, la période est, en toute rigueur, infinie, car la position, masse m en haut, est une solution d'équilibre. En effet, la composante active du poids est nulle ($\sin A_{max} = 0$) dans une position où la vitesse elle-même s'annule ; cette position correspond toutefois à un équilibre instable, car la moindre perturbation entraîne la « chute » du balancier. Plus généralement, si l'élongation A_{max} n'est pas trop forte, une bonne approximation de la valeur de la période T' est :

$$T' = T (1 + A_{max}^2/16) \qquad (A_{max} \text{ exprimé en radian})$$

où T est la période aux très faibles amplitudes indiquée ci-dessus. La variation de la période réelle en fonction de l'amplitude maximum (fixée en principe pour un pendule donné) peut paraître faible : si T est égale à 1 seconde, la période T' devient 1,000076... seconde pour une amplitude A_{max} de 2 degrés d'angle, soit un écart relatif de 7,6 10^{-5} par rapport à la période T de très faible amplitude. Cependant, ce type d'écart prend de l'importance dès que le pendule (ou la pendule) considéré est soumis à des fluctuations dans son fonctionnement (les causes peuvent être diverses telles que variation de température, augmentation du frottement, etc.) car dans ce cas, les variations s'additionnent et la mesure du temps est faussée [5], car il faut se rappeler qu'une journée comptabilise 3 600*24 soit 86 400 secondes. Ainsi une variation faisant passer l'amplitude d'oscillation A_{max} de 5° à 6° entraîne un retard de l'ordre de 20 s sur 24 h, alors que si la fluctuation se fait de 1° à 2° ce retard ne sera plus que de 5 s environ, tout en n'étant pas négligeable pour un instrument destiné à fournir une mesure rigoureuse du temps. Ces ordres de grandeur montrent mieux l'intérêt qu'ont porté les horlogers du XVIIe siècle à trouver des conditions de marche avec faible débattement du bras pendulaire et donc le succès de l'échappement à ancre. (La variation de la période avec l'amplitude maximale s'appelle l'erreur circulaire, exprimant ainsi que la trajectoire circulaire du poids du pendule n'est pas isochrone, et ceci de façon sensible dès que les amplitudes d'oscillation sont supérieures à 1°.)

La période propre du pendule non-linéaire et entretenu dépend donc de l'amplitude maximale de ses oscillations [6]. Ce qui peut paraître un inconvénient pour la mesure du temps va cependant permettre à des « pendules » particuliers de s'adapter à des conditions dynamiques différentes, en particulier quand ils seront couplés à d'autres systèmes oscillants, ils pourront par exemple changer leur amplitude pour adopter une période plus favorable par rapport à des contraintes de forçage dynamique. Comme l'ont montré les exemples de renversements du champ magnétique terrestre et d'évolution de populations animales, les non-linéarités introduisent de façon magistrale de la complexité certes, mais aussi des possibilités de comportements tout à fait variés, qu'un système dit linéaire ne pourrait jamais avoir. L'adjectif « non-linéaire » ne doit pas impressionner le lecteur ; derrière ce mot un peu technique, se cache une propriété rencontrée un peu partout, à savoir celle des systèmes pour lesquels les effets ne sont pas directement proportionnels à la grandeur des causes. Si vous achetez un kilo de poires chez un producteur, vous les payez un certain prix, mais si vous lui en achetez dix kilos pour faire des confitures, il est possible que vous ayez un rabais, et d'autant plus substantiel que votre achat sera plus important. Si vous-même êtes revendeur et que vous achetiez cette fois-ci deux cents kilos de ces fruits, vous les payerez certainement encore moins cher : le prix total payé ne sera donc pas proportionnel à la quantité, mais une fonction complexe de cette quantité qui porte le qualificatif de non-linéaire. On peut entrevoir à travers cet exemple banal les multiples potentialités introduites par les non-linéarités : si le prix est fixé, indépendamment de la quantité, vous savez ce que vous payerez et il n'y a pas de surprise, mais dès qu'il y a variation avec la quantité, une souplesse est introduite dans le système et les prix pourront s'infléchir en fonction de la demande, à votre satisfaction ou à votre déception peut-être.

La mesure du temps aujourd'hui

Revenons à la mesure du temps. Le pendule, convenablement stimulé et bénéficiant d'apports techniques sophistiqués, peut donner une mesure très précise du temps. Et pourtant, depuis 1967, la référence de l'unité de temps internationale est donnée par une horloge atomique.

Que demande-t-on – tout au moins aujourd'hui dans un contexte scientifique très élaboré – à une référence de temps ? Qu'elle soit la plus stable et la plus précise possible sur des durées extrêmement longues, c'est-à-dire d'une perfection pratiquement absolue sur un temps presque infini. Cela pourrait paraître hors des possibilités humaines, mais les émissions de rayonnements électromagnétiques, telles la lumière ou les ondes radioélectriques, peuvent répondre de façon satisfaisante à ces impératifs, au moins dans certaines conditions. Un physicien n'a-t-il pas fait remarquer, un jour, que « seule une onde monochromatique pouvait prétendre à l'éternité » ? Les ondes, qui d'une certaine manière peuvent être considérées comme des oscillateurs, sont définies par deux périodicités, la périodicité spatiale ou longueur d'onde λ et la périodicité temporelle ou période T, inverse de la fréquence. Ces deux grandeurs sont reliées entre elles par la relation $\lambda = c \times T$ où c est une vitesse, vitesse de la lumière dans le cas des ondes électromagnétiques se déplaçant dans le vide, qui est par ailleurs une constante universelle. Une onde monochromatique ne comporte, comme son nom l'indique, qu'une seule longueur d'onde ou tout au moins une répartition (il en existe toujours une) en longueurs d'onde (ou en fréquences) très étroite ; c'est ce qui se passe dans les lasers où une seule « couleur » est émise, la couleur étant la signature visible de la longueur d'onde.

La référence de temps, la seconde du système international d'unités, est donc donnée maintenant par la durée S correspondant à 9 192 631 770 périodes de la radiation à fréquence parfaitement définie émise par un atome de césium (isotope 133) lorsqu'il se désexcite entre deux états d'énergie bien déterminés [7] (rappelons que la différence d'énergie E entre deux niveaux – ou états d'énergie – détermine de façon unique la fréquence ν du rayonnement émis, en suivant la relation d'Einstein-Planck $E = h\nu$ où h est une constante universelle nommée constante de Planck). La durée S est celle qui est la plus proche de la seconde de temps des éphémérides. Celle-ci avait été définie comme 1/86 400 de la longueur du jour moyen [8] et a représenté auparavant l'unité de référence du temps, en France en particulier. Comme les horloges pendulaires, l'horloge atomique comporte un oscillateur – ici ce sera un ensemble d'oscillateurs identiques, les atomes de césium –, un apport d'énergie sous la forme de mise en excitation des atomes, une cavité résonante qui joue un peu le rôle de l'échappement et qui est pilotée par la vibration émise par les atomes et enfin un fréquence mètre ou compteur de temps. L'ensemble représente un montage complexe, qui fait appel aux techniques les plus modernes, que ce soit dans le domaine de la physique atomique ou dans celui de l'électronique. Le résultat est que l'horloge en question est d'une très grande stabilité, certains chiffres avançant un ordre de grandeur de l'ordre de 1 seconde sur 1 million d'années (en valeur relative, cela donne une précision de l'ordre de $3\ 10^{-14}$!).

Ce type d'horloge se trouve, bien sûr, dans des laboratoires spécialisés, mais, comme dit l'adage populaire « on n'arrête pas le progrès », il est possible d'avoir chez soi, aujourd'hui, cette précision dans la mesure du temps ! L'heure donnée par une horloge atomique à césium, située à l'Institut fédéral de physique de Braunschweig, est transmise dans toute l'Europe par grandes ondes radio. Des montres et des réveils, équipés d'une antenne appropriée, peuvent recevoir et « lire » ces signaux horaires qu'un microprocesseur intégré compare avec l'heure indiquée par le garde-temps du récepteur. Le recalage avec l'heure donnée par l'horloge atomique se fait ensuite automatiquement. Pour les montres, cet ajustement se fait une fois par jour, précisément à deux heures du matin.

Ce n'est possible que parce que la grande majorité des montres ne sont plus mécaniques. Le spiral avec balancier a été remplacé par un cristal de quartz dont les vibrations donnent la référence de temps. Le mécanisme physique générateur de ces vibrations est lié au phénomène de piézo-électricité, découvert par P. Curie en 1880, et qui fait jouer au quartz le rôle d'oscillateur : quand un cristal de quartz est soumis à une tension électrique alternative, il vibre à la fréquence imposée, mais lorsque celle-ci est proche d'une certaine valeur qui correspond à la fréquence propre du cristal, celui-ci entre en résonance. Cette fréquence dépend de la dimension et de la forme du cristal ; elle s'étend de quelques dizaines de milliers de hertz (ou nombre d'oscillations par seconde) à un million et plus (mégahertz). Elle est ensuite divisée par un dispositif électronique qui donne, en dernière étape, une oscillation par seconde. Cette nouvelle mesure du temps, rendue possible grâce à la miniaturisation des circuits électroniques, n'a laissé que peu de chance de survie, voire aucune, aux montres mécaniques, beaucoup moins précises, et ce, malgré des trésors d'ingéniosité.

Là encore, il est intéressant de noter le cheminement du progrès technique. Les montres à quartz, rendues rentables par la qualité de leurs performances, sont en fait redevables d'une activité complètement indépendante de la mesure du temps, en l'occurrence l'essor des émissions de radio. En effet, les cristaux de quartz ont servi, peu après la découverte de leurs conditions d'oscillation, comme résonateurs et contrôleurs de fréquence dans les premières émissions de radiodiffusion. La stabilité n'était pas bonne, mais il y avait peu de stations émettrices et la dérive en fréquence n'était pas gênante. Par contre, à partir des années 1920, le nombre de stations se mit à croître et les émissions, à la fréquence changeante et pouvant se recouper d'une station à l'autre, devenaient problématiques. Les ingénieurs cherchèrent donc de meilleures conditions de stabilité, en particulier en jouant sur la forme et la taille des cristaux de quartz. Et cette recherche, orientée au départ pour une diffusion plus nourrie et plus stable d'ondes radio, a entraîné, en second lieu, l'élaboration de mesureurs de temps très performants.

« Tout est vibration », lit-on dans les textes hindouistes. Les scientifiques ne renient pas cette affirmation, mais comment y relier le phénomène de périodicité, cette périodicité qui est la base même de la mesure scientifique du temps ? La question sera posée ultérieurement (voir chapitre 8) en ce qui concerne le mouvement des astres, premiers repères dans le décompte du temps, mais interrogeons-nous déjà sur les garde-temps fabriqués par les hommes. Des clepsydres aux horloges atomiques, les références temporelles se sont sophistiquées et sont devenues à la fois plus précises et plus stables sur des ordres de grandeur fabuleux (rappelons qu'en quelques siècles, la précision est passée du quart d'heure par jour pour les premières horloges mécaniques à la seconde sur un million d'années pour une horloge atomique), mais la périodicité rigoureuse n'est jamais intrinsèque. Ce phénomène découle de deux faits, qui ne sont d'ailleurs pas complètement indépendants : un oscillateur physique possède toujours une plage de résonance, même si celle-ci est très étroite ; tout système oscillant doit être entretenu et, d'une certaine manière, sa dynamique va dépendre de l'entretien.

Les progrès se sont donc faits sur les deux plans et les étapes majeures n'ont pu être réalisées qu'en changeant complètement de système physique, en particulier en faisant appel à des horloges travaillant à des fréquences de plus en plus élevées. Chemin faisant, la perception du phénomène de périodicité s'est affinée, mais nous verrons qu'il ne faut pas lui apporter beaucoup de complications extérieures, comme le coupler à un autre comportement périodique différent du sien ou le solliciter avec une fréquence « dangereuse », pour que sa dynamique si pure devienne très complexe, voire chaotique.

CHAPITRE 6

Les horloges en compétition :
le temps dévié

> « Quand l'esclave trouve une occasion de devenir tyran, il ne la rate pas. »
>
> Henri DUVERNOIS

Les frottements rendent inévitable l'entretien, donc l'apport d'énergie extérieure, pour tout système où il y a mouvement permanent. Pour que les horloges à pendule ou les montres mécaniques gardent la stabilité de leur mouvement, une impulsion est donnée à un rythme directement piloté par le mouvement oscillant du balancier ou du spiral, mais l'entretien lui-même est donc apériodique et neutre vis-à-vis de la référence de temps. Mais que se passe-t-il si, au contraire, la stimulation est elle-même périodique avec une fréquence qui lui est propre ? Nous parlerons alors de « forçage » pour bien rendre compte du caractère imposé à la dynamique de l'oscillateur stimulé, balancier ou autre. Beaucoup des comportements qui résultent de ce forçage sont d'une grande richesse ; certains n'ont été découverts que très récemment, autour des années quatre-vingt et ont provoqué l'enthousiasme des chercheurs par leur nature universelle et souvent par leur aspect fascinant.

L'encensoir de Saint-Jacques-de-Compostelle :
un pendule stimulé

Reprenons pour quelques instants l'image du pendule. Si on le force avec une période très voisine de la sienne propre, le phénomène bien connu de résonance entre en jeu, et le pendule oscille à la fréquence imposée avec une amplitude d'autant plus grande que cette fréquence est proche de la sienne.

Mais il est une autre fréquence très efficace, trouvée empiriquement depuis très longtemps, comme le raconte l'histoire du grand encensoir de ce haut lieu de la chrétienté [1] qu'est la cathédrale de Saint-Jacques-de-Compostelle (figure 1). Cet encensoir célèbre se nomme aussi *botafumeiro*, ou boutefeu en galicien, langue parlée dans l'extrême nord-ouest de l'Espagne. Cet encensoir qui, chargé de braises et d'encens pèse plus de 50 kilogrammes, est animé lors des fêtes religieuses d'un spectaculaire mouvement d'oscillation l'entraînant pratiquement jusqu'à la voûte, haute de plus de vingt mètres. La mise en mouvement de l'encensoir avec de telles amplitudes n'est pas du tout évidente, mais il est probable que la méthode utilisée a été découverte un peu par hasard, un peu par intuition. Depuis des siècles, elle se fait de la même manière. En effet, archives et textes anciens permettent de penser que ce dispositif a été élaboré dès le XIIIe siècle. Pour ébranler l'encensoir et lui donner progressivement une amplitude d'oscillation importante, puis entretenir son mouvement, sept officiants, disposés en cercle, agissent simultanément sur des cordes nouées à un câble central, lequel, par le truchement d'un ingénieux système de poulies, permet de faire varier la longueur de la corde à laquelle est suspendu l'encensoir. La traction des officiants – donc la variation de longueur de la suspension – n'a évidemment lieu ni n'importe comment, ni n'importe quand. La longueur de la corde de suspension est raccourcie quand l'encensoir est en position basse, alors que la corde est relâchée quand il est au plus haut de sa course. La précision d'une telle manœuvre requiert beaucoup de savoir-faire et s'opère sous la direction d'un « maître de jeu » [2].

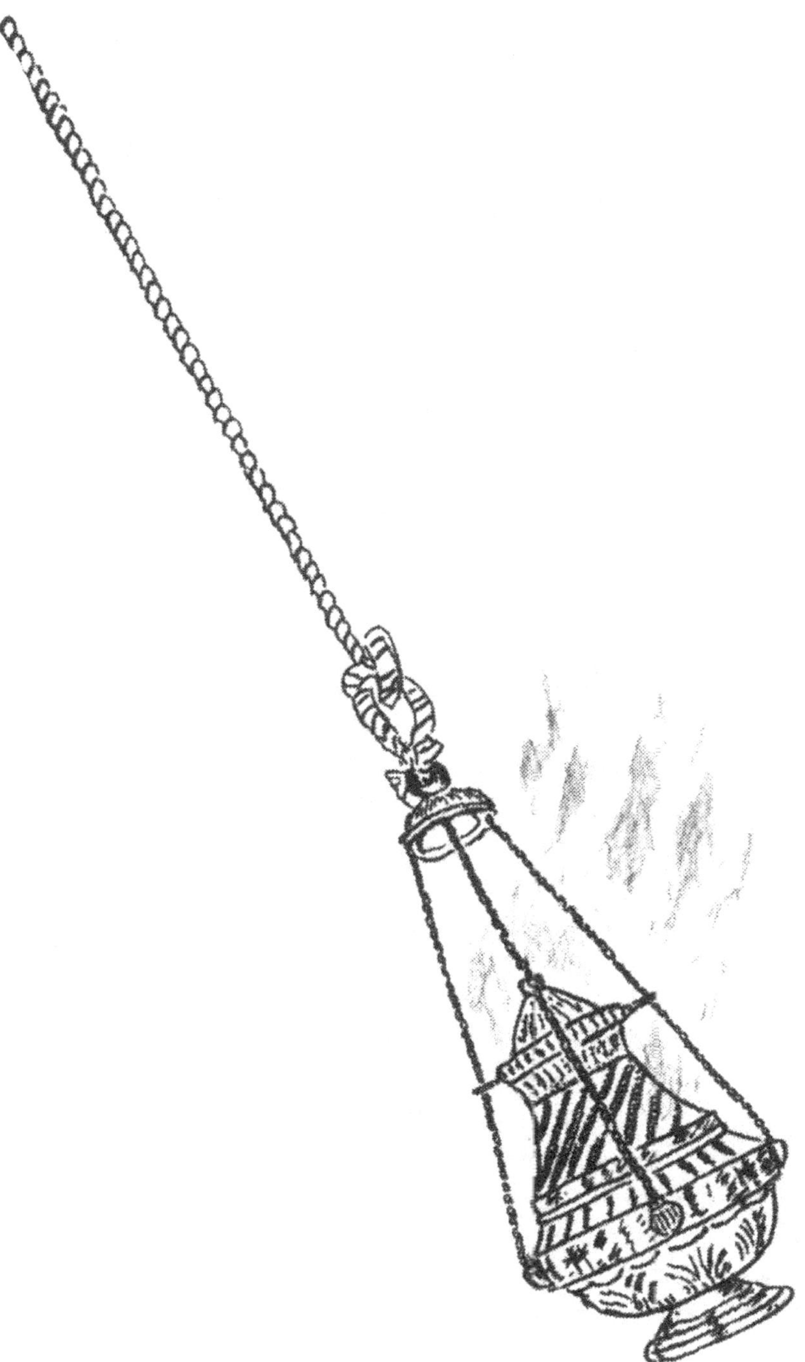

Fig. 1a – Dessin du grand encensoir de la cathédrale de Saint-Jacques-de-Compostelle.

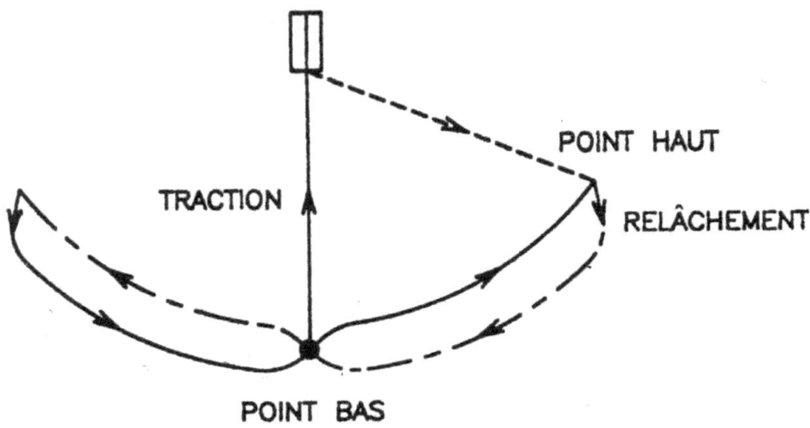

Fig. 1b – Trajectoire suivie par l'encensoir au cours d'un cycle complet : quand il est dans sa partie la plus basse, les officiants le tirent vers le haut ; quand il est au point le plus haut, ils le relâchent de telle façon que la corde de suspension retrouve sa longueur précédente, et de même sur le demi-cycle suivant.

Pourquoi raccourcir la corde et donc remonter l'encensoir quand il passe en position basse [3] ? Tout simplement parce qu'à cette position la vitesse, donc la force centrifuge, est à sa valeur maximale. Les officiants, en tirant sur le câble, produisent un travail contre cette force et, de ce fait, apportent au système de l'énergie qui est transformée en énergie cinétique : la vitesse de l'encensoir augmente. En revanche, en relâchant la corde en position haute de l'encensoir, aucune énergie n'est perdue par le système car la vitesse – donc la force centrifuge – est alors pratiquement nulle. L'observation montre que la vitesse maximale relevée au point le plus bas de la course peut atteindre près de 70 km/h lorsque les oscillations sont à leur amplitude maximale, c'est-à-dire quand l'encensoir remonte ensuite à moins d'un mètre de la voûte. On imagine aisément la très forte impression produite sur les fidèles par un tel mouvement, accompagné d'un vrombissement puissant. Les auteurs de ce livre en ont fait l'expérience personnelle.

Comme l'encensoir passe deux fois par période en positions basse et haute, la fréquence de stimulation la plus appropriée est la fréquence double (ou période moitié) de celle de l'encensoir lui-même (figure 1b). Si l'empirisme a été à l'origine de la découverte de ce processus, la théorie explique très bien aujourd'hui la raison de son efficacité. On est en présence d'une instabilité dite « paramétrique » car l'on fait varier de façon périodique l'un des paramètres de l'encensoir, ce paramètre étant ici la longueur de la corde de suspension, donc du bras oscillant. Or on sait que dans ce cas d'instabilité, la stimulation à une fréquence double (période moitié) de celle du système stimulé provoque, elle aussi, un effet d'amplification du mouvement. C'est inconsciemment ce qu'utilise aussi l'enfant sur sa balançoire lorsqu'il se soulève et donne une impulsion à chaque inversion du sens de la vitesse.

Harmonie ou rivalité entre deux pendules

Lorsqu'un pendule est stimulé avec une fréquence très proche – ou double – de la sienne, cela lui convient parfaitement et il en tire l'énergie nécessaire pour osciller sans faiblir, comme le fait le *botafumeiro*. Mais que se passe-t-il si la stimulation a lieu avec une fréquence quelconque ? La réponse n'est pas unique et plusieurs comportements peuvent être observés. Les pendules, ou plus généralement tout système oscillant, sont un peu comme les humains : si ce qu'on leur propose leur convient du point de vue de leur dynamique, ils s'y associent et peuvent même s'unir totalement au mouvement de stimulation. Mais si la contrainte est trop forte, ce peut être la rébellion et le chaos, à moins qu'ils n'aient pas la puissance nécessaire pour résister, auquel cas ils deviennent esclaves.

Deux situations sont à considérer. Le cas le plus simple est celui évoqué précédemment : un oscillateur est forcé par un système périodique stable et puissant sur lequel il ne peut rétroagir. Les seules interrogations concernent alors l'oscillateur forcé dont le comportement va dépendre des caractéristiques du forçage (fréquence et amplitude). L'autre cas est celui de deux oscillateurs qui s'influencent mutuellement (le comportement de chacun réagit sur l'autre), comme par exemple deux pendules différents dont le mouvement des balanciers serait fortement couplé (figure 2). La situation est un peu plus complexe que dans le premier cas, mais les

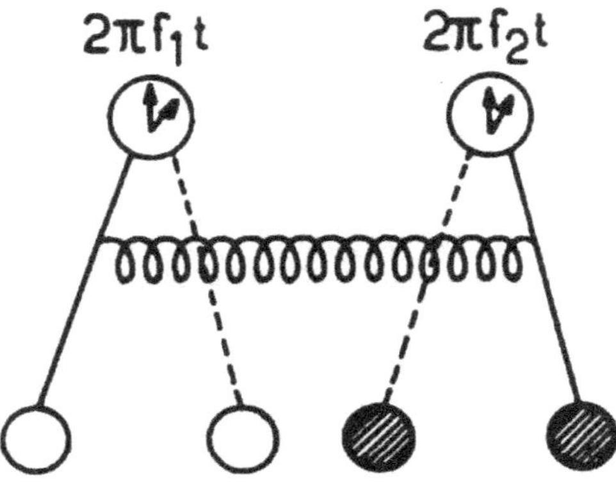

Fig. 2 – Schéma simplifié à l'extrême illustrant génériquement tout système à deux oscillateurs couplés. Le couplage est ici figuré par un ressort. $2\pi f_1 t$ et $2\pi f_2 t$ représentent les phases affichées par les pendules, chacun de fréquence propre f_1 et f_2 en l'absence de couplage.

deux types de système présentent des analogies dans leurs dynamiques respectives.

Une indépendance relative : le bipériodisme

Lorsqu'un oscillateur – un pendule – est forcé faiblement, il garde la plus grande part de son individualité, légèrement modifiée cependant par la présence du forçage. Ainsi, sa fréquence est quelque peu différente de celle qu'il aurait sans stimulation extérieure et son amplitude est modulée dans le temps : on dit que le régime est bipériodique, c'est-à-dire que l'on y retrouve la présence « superposée » de la fréquence de l'oscillateur et de celle du forçage [4].

Une cloche peut avoir ce comportement à deux fréquences, l'une correspondant à celle du battant dans la cloche immobile, l'autre à celle propre à la cloche autour de son axe de rotation. La cloche joue alors le rôle du système de forçage, car son balancement est le plus souvent entretenu (électriquement ou manuellement à l'aide d'une longue corde) et l'on peut supposer en première approximation que son mouvement est peu ou n'est pas influencé par celui du battant. Si vous vous promenez dans la campagne et que vous entendez sonner les cloches de l'église du village voisin, vous percevez sans doute un son régulier, car, dans ce cas, l'entretien du mouvement est suffisamment fort pour que le battant suive le rythme de l'entretien, ou encore la période de la cloche. Mais si vous en possédez une, petite, amusez-vous à la laisser se balancer librement avec une amplitude pas trop forte ; vous pourrez observer alors un très beau phénomène de « battement », révélateur de l'interaction entre les deux fréquences présentes ; ainsi, le battant oscille à sa fréquence propre mais avec une amplitude qui varie dans le temps (voir figure 3). Il semble frapper fort, puis se calme et pourrait presque s'arrêter avant de repartir ; cette modulation de l'amplitude se fait généralement très lentement, car elle s'étale sur une période donnée par la différence des fréquences de stimulation (celle de la cloche) et d'oscillation du battant [4].

De même que le mouvement du pendule peut être représenté par une trajectoire dynamique dans son espace de représentation ou espace des phases, le comportement à deux fréquences a, lui aussi, sa propre trajectoire. Dans le cas le plus simple, celui du pendule forcé par un dispositif à la périodicité immuable, les variables pertinentes sont au nombre de trois : amplitude (ou angle pour le pendule) et « vitesse », qui définissent l'état du pendule oscillant à chaque instant, et la phase (ou l'amplitude instantanée) du forçage. L'espace des phases est donc à trois dimensions et le point représentatif se déplace sur une trajectoire qui se bobine sur la surface d'une « chambre à air » ou tore (figure 4). Les deux périodes caractéristiques se retrouvent dans cette figure. En effet, pratiquons une coupe de ce tore par un plan défini par une valeur donnée de la phase ou de l'amplitude de la stimulation. Les points où la trajectoire perce ce plan se placent suivant un cercle (ou une ellipse) représentatif du comportement du pendule stimulé et décrit avec sa propre fréquence. Une coupe dans un plan perpendiculaire est également analogue à un cercle, mais il est cette fois décrit avec la fréquence de la stimulation. En fait, le tore « lisse » comme une chambre à air, sans aucune structure à sa surface et parcouru de façon homogène, ne représente en toute rigueur qu'une dynamique relativement simple pour laquelle les non-linéarités et les interactions entre les deux oscillateurs sont très faibles. Lorsque celles-ci deviennent importantes, la dynamique bipériodique perd de sa

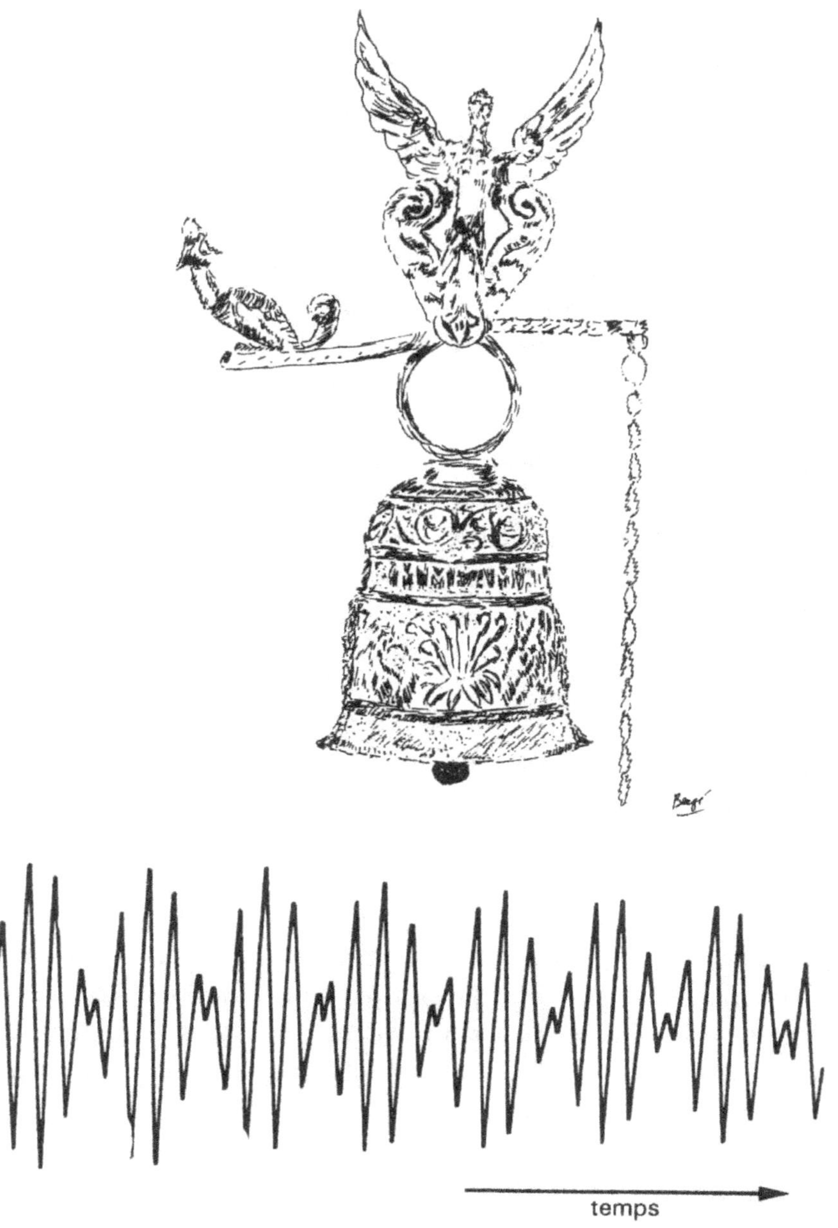

Fig. 3a – Dessin d'une cloche ancienne en bronze, ayant pu servir dans une sacristie.
Fig. 3b – Amplitude du mouvement du battant en régime bipériodique.

régularité et peut présenter des « accidents » qui se traduisent par une déformation du tore. Certaines zones de sa surface peuvent aussi devenir privilégiées et plus visitées que d'autres, en particulier à l'approche du phénomène de synchronisation (voir l'Annexe).

Notons que dans le cas de deux oscillateurs en interaction réciproque, donc s'influençant mutuellement – situation bien différente de celle du forçage pour lequel la stimulation est immuable –, chaque oscillateur apporte deux degrés de liberté au système ; l'espace des variables est donc à quatre dimensions. Néanmoins, tant que la dynamique reste bipériodique, l'attracteur reste décrit par un tore qui se développe dans cet espace.

Bipériodisme des marées

Pour les habitants du bord de l'océan, les marées présentent en première approximation une double périodicité puisqu'elles sont principalement dues à l'attraction lunaire et, dans une moindre mesure, à l'attraction solaire qui s'ajoute ou se retranche à l'influence de la Lune. On doit donc retrouver dans le comportement des marées les deux périodes de rotation, celle de la rotation de la Terre sur elle-même vue de la Lune (c'est donc un peu plus de 24 heures, 24 h 50 mn exactement, puisque la Lune tourne lentement autour de la Terre et dans le même sens qu'elle, ce qui allonge la période apparente) et celle de la rotation de la Lune autour de la Terre, en vingt-neuf jours environ. Dans ce cas, ce sont les positions relatives de la Lune et du Soleil par rapport à la Terre qui interviennent. Or, pour qui fréquente les côtes océanes, il est bien connu (dans certains cas, on peut l'apprendre à ses dépens) que marées hautes et marées basses se succèdent à environ 12 h 30 d'intervalle et que les grandes marées ont lieu tous les quinze jours environ. Nous retrouvons là des périodes moitié de celles évoquées.

La périodicité la plus longue s'explique par l'action conjuguée de la Lune et du Soleil, action qui est à son maximum lorsque les deux astres sont pratiquement alignés avec la Terre, donc près de la nouvelle et de la pleine Lune, soit deux fois par mois lunaire : ce sera l'époque des vives-eaux. Au contraire, quand les directions Lune-

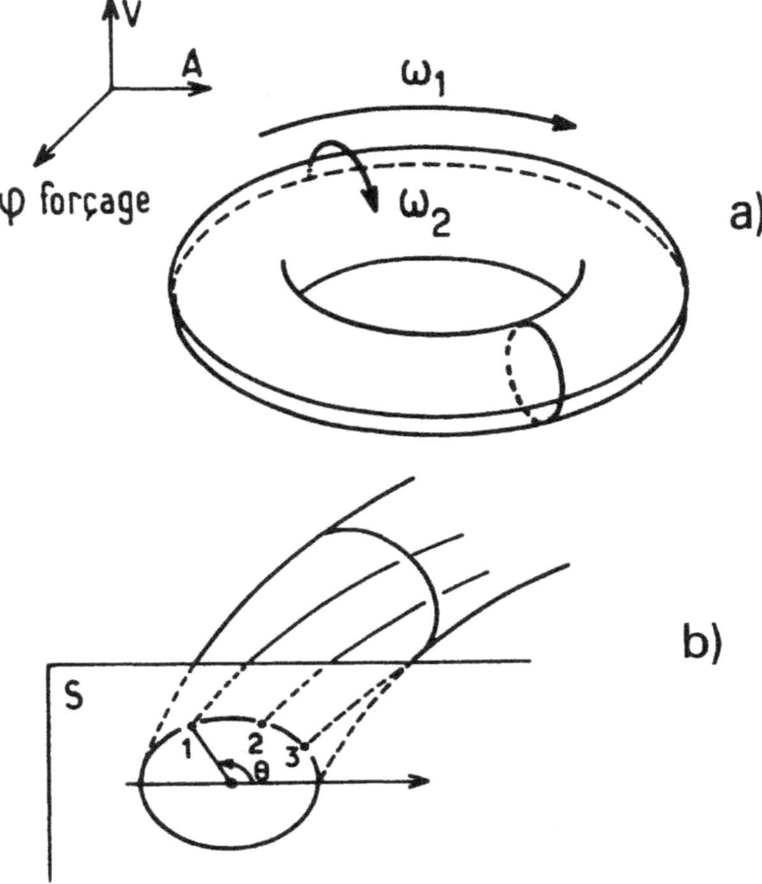

Fig. 4a – Tore sur lequel se bobine dans l'espace des phases la trajectoire d'un régime bipériodique, avec les fréquences f_1 et f_2. S'il n'y a pas d'accrochage (ou synchronisation) des deux fréquences, la trajectoire parcourt le tore de manière dense c'est-à-dire que tout point du tore, défini par une valeur précise pour chaque variable, angle, vitesse et phase du forçage, représente l'état du pendule forcé à un instant donné ($\omega_1 = 2\pi f_1$, $\omega_2 = 2\pi f_2$). *Fig. 4b* – Vue agrandie partielle du tore avec une partie de trajectoire. Celle-ci coupe le plan de section S en des points successifs 1, 2, 3, etc. qui se placent sur une ellipse.

Terre et Soleil-Terre sont à 90° l'une de l'autre, les actions ne s'ajoutent plus et les coefficients des marées sont faibles (mortes-eaux). La période courte mi-journalière est, elle aussi, très bien expliquée, mais elle n'est pas présente sur toutes les côtes, car la configuration locale joue un rôle important à travers des phénomènes de résonance ; ainsi, sur les côtes mexicaines, il n'y a qu'une seule marée haute (et basse) par jour. Par ailleurs, l'amplitude des marées ne se retrouve pas identique à elle-même tous les quinze jours, car d'autres paramètres interviennent aussi (figure 5).

Quand l'union est forte : la synchronisation

La Lune nous réserve une autre surprise. Le lecteur s'est peut-être demandé pourquoi elle nous montrait toujours la même face ou, ce qui revient au même, pourquoi il existe une « face cachée » de la Lune. La Lune tourne autour de la Terre, mais si elle ne tournait pas – aussi – sur elle-même, elle nous montrerait successivement chaque jour une partie nouvelle (tout se passerait comme si nous, terriens, tournions autour d'elle en vingt-neuf jours pour mieux la contempler). Pour qu'elle nous montre toujours la même face, il faut que la Lune tourne sur elle-même, et ceci, avec une période identique à celle de sa rotation autour de la Terre. On pourrait croire qu'il s'agit d'une heureuse (?) coïncidence entre les valeurs des deux périodes, celle de la rotation sur l'orbite et celle de la rotation sur elle-même, dite encore de « spin ». Outre qu'une telle coïncidence serait très improbable, elle ne saurait être rigoureusement parfaite et il existerait nécessairement un écart, même minime, entre les deux périodes. Supposons, par exemple, que l'écart relatif soit d'un millième, ce qui, en soi, serait déjà d'une petitesse étonnante. La conséquence en serait néanmoins spectaculaire : en effet, au bout de 1 000 périodes de rotation de la Lune autour de la Terre, la Lune n'aurait tourné que 999 fois sur elle-même. Elle aurait donc pris – progressivement et en 1 000 fois vingt-neuf jours soit quatre-vingts ans environ – un tour sur elle-même de retard par rapport à sa rotation autour de la Terre. Donc sur quarante ans, le demi-tour de retard ferait que la Lune nous montrerait alors exactement la face invisible quarante ans auparavant... Ce raisonnement, un peu laborieux, a pour mérite de nous faire toucher du doigt un fait capital. Pour que la Lune s'obstine à nous montrer toujours la même face, il faut que les deux périodes soient absolument identiques. Cette propriété ne peut pas être due

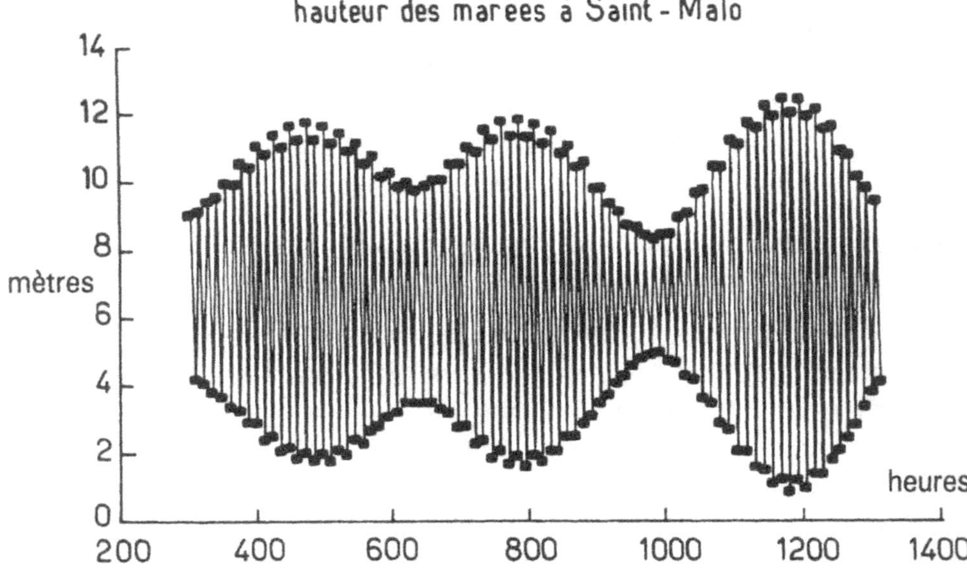

Fig. 5 – Hauteur d'eau dans le port de Saint-Malo aux marées hautes et basses du 1er juillet à la mi-août 1985.

au hasard et elle n'est ni triviale ni naturelle. Elle implique un couplage subtil entre les deux types de mouvement de la Lune à travers un phénomène de marées de type « tellurique » [5]. Ce couplage fait que les deux périodes *a priori* différentes (mais, dans ce cas, voisines) sont devenues identiques au cours des âges par synchronisation (ou accrochage en fréquence) des deux mouvements. Il semble que cette particularité du mouvement lunaire ne soit pas unique et que des satellites d'autres planètes présentent ce phénomène d'accrochage des périodes « spin-orbite ».

Le phénomène de synchronisation est très répandu et peut se manifester dans tout système dont le comportement est décrit à l'aide de deux fréquences (ou plus) avec couplage entre les dynamiques. Ce peut être dans les dispositifs mécaniques : C. Huygens lui-même aurait remarqué que les balanciers de deux horloges placées au voisinage l'une de l'autre, sur une même étagère par exemple, avaient tendance à se synchroniser. En électronique, le phénomène de synchronisation est très utilisé, mais il peut parfois être une gêne lorsque, désirant écouter une autre station de radio, l'ancienne persiste malgré le changement de réglage et ce, jusqu'à la désynchronisation brutale. La synchronisation de rythmes existe aussi dans le monde vivant où elle peut jouer un rôle fondamental dans la stabilité de certains périodicités vitales, telles celles du cœur (voir chapitre 10).

À leur manière, les hommes expérimentent un jour ou l'autre cet « esclavage » dynamique, quelquefois de façon dramatique, comme l'ouvrier campé par Charlie Chaplin dans le célèbre film *Les temps modernes*, ouvrier qui doit se plier coûte que coûte au rythme de la chaîne lui amenant sans cesse de nouvelles pièces sur lesquelles il doit travailler. Moins contraignant mais quand même très dur, le battage du blé au fléau demandait une très bonne synchronisation des participants. Les anciens de certains villages racontent encore comment ils le pratiquaient. Ils se disposaient à trois ou quatre autour des gerbes de blé et chacun abaissait son fléau à tour de rôle ; le rythme devait se maintenir assez rapide pour être efficace et si l'un des batteurs rompait le rythme, mal lui en prenait ; les mouvements se désordonnaient, les fléaux s'entrechoquaient et un court moment de « chaos » s'ensuivait. On peut s'interroger sur les mécanismes de couplage menant à la synchronisation de ces gestes, certainement le bruit des fléaux heurtant les gerbes au niveau du sol joint à une perception globale des mouvements de chacun.

Les synchronisations décrites jusqu'ici illustrent des accrochages réalisés sur le rapport 1/1 des fréquences, c'est-à-dire qu'il y a identité des deux périodes en présence. L'accrochage peut se faire aussi sur des rapports non entiers. Ainsi, Mercure qui est la planète la plus proche du Soleil présente un rapport d'accrochage de 2/3 entre sa période orbitale autour du Soleil et celle de sa rotation sur elle-même. Le phénomène d'accrochage en fréquence est très général ; c'est même l'état le plus probable lorsque le couplage devient important entre deux oscillateurs. Pour le réaliser, chaque oscillateur (ou l'un d'eux) modifie légèrement sa fréquence propre, comme chaque batteur de blé au fléau pouvait le faire par rapport à son propre rythme, de telle façon que la fréquence modifiée coïncide avec un harmonique (un multiple) ou un sous-harmonique (un sous-multiple) de la fréquence de l'oscillateur auquel il est couplé. Les mécaniciens l'expérimentent chaque jour, certains hydrodynamiciens aussi lorsque des instabilités périodiques d'écoulement de fluides se couplent entre elles et se synchronisent pour des rapports p/q des fréquences, où p et q sont des entiers.

Il faut souligner que la synchronisation de deux phénomènes périodiques apporte une simplification apparente dans la dynamique globale, puisque l'ensemble se comporte comme s'il n'y avait qu'une seule fréquence caractéristique (avec un certain nombre de ses fréquences harmoniques). Cette apparence est néanmoins trompeuse car elle masque le nombre d'oscillateurs réellement en jeu et donc le nombre de variables pertinentes nécessaires pour décrire complètement le système. La nature monopériodique inciterait à conclure que ce nombre est égal à deux, comme pour un oscillateur unique, mais, de fait, il est toujours plus élevé, trois au minimum si c'est le cas d'un oscillateur forcé comme le *botafumeiro*. Aussi, la désynchronisation, pouvant résulter de changements mineurs dans le couplage ou dans les valeurs des fréquences (voir par exemple figure 6), révélera alors – parfois de façon surprenante – la vraie nature de la dynamique observée et peut-être le nombre réel d'oscillateurs en interaction.

Le phénomène de synchronisation ne se restreint pas à deux oscillateurs mais peut aussi se manifester pour un très grand nombre, ce qui conduit parfois à des comportements collectifs étonnants. C'est ce « mécanisme » que les instrumentistes d'un orchestre utilisent juste avant de commencer à jouer, en accordant leurs instruments de telle façon que tous aient la même fréquence pour une note donnée (voir chapitre 5, note 4, sur les sons des instruments musicaux). De manière naturelle, plusieurs oscillateurs mécaniques ou hydrodynamiques peuvent osciller à la même fréquence ; en biologie, tout un ensemble de cellules peut se synchroniser. Les êtres vivants, humains ou animaux, peuvent le subir également, la troupe qui marche au pas, la foule qui scande le même slogan d'une seule voix, les lucioles (ou les cigales) qui, sur le même arbre, émettent en phase leur petite lumière (ou leurs crissements). Les exemples sont nombreux, mais tous démontreraient là aussi que, dès que la « stimulation » de synchronisation a disparu, une certaine désorganisation peut prendre place avec la résurgence de chaque individualité.

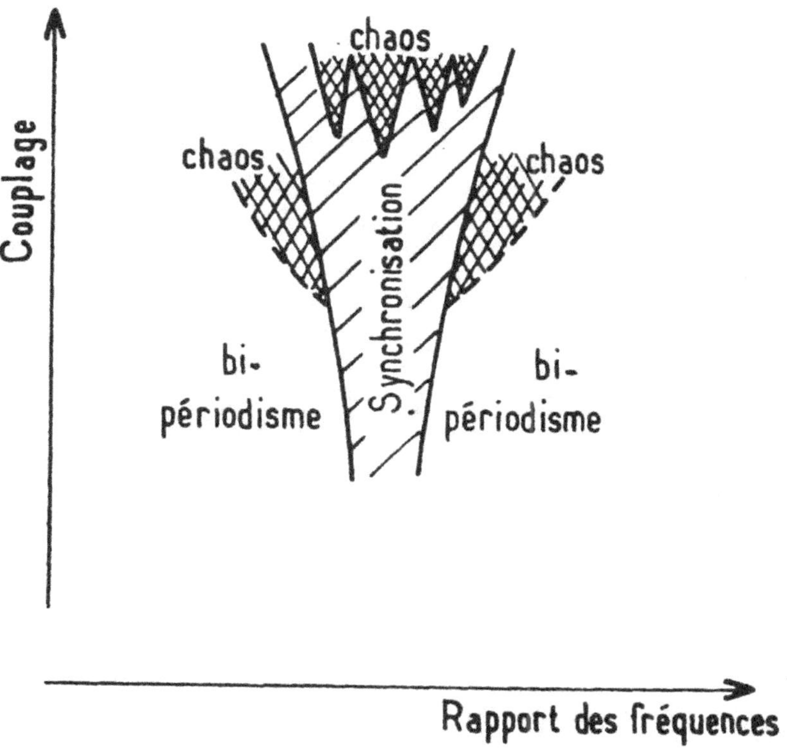

Fig. 6 – Schéma montrant l'imbrication de différents états dynamiques en fonction du couplage (et des non-linéarités) entre deux oscillateurs et du rapport de leur fréquence naturelle. Les états les plus importants sont la coexistence des deux fréquences (bipériodisme), l'accrochage en fréquence, ou synchronisation, et les comportements chaotiques qui apparaissent au milieu de la bande d'accrochage et de part et d'autre de cette dernière.

Quand la lutte s'installe : le chaos

Rien n'est plus proche de l'amour que la haine, dit-on, car ces deux sentiments ont en commun une sensibilisation passionnée à l'autre et on pourrait dire que seul le « signe », au sens algébrique du terme, change. Il en est de même pour les systèmes oscillants. Plus le couplage est intense, plus les non-linéarités sont fortes, plus deux oscillateurs ont tendance à se synchroniser sur le rapport rationnel de leur fréquence (par exemple 1/2, 4/5, 11/23...) qui est le plus proche de leur rapport naturel. Mais si les conditions d'accrochage ne sont pas exactement remplies, ils ont aussi une forte probabilité d'être chaotiques (figure 6). Par exemple, les oscillations d'un pendule stimulé avec certaines « fréquences dangereuses » pourront perdre leur belle régularité et la suite du mouvement pourra se faire erratiquement, donc de manière imprédictible.

Ce comportement erratique n'a rien de théorique, même si la question de son existence physique s'est posée, il y a une vingtaine d'années. En effet, les premières évidences de comportements chaotiques se sont révélées sur des modèles numériques simples, à très peu de variables, comme le modèle de Rikitake pour le renversement du champ magnétique terrestre, l'application logistique des évolutions de population ou le célèbre modèle de Lorenz pour la météorologie. Des études théoriques avaient également confirmé l'existence de ce type de chaos, mais, comme chacun sait, théorie et réalités ne présentent pas toujours le même visage. Dans le langage usuel, ne dit-on pas de certains concepts qu'ils sont « théoriques » au sens où on a peu de chance de les voir réalisés « en pratique » ?

C'était un peu l'idée qui prévalait au milieu des années soixante-dix devant la question fondamentale qui se posait alors de l'existence réelle ou non de comportements chaotiques déterministes. Étaient-ils liés à de purs jeux mathématiques ou pouvaient-ils se manifester aussi dans le monde physique ? Cette question était un véritable défi lancé aux physiciens et ceux-ci n'avaient qu'une envie : y répondre. Souvent tenaces et accrocheurs, ils ont déployé tout leur savoir-faire pour parvenir à leurs fins. Aujourd'hui, il n'y a plus aucun doute sur l'existence physique de ces comportements chaotiques mais ils ne se manifestent pas de façon évidente autour de nous. Il a donc fallu – la démarche est classique en recherche – s'interroger sur les conditions les plus favorables pour observer ces dynamiques particulières.

En effet, il est bien question de dynamique, donnée par l'interaction d'un tout petit nombre de variables si l'on se réfère aux modèles mathématiques de base. La condition « petit nombre » n'a pas été facile de prime abord à satisfaire, et les physiciens ont dû, au moins au départ, contraindre, quelquefois très sévèrement, leur système physique, en jouant sur la géométrie par exemple. Il est d'ailleurs piquant de noter que la « nature » gardant toujours ses lois, y compris, bien sûr, celles cachées ou inconnues, cette recherche d'une meilleure maîtrise physique de certaines situations a parfois entraîné, à travers des modifications des conditions des expériences, l'observation de comportements très éloignés de ceux espérés. Aussi l'approche s'est faite souvent en plusieurs étapes successives, chacune apportant un progrès dans l'adéquation entre la situation expérimentale et le problème posé.

Les dispositifs mécaniques oscillants ont été, dès le départ, de très bons candidats car, en principe, leurs variables sont bien connues et contrôlées. Par ailleurs, si le chaos se développe, il est en général très visuel et démonstratif. Les fabricants de mobiles chaotiques (figure 7) que l'on peut trouver dans certaines boutiques l'ont compris et l'ont bien utilisé : nous sommes fascinés par les oscillations irrégulières des axes porteurs de boules, mouvement toujours renouvelé et inattendu. Pour mieux comprendre, prenons un exemple beaucoup plus simple, celui de la boussole qui ne trouve plus le nord. Si on place l'aiguille aimantée d'une boussole avec un certain angle par rapport à l'orientation du champ magnétique terrestre, l'aiguille oscille autour du champ, avec une période qui est de l'ordre de la seconde, mais en s'amortissant, pour finalement s'arrêter et indiquer la direction du nord magnétique. Si cette boussole est placée, de plus, dans un champ magnétique dont la direction tourne régulièrement, son aiguille aimantée ne saura plus que faire lorsque la compétition entre les deux champs présents – champ terrestre et champ tournant – sera trop forte. Ainsi, pour certaines valeurs de la fréquence et de l'amplitude du champ tournant, le comportement de l'aiguille devient spectaculairement chaotique : elle suit le champ tournant, s'arrête, repart en sens inverse, oscille fortement, semble retrouver le nord, etc. [6] Et pourtant on sait que, dans cette situation bien contrôlée, le nombre de degrés de liberté, évoqué pour le pendule, n'est que de trois : angle de l'aiguille avec une direction de référence, vitesse de l'aiguille et angle que fait à chaque instant le champ terrestre avec le champ tournant. Le chaos observé est bien de type déterministe, avec un petit nombre de degrés de liberté.

Fig. 7 – Mobile chaotique où plusieurs bras oscillants sont en interaction.

Ce chaos existe aussi dans les mouvements de fluides. Si un fluide, tel de l'eau, est placé entre deux cylindres coaxiaux avec rotation du cylindre intérieur, des tourbillons sont engendrés au-delà d'une certaine vitesse et s'organisent les uns au-dessus des autres parallèlement à l'axe des cylindres : c'est l'instabilité dite de Taylor-Couette (figure 8). Cette configuration peut se trouver dans des dispositifs industriels, de lubrification par exemple, et si on remplace ces cylindres par des sphères, cela peut être aussi considéré comme une vue simplifiée de l'atmosphère terrestre ou de l'océan, entraînés par la rotation de la terre dans le vide intersidéral (avec toutefois des conditions aux limites différentes). Quand la vitesse du cylindre intérieur augmente, les tourbillons oscillent autour de leur position moyenne, un peu comme de multiples pendules, et si la vitesse est encore accrue, des comportements chaotiques peuvent apparaître à la suite de la compétition entre deux types d'oscillation : la vitesse du fluide varie de façon désordonnée

a)   b)   c)

Fig. 8 – Tourbillons de fluide engendrés entre deux cylindres coaxiaux avec rotation du cylindre intérieur. Lorsque la vitesse de rotation est augmentée, différents états sont observés : a) tourbillons stationnaires ; b) ondulation périodique des tourbillons se propageant le long de l'axe de ces derniers ; c) comportement chaotique.

et imprévisible dans le temps bien que les tourbillons gardent leur individualité (voir figure 8c). Une expérience de ce type, menée aux États-Unis en 1975 [7], avait suggéré pour la première fois, et comme cela a été confirmé par la suite, que les comportements chaotiques, à petit nombre de variables, pouvaient être présents dans un écoulement hydrodynamique, c'est-à-dire un système physique réel dont les variables dynamiques efficaces n'étaient pas connues *a priori*. À la même époque des études étaient également menées en France, d'une part sur des réactions chimiques oscillantes (voir chapitre 4), d'autre part sur des écoulements hydrodynamiques liés au phénomène de convection, dit de Rayleigh-Bénard. Dans ce dernier cas, des tourbillons sont engendrés par un gradient de température, comme dans le noyau ou le manteau terrestre, mais en laboratoire les liquides utilisés sont moins visqueux et les géométries plus simples ! Toutes ces études [8] [9] ont mené rapidement à des évidences sur la réalité physique des comportements chaotiques (figure 9), bien que, à l'époque, le fait qu'un comportement turbulent puisse être dû à un chaos à peu de variables choquait beaucoup de mécaniciens des fluides !

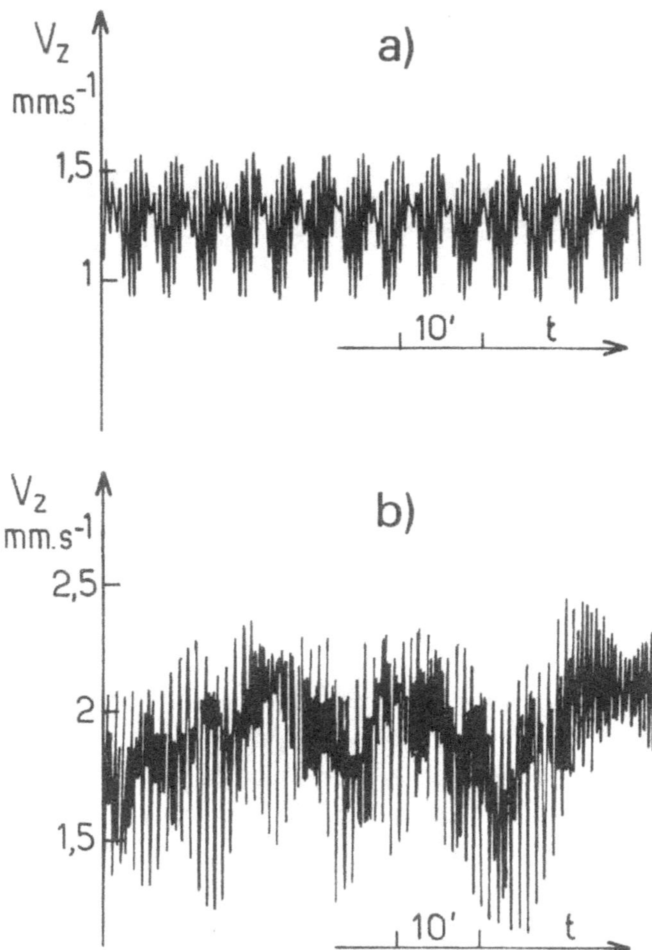

Fig. 9 – Un fluide peut être mis en mouvement par une différence verticale de température. Au-delà d'une certaine valeur de cette différence, la vitesse locale – ici Vz – peut varier dans le temps.
En a), la vitesse varie de façon bipériodique : on peut remarquer une variation rapide dont l'amplitude est modulée sur une période plus longue (phénomène de battement).
En b), les conditions sont identiques à celles de a) excepté le fait que la différence de température a été légèrement augmentée. La variation de la vitesse locale est devenue chaotique ; les amplitudes des oscillations, elles-mêmes irrégulières, prennent des valeurs très différentes dans le temps bien que l'on puisse reconnaître la présence sous-jacente d'une périodicité.

Ces résultats de laboratoire ont servi de tests et de point de départ dans la compréhension des phénomènes chaotiques « génériques ». D'une part, ils ont démontré que le chaos à petit nombre de « partenaires » pouvait exister, mais aussi qu'il a des propriétés spécifiques et qu'il ne survient pas n'importe comment. Le plus souvent, l'émergence de comportements chaotiques s'annonce par des « scénarios » bien répertoriés [10]. Ces scénarios, au nombre de trois, décrivent de façon précise comment le comportement temporel se complique au fur et à mesure que la contrainte appliquée augmente, par exemple la vitesse d'un cylindre ou le gradient de température des situations décrites précédemment. L'un de ces scénarios est la séquence de doublement de la période, tel qu'il intervient dans le modèle simple de l'évolution des populations animales (décrit chapitre 4). Cette complication dans la dynamique s'opère à partir de comportements réguliers, non chaotiques, le chaos en représentant l'étape ultime. De plus, lorsque ce chaos est présent, sa nature liée à la sensibilité aux conditions initiales (SCI) laisse persister néanmoins une corrélation à très court terme entre les événements. Ce fait est en opposition avec la suite complètement aléatoire des événements dûs au pur hasard : si vous gagnez le gros lot au jeu du loto, non seulement rien ne vous a fait présager de cette heureuse surprise, mais encore cela ne change en rien votre probabilité de le gagner à nouveau dès la prochaine fois.

À partir de toutes les informations quêtées passionnément par les chercheurs – les théoriciens et les expérimentateurs menant leurs travaux en parallèle de manière très fructueuse – l'application a pu être conduite sur des systèmes plus complexes ou même inconnus quant aux détails de leur dynamique. Cependant, cette application ne s'est pas toujours faite avec tout le sens critique nécessaire, comme cela a été le cas, au moins au début, pour certains travaux concernant la climatologie ou l'économie.

CHAPITRE 7

Chaos et attracteurs étranges

> « L'étrangeté est le condiment nécessaire de toute beauté. »
>
> Charles BAUDELAIRE

En 1971, le nom d'attracteur étrange a été donné par D. Ruelle et F. Takens à certains objets de caractère géométrique apparaissant dans le monde du chaos. De quoi s'agit-il ? Quelles lois président à leur naissance ? Nous allons essayer de les suivre pas à pas. Au-delà de leurs formes, de leurs topologies, toujours remarquables, souvent magnifiques, un peu semblables à celles des superbes et délicates inflorescences du givre dans la campagne hivernale, ces objets « étranges » ont fasciné les chercheurs lancés à leur découverte. Si celle-ci a d'abord été numérique – c'est-à-dire élaborée dans le cadre de modèles mathématiques et à l'aide de calculs sur ordinateurs – leur mise en évidence à partir de situations physiques réelles n'a pas été simple, mais les résultats positifs n'en ont provoqué que plus d'enthousiasme.

Peut-on faire confiance aux pendules ?

Nous avons déjà rencontré des oscillateurs forcés (du type pendule paramétrique comme le *botafumeiro*) et constaté qu'ils pouvaient devenir chaotiques et donc présenter la sensibilité aux conditions initiales ou SCI. Essayons de comprendre pourquoi – au contraire – un pendule seulement entretenu tel celui d'une horloge (où la force d'entretien n'a pas de périodicité propre) ne peut devenir chaotique. Faisons une expérience : lâchons le pendule à partir d'un angle bien déterminé Θi et photographions – après l'avoir laissé osciller un certain temps – quelques-unes de ses positions instantanées successives $\Theta 1$, $\Theta 2$, $\Theta 3$... aux temps T1, T2, T3... Recommençons la même expérience mais en lâchant le pendule d'une position très légèrement différente de Θi. Si le pendule était dans un régime chaotique – donc doué de SCI – que constaterait-on au bout du même laps de temps que celui de la première expérience ? Au lieu que le pendule se trouve – ainsi qu'on pourrait s'y attendre – dans une position très peu différente de $\Theta 1$ au temps T1, de $\Theta 2$ au temps T2, etc., il se trouverait dans des positions n'ayant plus rien à voir avec ces dernières (voir figure 1). La prévision que l'on aurait pu alors tenter de faire en se fondant sur le résultat de la première expérience serait totalement erronée du simple fait de la très légère différence de condition initiale. Le système (chaotique) serait imprédictible du fait de la croissance rapide de l'erreur initialement négligeable. Mais peut-il en être ainsi pour le pendule isolé ?

La perte de ressemblance dans l'évolution à partir de deux états initialement très voisins doit naturellement se manifester par un écartement rapide – une divergence – des trajectoires de l'espace des phases issues de deux conditions initiales très voisines (donc de deux points très voisins). Dans cet espace, une propriété fondamentale des trajectoires liée au déterminisme implique aussi que la connaissance rigoureuse de l'état d'un système à un instant permette de le déterminer sans ambiguïté à un instant immédiatement ultérieur. Ceci entraîne que les trajectoires ne peuvent se couper dans l'espace des phases. En effet, si elles le faisaient, au point d'intersection – correspondant à des valeurs bien déterminées des variables du système – ce dernier pourrait « choisir » entre deux évolutions radicalement différentes, choix parfaitement contraire au principe de déterminisme. À partir de là, un raisonnement familier aux mathématiciens et dit « par l'absurde » va nous permettre

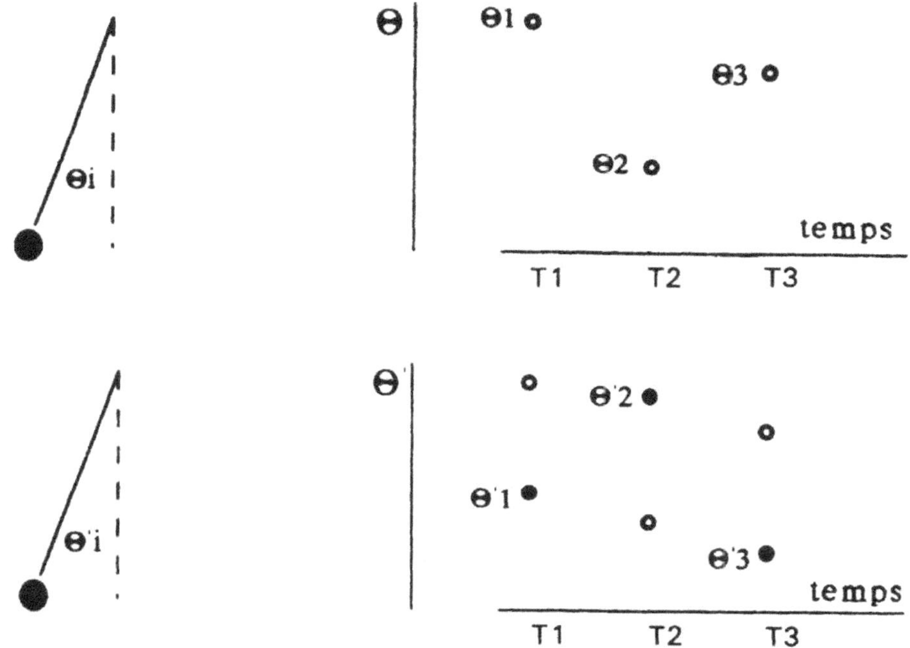

Fig. 1 – Angles Θ avec la verticale pris successivement par le pendule à la suite de deux lâchers avec des angles initiaux très voisins Θi et Θ'i. Si le pendule était dans un régime chaotique, les angles successifs au deuxième lâcher (•) seraient sans rapport avec ceux du premier lâcher (o) pour des temps T1, T2, T3, etc. suffisamment éloignés de l'instant initial.

d'exclure que, partant de deux conditions initiales voisines, les évolutions – donc les trajectoires – du pendule puissent s'écarter l'une de l'autre pour diverger. En effet, l'espace des phases du pendule étant à deux dimensions, les trajectoires sont confinées à un plan. Dans ces conditions, si deux trajectoires voisines avaient tendance à diverger, le caractère borné des valeurs prises par les variables (voir plus loin) amènerait inévitablement ces trajectoires à se rabattre pour repasser au voisinage l'une de l'autre et, donc, à se couper (puisqu'elles évoluent sur un plan, voir figure 2a), ce qui est interdit. Ainsi, dans le cas du pendule entretenu, deux trajectoires issues de points voisins ne peuvent diverger ; comme nous l'avons déjà souligné, elles convergent vers l'attracteur cycle limite (voir figure 2b).

D'où la conclusion importante : un pendule entretenu (isolé) ne

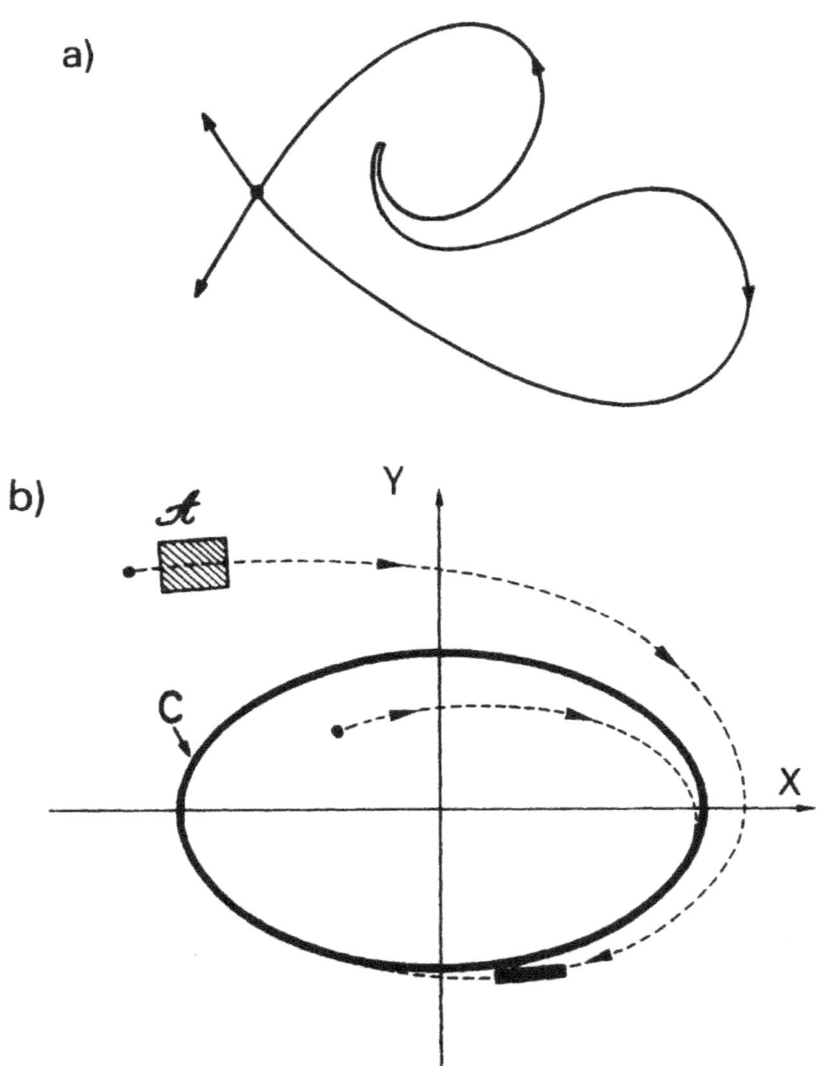

Fig. 2 – Propriétés de l'espace des phases à deux dimensions construit à partir de deux variables X et Y.
a – Dans l'hypothèse de la divergence de trajectoires voisines, le confinement de l'espace des phases amènerait inéluctablement les trajectoires à se replier, donc à se couper.
b – L'effet d'attraction des trajectoires vers le cycle limite C y amène, en particulier, toutes celles issues des points situés dans le rectangle A. Ceci entraîne la contraction des aires dans l'espace des phases de tout système dissipatif.

peut devenir chaotique. Bien sûr, cela suppose qu'on ne le soumette pas à de trop importantes perturbations [1]. C'est avec raison que l'on a fait confiance, depuis des siècles, aux horloges mécaniques : à l'abri des perturbations elles ne peuvent « dérailler » : même si nous réglons une pendule (fonctionnant correctement) avec une (inévitable) petite erreur, cette erreur ne s'aggravera pas de façon dramatique au cours du temps. Plusieurs jours après, nous connaîtrons l'heure avec une faible erreur, du même ordre de grandeur que l'erreur initiale. Nous pouvons généraliser ce qui vient d'être dit en un théorème très important pour les systèmes dynamiques : tout système n'ayant que deux degrés de liberté (ou deux variables) n'est jamais chaotique [2].

Retour à Saint-Jacques-de-Compostelle

Quelle configuration spatiale (dans l'espace des phases) les trajectoires devraient-elles adopter pour évoluer librement, c'est-à-dire pour pouvoir diverger sans se couper ? On a trouvé la réponse depuis longtemps en matière de voies de communication : il suffit de quitter la surface terrestre et d'utiliser la troisième dimension, la hauteur. Des autoroutes, des voies ferrées peuvent ainsi se croiser sans problème en passant les unes au-dessus (ou au-dessous) des autres. De même, si nous faisons évoluer nos trajectoires non plus à deux mais à trois dimensions (de l'espace des phases, sans lien direct, rappelons-le, avec l'espace réel), des trajectoires voisines auront la possibilité de s'écarter l'une de l'autre, puis d'être rabattues (du fait du confinement de l'espace) sans jamais se couper. La « sensibilité aux conditions initiales » (SCI) devient alors possible et le système correspondant peut être chaotique, mais il faut avoir affaire à un système à trois variables au moins. Reprenant l'exemple du pendule, nous devons lui ajouter une variable pour qu'il puisse devenir chaotique ; nous devons donc le compliquer un peu. Un tel pendule a déjà été rencontré avec l'encensoir de Saint-Jacques-de-Compostelle. Les officiants, en tirant en mesure sur la corde du *botafumeiro* – le gigantesque encensoir – font varier la longueur du « pendule », modifiant ainsi l'une de ses caractéristiques essentielles. Faisant cela, ils augmentent d'une unité le nombre de variables du pendule-encensoir : en effet, pour caractériser son état dynamique, il ne suffit plus de connaître – à un instant donné – sa position et sa vitesse comme dans le cas du pendule simple. Il faut préciser, en plus, la longueur du pendule à ce même instant... d'où la troisième variable.

Que devient alors la représentation du mouvement dans l'espace des phases devenu maintenant tridimensionnel avec les coordonnées : position, vitesse, longueur du pendule ? Notons que, même si les évolutions peuvent être plus complexes dans l'espace à trois dimensions, ces trois variables gardent des valeurs limitées données par les contraintes physiques (hauteur maximale de l'encensoir qui ne montera jamais plus haut que la voûte..., longueur maximale de la suspension, etc.). De ce fait, tout comme dans le cas du pendule simple, l'espace visité par les trajectoires – qui matérialisent l'évolution de ces variables – est, lui-même, borné. Dans le cas d'un régime chaotique, la divergence des trajectoires voisines et leur confinement à l'intérieur d'un volume restreint entraînent de sérieuses contraintes topologiques.

Un bel imbroglio

Les attracteurs des régimes stationnaire (point fixe), périodique (cycle limite) sont tels que les trajectoires y convergent de façon monotone. Essayons maintenant d'imaginer la géométrie d'un attracteur correspondant à un régime chaotique. Pour cela, suivons la façon dont des trajectoires issues de différents points de l'espace des phases y convergent. Ces dernières sont soumises à des contraintes à première vue contradictoires. La SCI, indéfectiblement liée à l'existence du chaos, implique une divergence de trajectoires voisines, divergence qui leur confère rapidement des évolutions indépendantes (*i.e.* non corrélées ou encore dissemblables). Par ailleurs, le système étant dissipatif, toutes les trajectoires doivent converger vers l'attracteur que nous cherchons à imaginer. Il existe une seule façon de concilier ces deux exigences apparemment contradictoires : la divergence doit s'opérer dans une direction de l'espace des phases et la convergence dans une autre ! Pour appréhender la géométrie de l'attracteur, considérons l'évolution d'un ensemble de conditions initiales (positions, vitesses) situées à l'intérieur d'un rectangle. Dans le cas du pendule simple oscillant et de son attracteur cycle limite, le rectangle se contracte au fur et à mesure de l'évolution (traduction géométrique de la dissipation) jusqu'à devenir un segment – plus précisément un arc d'ellipse – quand il rejoint pratiquement l'attracteur (voir figure 2b).

Rajoutons une variable au système ; nous sommes alors dans le cas du *botafumeiro* de Saint-Jacques-de-Compostelle dont nous supposons que la ferveur des officiants l'ait mis dans un régime chaotique. Nous pouvons nous douter qu'il restera un souvenir du balancement régulier même si le mouvement est devenu imprédictible. Dans l'espace des phases tridimensionnel, la trajectoire sera, certes, erratique mais gardera en quelque sorte un souvenir du cycle limite « fantôme ». Errant de manière complexe, mais au voisinage de ce cycle limite, la trajectoire continuera, en moyenne, de « tourner ».

Comme dans le cas de l'attracteur du régime périodique, considérons un ensemble de conditions initiales situées dans un rectangle de l'espace des phases. Maintenant, convergence vers l'attracteur (due à la dissipation entraînant une contraction des aires) et divergence des trajectoires (SCI) doivent coexister. Le rectangle va être étiré dans une direction (SCI) et aplati (contraction) dans l'autre. N'oublions pas, par ailleurs, que le volume contenant les trajectoires doit rester limité. Le nécessaire étirement du rectangle ne peut donc se faire sans qu'il y ait simultanément repliement pour rester dans ce volume borné. De ce fait, au bout d'un tour, le rectangle se sera transformé en fer à cheval (figure 3a) et la triple opération étirement, repliement, contraction continuant à opérer, au deuxième tour, ce fer à cheval deviendra une sorte d'épingle double etc. et le résultat sera la coupe d'un objet complexe, l'attracteur chaotique, constitué d'une infinité de feuillets ; voir figure 3 ainsi que des explications plus détaillées [3]. Il existe, bien sûr, une direction neutre (ni contraction ni dilatation) qui est celle de déroulement de la trajectoire. Notons que si le régime du pendule forcé que nous considérons ci-dessus était périodique (le pendule oscil-

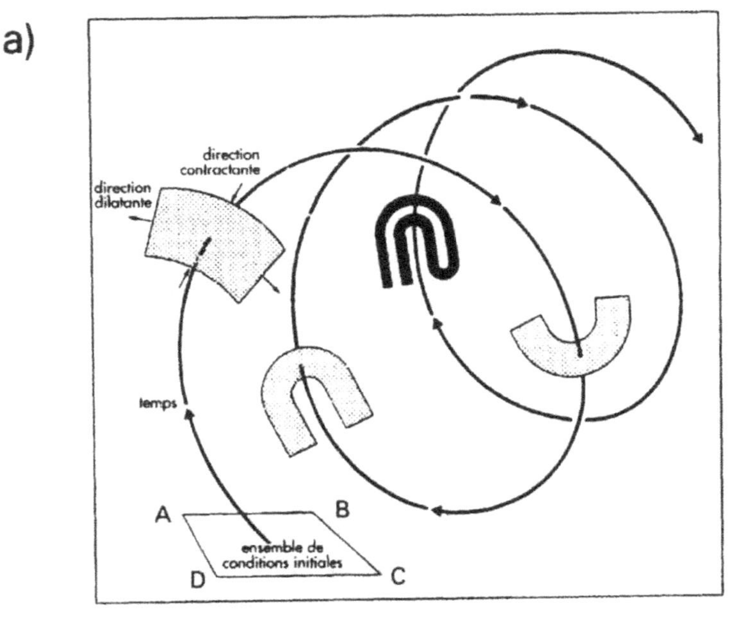

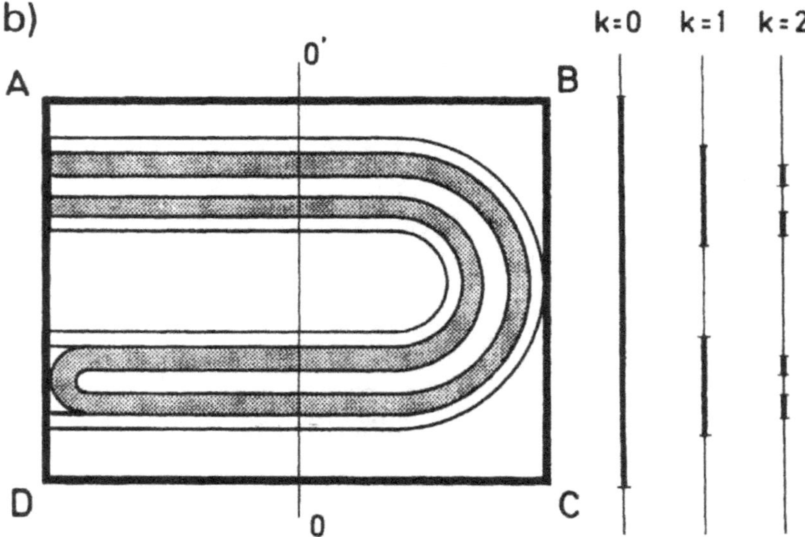

Fig. 3 – Principe de formation d'un attracteur étrange.

a – Les points initiaux sont contenus dans le rectangle ABCD. Au cours de l'évolution, cette surface contenant les points est étirée, repliée, reétirée, repliée encore jusqu'à former un ensemble feuilleté très complexe.

b – Premières étapes de l'évolution du rectangle dont la coupe est figurée à droite. k est le nombre de repliements. La ressemblance avec celles de la construction d'un ensemble de Cantor est manifeste (voir fig. 4).

lerait alors exactement à la fréquence du forçage ou à sa fréquence moitié comme dans le cas du *botafumeiro* en régime régulier ou normal), il y aurait contraction dans toutes les directions du rectangle ABCD.

Il est bien difficile de représenter l'attracteur chaotique, étant donné l'incroyable complexité de la trajectoire ; toute vue en perspective ne ferait que donner la sensation d'un embrouillement sans qu'aucun renseignement sur la structure de l'attracteur ne puisse en être déduit. C'est à ce niveau qu'intervient une idée importante due à Poincaré (encore une !). Plutôt que représenter (et, ensuite étudier) la dynamique en traçant continûment la trajectoire à l'aide des trois variables du système (position, vitesse, longueur de la suspension), nous pouvons ne conserver que les points de cette trajectoire définis par les valeurs de deux des variables quand la troisième atteint une valeur donnée. Faisant cela, nous traçons une coupe de la trajectoire par un plan et obtenons ainsi un réseau de points qui révélera de façon claire la structure de l'attracteur (n'oublions pas que nous sommes dans un espace des phases à trois dimensions). Dans le cas particulier du pendule forcé, tel notre *botafumeiro*, il est naturel de tracer les points correspondant aux coordonnées (angle, vitesse) chaque fois que la longueur de la suspension atteint – par exemple – la valeur maximale Lmax. Nous obtiendrons alors une coupe de l'attracteur (appelée coupe de Poincaré) par le plan L = Lmax et, si le pendule était dans le régime chaotique, cette coupe révélerait une structure feuilletée et repliée.

Une recette bien connue...

Le lecteur un tant soit peu sensible aux choses de la gastronomie aura remarqué l'analogie entre le processus de « fabrication » de l'attracteur chaotique et celui de la pâte feuilletée. Cette spécialité culinaire – vraisemblablement connue des Grecs, évoquée dès le Moyen Âge et largement pratiquée dès le XVIIe siècle – requiert, elle aussi, une série d'étirements et de repliements successifs.

Aucun étonnement à ce que, dans les deux cas, on aboutisse à la formation d'une multitude de feuillets. Entre la recette de cuisine et l'évolution des trajectoires existe toutefois une différence importante : la pâte conserve son volume alors que l'évolution en fer à cheval se fait avec une contraction permanente. Dans l'espace des phases il y aura du vide entre les feuillets, alors que dans le cas de la pâte feuilletée les différents feuillets se touchent (du moins avant cuisson). Signalons aussi des différences de détail : en pratique, on « abaisse » (aplatit pour l'étirer) la pâte puis on la replie plutôt en trois qu'en deux, pour économiser le nombre des opérations nommées « tourages » [4].

Ainsi, dans cette manière de faire, à chaque « tourage » le nombre de feuillets est multiplié par trois : partant de trois feuillets au premier tourage, leur nombre en sera, au deuxième, de $3 \times 3 = 9$ et ainsi de suite. On obtient donc une croissance exponentielle (ou en série géométrique) du nombre de feuillets qui atteint, au bout du septième tourage, 3^7 soit 2 187 feuillets... Ce grand nombre, conséquence de la vertigineuse croissance de la fonction exponentielle 3^N, va nous permettre de toucher du doigt un phénomène jouant un rôle tout aussi capital dans la qualité de la pâtisserie que dans les propriétés du chaos : il s'agit de la propriété de mélange. Avant le premier tour, le beurre, convenablement ramolli, est disposé au centre de la pâte et cette dernière est rabattue par-dessus. À l'instant initial, on est en présence de beurre rassemblé, disons pour fixer les idées, en une galette de dix centimètres de côté et de quelques millimètres d'épaisseur au centre d'un morceau de pâte de vingt centimètres de côté. À chaque tourage ce beurre subit – tout comme la pâte – l'étirement par un facteur 3 ; au septième tourage il aura été étiré par un facteur 2 187. Il aura donc une longueur totale de $10 \times 2\,187$ cm ce qui correspond à plus de deux cents mètres de beurre nécessairement contenu – du fait des repliements successifs – dans un morceau de pâte de seulement vingt centimètres de côté ! C'est dire combien le beurre s'est homogènement réparti – mélangé – dans la pâte. En d'autres termes, à l'instant initial, nous possédions une information sur la position du beurre : il était au milieu du morceau de pâte ; à la fin, nous avons perdu toute information sur la position du beurre puisqu'il est partout – n'importe où – dans la pâte.

Quittons définitivement le domaine culinaire pour revenir à celui, plus austère et plus abstrait, de l'espace des phases et appliquons-lui un raisonnement parallèle à celui qui vient d'être développé. Au lieu de prendre l'ensemble des conditions initiales dans un rectangle ABCD, prenons au contraire des conditions initiales distinctes mais très voisines. Pour fixer les idées, revenons une fois encore à l'exemple du *botafumeiro* et supposons-le stimulé dans un état chaotique. Cherchons ce que deviendraient des trajectoires issues des conditions initiales suivantes : positions comprises entre la verticale moins $1/10^e$ de degré et la verticale plus $1/10^e$ de degré et vitesses comprises entre 59,9 et 60,1 km/h. Les points représentatifs de ces conditions initiales très voisines sont à l'intérieur d'un tout petit rectangle du même plan que ABCD. Si petit soit-il, ce rectangle est soumis à une succession d'étirements (puis de repliements quand sa plus grande dimension devient comparable à celle de l'attracteur) se répétant à chaque tour. Ceci fait que les points initialement presque confondus se séparent puis se mélangent en envahissant l'ensemble des feuillets de l'attracteur. Des états initiaux pratiquement confondus aboutissent à des évolutions radicalement différentes. Qu'on en juge. Nous sommes partis d'un état initial bien précis : position verticale et vitesse 60 kilomètres à l'heure, tous deux définis avec une erreur négligeable. Au bout d'un certain nombre de périodes de stimulation de l'encensoir (et autant de « tours » dans l'espace des phases), les points représentatifs de l'état final sont partout sur l'attracteur : les uns correspondront à la position haute, les autres à la position basse de l'encensoir, et toute précision a été perdue. Nous retrouvons là une caractéristique essentielle du régime chaotique : la connaissance, même précise, de l'état présent se perd rapidement lors de l'évolution et empêche, de ce fait, toute prédiction au bout d'un certain temps. Par ailleurs, la structure du feuilletage complexe de l'attracteur mérite un examen approfondi.

Un peu de géométrie... bizarre

Ce paragraphe pourrait commencer par un défi : « concevoir un objet dont chacune des parties ressemble au tout ». Vous avez peut-

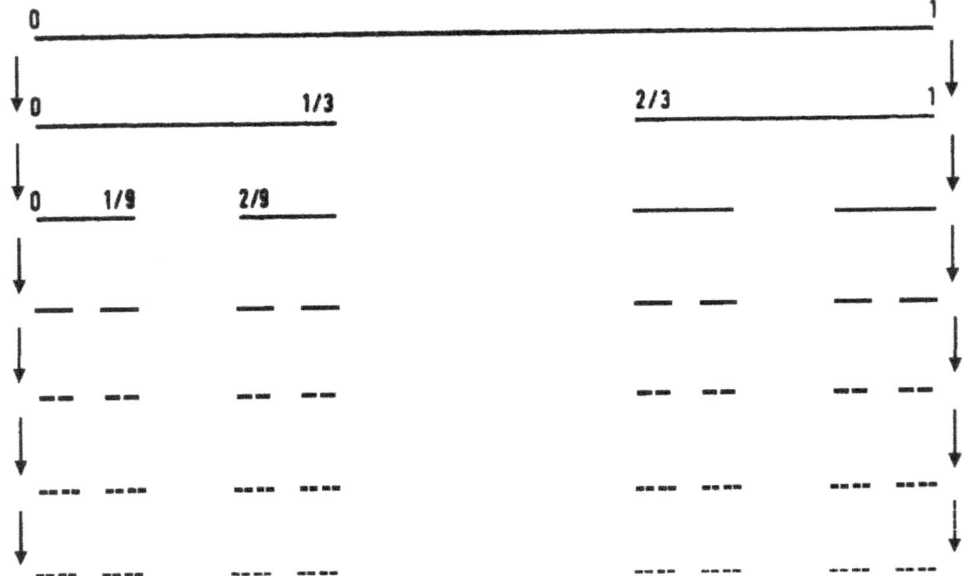

Fig. 4 – Principe de formation de l'ensemble triadique de Cantor.

être remarqué ces couvercles de boîtes à fromage représentant une tête de vache ayant, en guise de boucles d'oreilles, un couvercle de boîte à fromage sur lequel on retrouve une tête de vache, bien sûr, parée de boucles d'oreilles qui ne peuvent manquer d'être des couvercles sur lesquels... on devine la suite. Ainsi, quelle que soit l'échelle d'observation, la partie de l'objet constituée de la boucle d'oreille ressemble au tout, la boîte de départ.

Nous avons donc ici une réalisation partielle du défi ; en effet, si une partie de l'objet ressemble au tout, ce n'est pas vrai de toutes ses parties. Un processus répétitif va nous permettre de relever totalement le défi. Considérons un segment de droite (voir figure 4) et supprimons-en le tiers central. Dans une deuxième étape, supprimons les tiers centraux des deux tiers restants. Réitérons ce processus à l'infini : nous finissons par obtenir une « poussière » de points disjoints mais dont la structure – du fait même de sa méthode d'obtention – est loin d'être quelconque. Vu de loin (pour ne pas distinguer les détails), l'objet ainsi fabriqué ressemble à un segment auquel manquerait le tiers central. Mais quelle que soit l'échelle à laquelle on regarde une portion de l'ensemble de points

– par un effet de « zoom » en somme – on ne manquera pas d'avoir la même vision, puisque tous les tiers restants ont été amputés de leur tiers central. Autrement dit, si on vous montre une partie seulement de l'objet, aucun élément ne vous permet de préciser si cette partie – pourtant structurée – représente le dixième, le millième, ou bien moins encore, de l'objet initial... Vous êtes perdus et ceci tient au fait que n'importe quelle partie a le même aspect, contrairement au cas le plus répandu des structures de notre environnement habituel où la taille permet de se repérer : ainsi la présence d'une personne est souvent utilisée sur des clichés pour donner une idée de l'échelle ; si la personne paraît petite, l'ensemble présenté sera au moins de l'ordre de la dizaine de mètres ; s'il est de taille comparable à celle de la personne, sa taille est de l'ordre du ou de quelques mètres, mais si l'on ne voit qu'une partie de la main, l'objet n'aura que quelques centimètres.

Les objets qui sont « invariants d'échelle » font partie d'une géométrie bien particulière, la géométrie fractale. L'objet « fractal » précédemment décrit s'appelle l'ensemble triadique de Cantor ou encore « poussière de Cantor ». Peut-on apprécier plus quantitativement – mais sans mathématiques compliquées – la différence fondamentale existant entre la géométrie habituelle euclidienne et la géométrie fractale ? Probablement. Mais encore faut-il déjà définir ce qu'est un objet dans la géométrie d'Euclide ainsi que sa dimension (« dimension » étant pris ici au sens topologique et non de taille). Dans cette géométrie, rien qui choque le bon sens quotidien : une ligne est un objet à une dimension (ou de dimension 1), une surface est de dimension 2 et un objet en volume est de dimension 3. Par extrapolation, un point est de dimension zéro. Si ce dernier cas n'a pas besoin d'être illustré, une promenade sur le globe terrestre nous permet de donner des illustrations pratiques des trois autres ; un méridien ou un parallèle est à une dimension, la surface d'un continent est de dimension 2, alors que le globe terrestre lui-même est un « objet » à 3 dimensions.

Nous pourrions être plus exigeants et aller au-delà de ces définitions très qualitatives. Nous pourrions imaginer, par exemple, que chaque objet dont nous voudrions caractériser la dimension euclidienne soit formé d'un très grand nombre de points discrets équidistants entre plus proches voisins (ou répartis uniformément, voir figure 5). La dimension de l'objet (dimension étant toujours pris au sens topologique) peut alors être déterminée de façon objective. Le procédé consiste à compter le nombre des points de l'objet contenus à l'intérieur d'une sphère « de comptage » centrée sur l'un de ces points et à voir comment ce nombre varie avec le rayon r de la sphère (nous nous bornerons à faire ce décompte pour des sphères de rayon très inférieur à la taille de l'objet à étudier mais très supérieur à la distance entre points). Commençons par le cas le plus simple : celui de la ligne que nous supposerons droite pour simplifier – mais rien ne change si elle est courbe, compte tenu de la restriction ci-dessus. La sphère de comptage a pour centre un point de cette ligne. La longueur de la ligne incluse dans la sphère et, donc, le nombre de points comptés, sont évidemment proportionnels à son rayon. Si nous refaisons ce même type de calcul pour une surface, l'aire comprise dans la sphère de comptage – donc le nombre de points – sera, cette fois, proportionnel au carré du rayon. Pour un volume, c'est au cube du rayon que ce nombre sera proportionnel. Tout ceci se résume en une formule unique :

$$N(r) = N *.(r)^D$$

L'exposant D mesure la dimension ; il vaut 1 pour une ligne, 2 pour une surface, 3 pour un volume (N * est la densité des points sur l'objet). Remarquons que, dans le cas du point unique, le nombre compté sera indépendant du rayon de la sphère (et égal à 1). Pour traduire ce fait, il faut faire $D = 0$ dans la formule ci-dessus, ce qui montre de façon objective que la dimension du point est zéro.

Nous avons donc su mettre en pratique une méthode de calcul de la dimension d'un objet et nous retrouvons les résultats que nous avons qualitativement décrits ci-dessus. En disant « nous avons donc su » nous nous attribuons indûment l'idée d'une méthode que nous aurions, certes, pu imaginer. Mais il en est de cette méthode apparemment naturelle comme de l'œuf de Christophe Colomb... Il fallait y penser ! Et ce n'est qu'après coup que les choses paraissent évidentes. Cette méthode simple et néanmoins puissante, que les ordinateurs savent admirablement et très rapidement exécuter, est

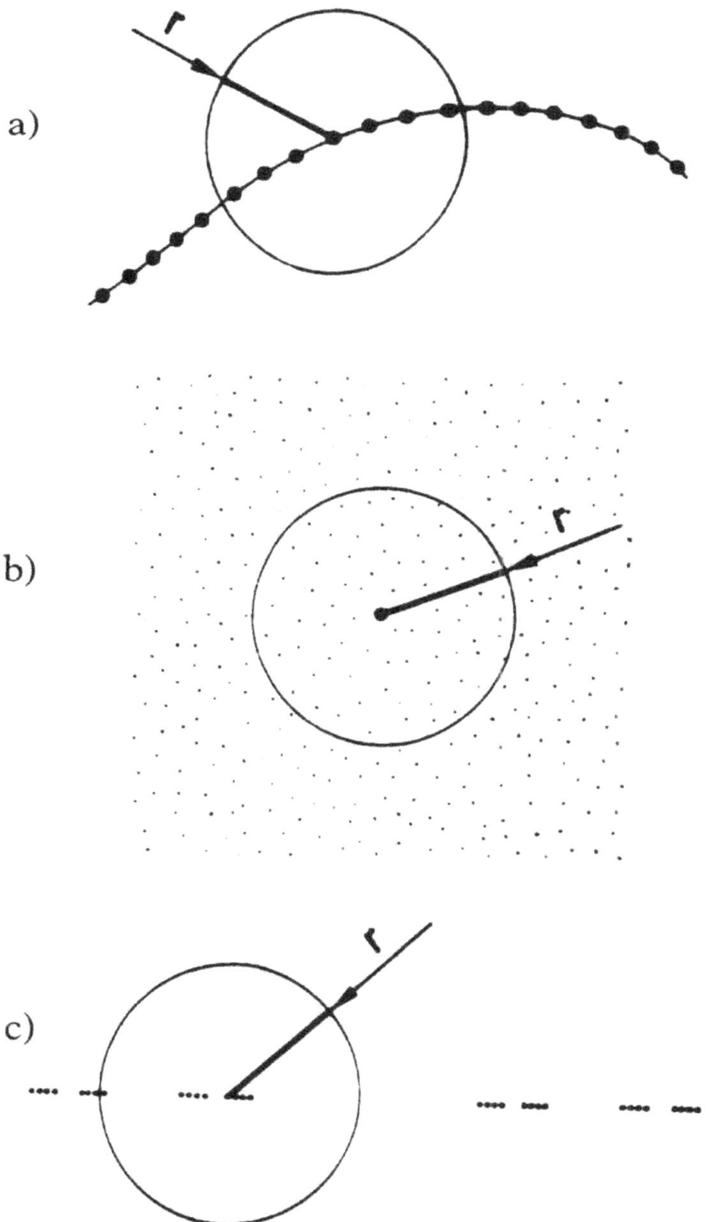

Fig. 5 – Principe de la méthode de détermination de la dimension fractale par comptage dans des sphères.
    a – sur une ligne (dimension 1).
    b – sur une surface (dimension 2).
    c – sur un fractal (de dimension < 1).

le fruit de la collaboration de deux physiciens, l'un, autrichien, P. Grassberger et l'autre, israélien, I. Procaccia. Nous allons admirer son efficacité un peu plus loin.

Que se passerait-il maintenant si nous appliquions cette procédure à la poussière de Cantor ? Dans ce cas particulier on n'a pas besoin de disposer d'une série de points équidistants le long de l'objet : les points à dénombrer sont ceux constituant la « poussière » obtenue par la méthode de fabrication de l'objet lui-même. Sans faire de calcul, le bon sens nous dit que, comme nous sommes en présence d'une infinité de points, la dimension D ne sera pas nulle mais que la présence de « trous » dans l'objet – les tiers centraux enlevés – fera que le nombre de points contenus dans les sphères de comptage va augmenter moins vite que dans le cas de la droite (qui, elle, n'a pas de trous). Nous touchons du doigt un fait d'importance : D, dimension de la poussière de Cantor, est comprise entre 0 et 1. La dimension de ce fractal est non entière, ce à quoi notre esprit nourri de géométrie euclidienne est bien peu habitué... L'application de la méthode ci-dessus déterminerait une dimension égale à $D = 0,63...$ très voisine de la valeur que l'on peut déterminer exactement par calcul dans ce cas simple. Les fractals sont des objets fascinants et chacun peut s'amuser à en tracer. L'exemple suivant se construit non pas à partir d'un segment, mais à partir d'un triangle équilatéral : sur les tiers centraux des côtés plaçons trois triangles équilatéraux, supprimons-en les bases et itérons ce processus à l'infini (voir figure 6). Nous obtenons ainsi une sorte de flocon de neige dont la dimension est 1,2618... Étrange objet qui n'est pas une surface mais non plus une ligne ; au nombre de ses étrangetés, signalons qu'il a un périmètre infini, qu'il ne se recoupe pas et qu'il ne tient pourtant que dans un espace limité [5] !

Ne croyez pas que les fractals ne soient qu'une source de spéculations purement mathématiques et intellectuelles. De nombreux objets naturels ont des formes se rapprochant beaucoup de fractals. C'est le cas pour les côtes très découpées, telle la côte bretonne ou la côte ouest de l'Angleterre dont la dimension est $D = 1,2$ environ. Si l'on attribue une finalité d'optimisation à l'évolution des espèces, on peut dire que la nature a su mettre à profit les étonnantes propriétés des fractals. En effet, des constructions analogues à celle du

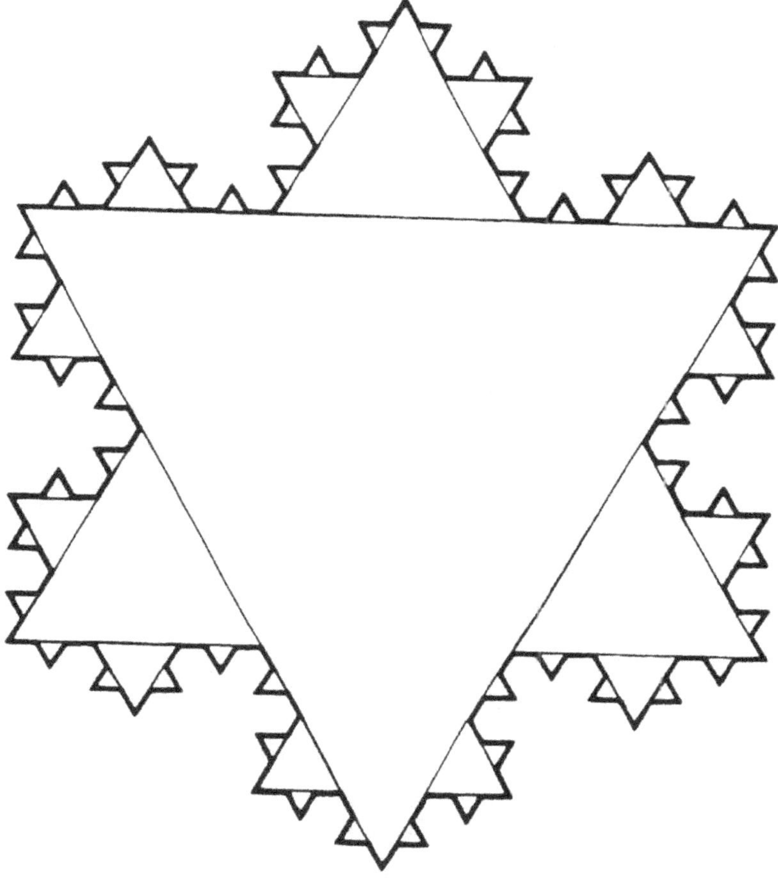

Fig. 6 – Ensemble fractal dit « flocon de neige ».

« flocon de neige » dont le périmètre est infini alors qu'il n'occupe qu'une place limitée fournissent des volumes à structure fractale dont la surface totale est infinie alors que leur encombrement reste borné. Or, il est bien connu que les échanges d'un volume avec l'extérieur se font à travers sa surface. D'où l'intérêt pratique de telles structures fractales pour maximiser les échanges tout en gardant le plus faible possible l'encombrement de « l'échangeur ». Les poumons présentent une structure de ce type qui optimise les échanges du sang avec l'air. Il en est de même – et pour des raisons semblables – des éponges naturelles, dont l'observation révèle une hiérarchie entre dimensions des cavités qui vont – dans une imbrication complexe – des plus grandes aux plus petites (ces dernières étant d'ailleurs invisibles à l'œil nu). Un exemple de fractal encore plus familier est tout simplement l'arbre. L'invariance d'échelle y est remarquable : qu'est-ce qui ressemble plus au tronc se divisant en branches maîtresses que ces dernières se divisant à leur tour en branches secondaires qui se divisent encore et encore ? La seule différence par rapport au modèle mathématique est la taille finie de la plus petite des structures (comme dans le cas des poumons ou celui des éponges, d'ailleurs), alors que les mathématiques ne connaissent aucune borne dans la création de structures de tailles de plus en plus réduites. La « justification » du caractère fractal de l'arbre pourrait être liée – comme dans les cas qui précèdent – à une optimisation de la captation de l'énergie lumineuse et des échanges avec l'atmosphère.

Le problème de la détermination de la dimension fractale devrait avoir une certaine importance en pharmacologie. Si un médicament agit en volume, alors la dose devra être proportionnelle au poids, donc directement proportionnelle au volume ; au contraire, si la drogue agit sur les échanges avec l'air inspiré, le dosage devrait croître comme la surface fractale du poumon, etc. Il semble qu'en médecine vétérinaire, ces règles soient encore plus importantes, et leur méconnaissance conduit parfois à des déconvenues quand il s'agit d'administrer des médicaments à un éléphant, par exemple : dosant à partir de la masse, on risquerait une grave erreur pour une médication destinée à soigner la toux !

Retour aux attracteurs chaotiques

Revenons à la figure 3 représentant l'évolution d'un rectangle quand l'attracteur chaotique se construit. Au lieu d'une représentation globale, ne considérons que l'évolution de l'extension transversale. Le rectangle de départ se représente alors par un segment de longueur égale à la largeur du rectangle. Au fer à cheval du second tour correspondent deux segments, alors que l'épingle double du troisième tour est figurée par quatre segments, etc. (voir figure 3b). On ne peut qu'être frappé par l'analogie entre cette séquence de transformations et celles qui servent à former la poussière de Cantor : c'est par un processus analogue que se construit l'attracteur chaotique (mais dans la réalité, le processus est nettement moins régulier que dans l'exemple idéalisé du modèle en fer à cheval). Au bout du compte, l'imbrication des feuillets constitue un fractal conférant aux attracteurs chaotiques une bien curieuse géométrie qui les a fait nommer « attracteurs étranges ». Les coupes des trajectoires d'un attracteur chaotique sont donc constituées d'une myriade de points structurés en feuillets – voir figure 7 – dans les cas les plus simples (ne perdons pas de vue que nous avons, jusqu'ici, raisonné dans un espace à trois variables – ou trois dimensions). Dans le cas où ces attracteurs sont obtenus par calcul numérique pratiqué sur des modèles (voir aussi l'attracteur de Hénon représenté note 7 du chapitre 12), on peut retrouver cette structure feuilletée avec ses motifs propres à toutes les échelles du grandissement, voir, par exemple, figure 8.

Le moment est propice pour mettre en garde contre un amalgame courant et néanmoins impropre entre « fractal » et « chaos ». Tout d'abord les fractals sont des figures géométriques, donc des structures spatiales (souvent très ordonnées), alors que le chaos désigne un type de comportement temporel (ce sont les points représentant l'évolution chaotique dans l'espace des phases qui se placent sur un fractal). Par ailleurs, et malgré leur complexité, les fractals engendrés par des processus itératifs réguliers comme ceux que nous venons de décrire, n'ont rien d'imprédictible et ne peuvent donc être considérés comme des courbes chaotiques [6].

Jusqu'ici, nous avons montré le principe de formation d'un attracteur étrange un peu comme un jeu de construction. Mais en trouve-t-on naturellement dans le monde physique expérimental ? Il est clair que les attracteurs étranges n'apparaissent pas spontanément au cours d'observations mais que le chercheur devra aller les traquer dans leur domaine réservé, l'espace des phases. Le problème pratique est en fait le suivant : le chercheur observe en général un comportement erratique émanant d'un système dont il ignore souvent *a priori* la nature des variables et, à plus forte raison, leur nombre. Par exemple, le biologiste constatant l'évolution erratique d'une population animale se demande si les variables perti-

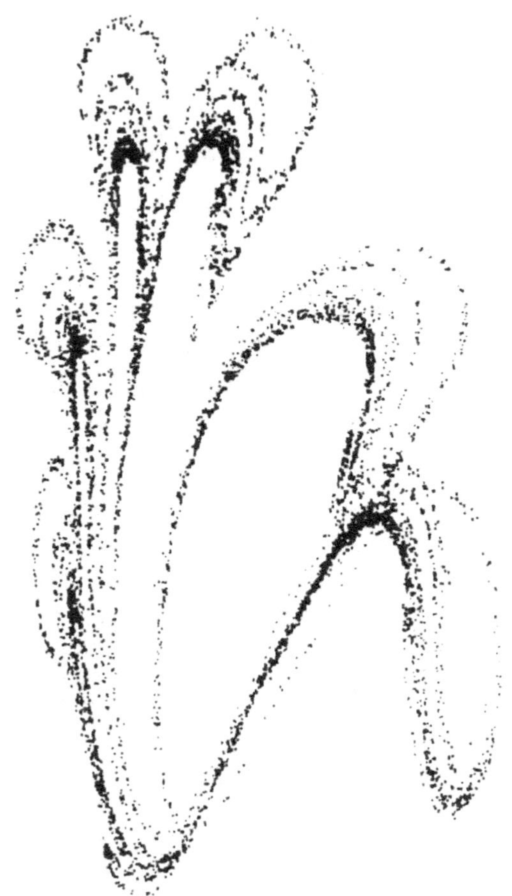

Fig. 7 – Coupe de Poincaré d'un attracteur étrange expérimental. Le système mécanique étudié est du type oscillateur forcé. Expérience due à F. C. Moon (voir *Chaotic Vibrations*, F. C. Moon, ed. J. Wiley, 1987).

nentes sont – outre le nombre d'animaux – l'ensoleillement, la pollution, la population des prédateurs ou bien d'autres encore ? Dès lors, à partir de la seule connaissance d'une évolution temporelle (celle de la population avec les années), comment savoir s'il est en présence de chaos (à petit nombre de variables) ou, au contraire, s'il s'agit d'un phénomène purement aléatoire dû à un très grand nombre de variables inaccessibles en pratique ? Problème plus crucial encore, puisqu'il ne connaît pas les variables du système, comment peut-il reconstruire son attracteur ? Autant d'interroga-

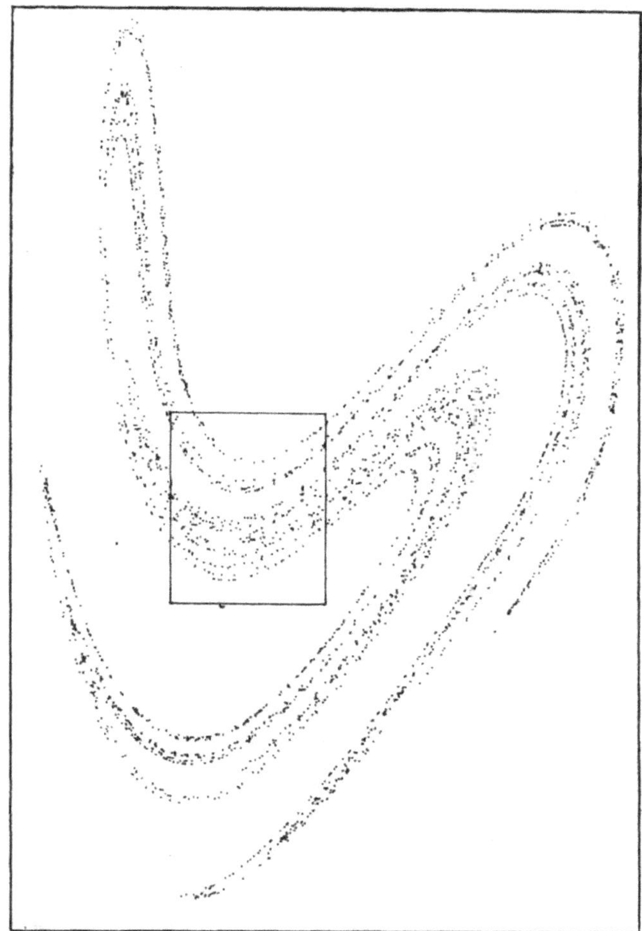

Fig. 8a – Coupe de Poincaré d'un attracteur étrange numérique. Le modèle
étudié est celui d'un oscillateur (entretenu) forcé. L'agrandissement de la
partie encadrée (voir figure 8b) révèle une structure en feuillets semblable
à celle de l'attracteur pris dans son entier.

tions capitales auxquelles on sait depuis peu apporter quelques
réponses satisfaisantes.

Examinons d'abord le problème de l'ignorance pratique des
variables dynamiques ; la percée dans ce domaine est due à
F. Takens dont la contribution fut décisive. Pour tenter de
comprendre un concept complexe en se référant à un exemple plus
simple, revenons encore à l'archétype du système dynamique : le

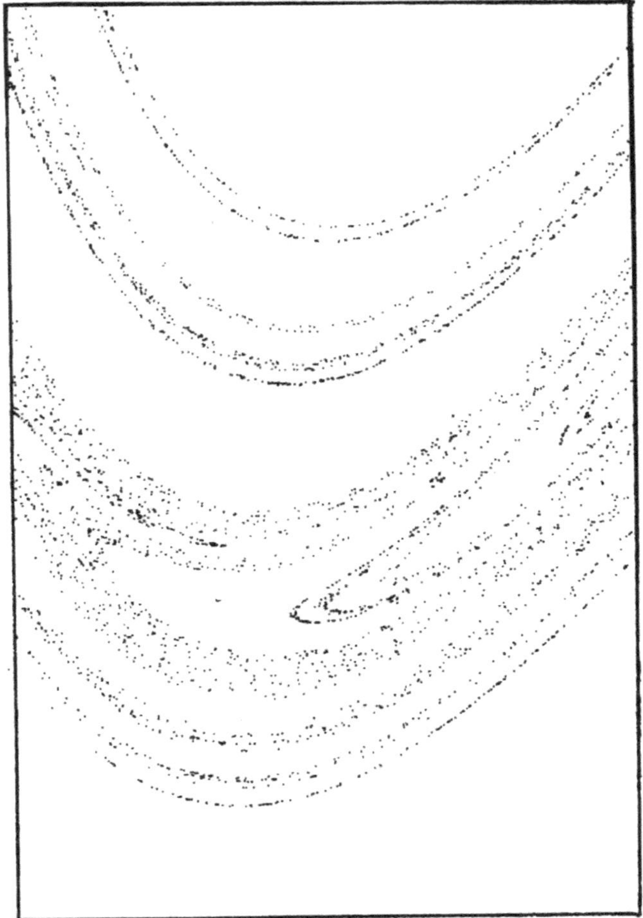

Fig. 8b

pendule oscillant. Nous connaissons ses deux variables, position et vitesse (X et V) que nous pouvons mesurer toutes deux en fonction du temps pour tracer l'attracteur correspondant – le cycle limite. Si nous ne savions mesurer que l'une de ces variables (mais à tout moment), la position X par exemple, nous pourrions, néanmoins, tracer l'attracteur sans mesurer la vitesse mais en la déduisant par simple dérivation – par rapport au temps – de la position (puisque V = dX/dt). Cette opération peut se faire par le truchement de petits circuits électroniques comportant un amplificateur et un circuit résistance-capacité. Ces circuits classiques introduisent inévitablement un peu de bruit dû à l'électronique qui affecte le résultat de la dérivation d'une légère fluctuation parasite toujours gênante. Aussi a-t-on pensé à retrouver la (ou les) variable(s) cachée(s) par une autre méthode. Pour bien la comprendre, restons dans le cas du pendule oscillant dans lequel nous n'aurions accès qu'à la seule position X. En considérant le caractère sinusoïdal de la variation de X (et donc de V), nous voyons immédiatement que si nous décalons dans le temps la courbe d'évolution de X nous obtenons celle de V pourvu que le retard soit pris égal au quart T/4 de la période d'oscillation T (voir par exemple la figure 3 du chapitre 5). D'où une autre façon de trouver, à partir de la seule évolution de X, celle de V (en toute rigueur, à une constante multiplicative près).

Prouver la généralité de cette procédure sortirait largement du cadre de cet ouvrage. Disons seulement que si $X(t)$ représente l'évolution temporelle enregistrée de l'une des variables dynamiques d'un système, on peut retrouver l'équivalent de ses autres variables en leur attribuant les valeurs que la variable $X(t)$ avait à des instants donnés, décalés les uns des autres par un retard constant judicieusement choisi (autant d'instants considérés, autant de variables recréées).

En pratique, cette opération n'ajoute pas de bruit parasite au signal. En effet, tout micro-ordinateur équipé d'une carte de « numérisation » peut convertir, à des intervalles de temps réguliers, des signaux électriques en nombres qu'il range dans sa mémoire. La série de nombres ainsi acquise représente fidèlement l'évolution du phénomène pourvu que l'intervalle entre deux mesures consécutives ne soit pas trop grand. En présence de ce signal échantillonné ou « série temporelle », il est alors aisé de créer les nouvelles variables : à un instant donné t, la première variable sera $X(t)$, la seconde, $X(t + \tau)$, c'est-à-dire celle qui se trouve dans la mémoire où a été stocké X, mais à un moment postérieur de τ, et ainsi de suite.

C'est ainsi que l'on peut créer – par exemple – trois nouvelles variables à partir de $X(t)$ en calculant :

$X(t + \tau)$; $X(t + 2\tau)$; $X(t + 3\tau)$, τ représentant le retard choisi [7].

Que donne alors une telle procédure appliquée au cas du pendule ? Les quatre variables ainsi calculées vont-elles jouer un rôle alors que nous savons pertinemment que la dynamique du pendule n'en possède que deux ? Reprenons le cas où $\tau = T/4$. $X(t)$ est la position du pendule, variable dont nous partons. Nous avons vu que $X(t + T/4)$ représente la vitesse V, deuxième variable du pendule. Les propriétés des fonctions périodiques trigonométriques nous apprennent que $X(t + 2\,T/4)$ vaut $- X(t)$ et que $X(t + 3\,T/4)$ est égal à $- V(t)$. Les deux dernières variables créées ne sont donc pas nouvelles puisqu'elles sont identiques aux deux premières changées de signe. En raisonnant par rapport aux attracteurs, les deux premières variables permettaient d'obtenir une ellipse dans un espace à deux dimensions ; l'attracteur ellipse ne change pas de forme, qu'on le trace dans un espace à trois ou à quatre dimensions (ou plus). D'une façon plus générale, quand on tente de reconstituer un attracteur à partir d'une seule évolution $X(t)$ (ou « série temporelle ») par la méthode des retards, l'attracteur – s'il existe – n'évoluera plus au-delà d'un certain nombre de variables créées. On dit que ces reconstructions « immergent » l'attracteur dans un espace dont la dimension est choisie à volonté (cette dimension étant égale au nombre de variables créées). Dans le cas du pendule, il se trouve que l'immersion de l'attracteur n'affecte plus sa forme au-delà de la dimension 2 pour l'espace de plongement – ou d'immersion. Nous illustrerons plus tard sur un exemple simple que, si l'attracteur est de dimension D, la dimension maximale de l'espace dans lequel il faut le plonger pour le déployer pleinement est (2 D + 1). Telle est l'idée de F. Takens pour reconstituer l'équivalent des variables inconnues à partir d'une seule série temporelle. Il va sans dire que de nombreux essais de cette méthode puissante et simple ont été effectués sur des exemples issus de modèles numériques, les seuls sur lesquels on connaisse *a priori* les « vraies » variables. Traçant alors l'attracteur dans son véritable espace des phases, il est aisé de le comparer à celui obtenu par la méthode de Takens à partir d'une série temporelle engendrée par résolution du modèle numérique. Si le retard est convenablement choisi, force est de constater que, même si les deux attracteurs n'ont pas exactement la même allure, leurs propriétés topologiques sont identiques.

Nous voilà maintenant bien armés pour attaquer le problème

crucial de caractérisation de comportements chaotiques inconnus *a priori*, c'est-à-dire celui de la mesure de la dimension de l'attracteur d'un système dont on ne connaît que l'enregistrement d'une grandeur au cours du temps. À partir d'une évolution erratique de cette grandeur, nous allons pouvoir reconstruire l'attracteur du système – s'il existe – et, à chaque étape de sa reconstruction, nous pourrons mesurer sa dimension. En effet, partant du signal échantillonné constitué de dizaines de milliers de points, nous créons un nombre P croissant de variables (P = 2, P = 3, P = 4, P = 5, etc.) et obtenons successivement des attracteurs – nuages de points – dans des espaces à 2, 3, 4, 5, etc., dimensions. Pour chaque valeur de P nous pouvons calculer, par la méthode de Grassberger/Proccacia, la dimension D de l'attracteur ainsi reconstruit (ou immergé).

Typiquement, pour les toutes premières valeurs de P, on trouve une dimension apparente égale à P. En effet, supposons – même si cela peut paraître quelque peu abstrait – que nous soyons en présence d'un attracteur de dimension réelle D = 4. Le reconstruire à P = 2 veut dire le projeter sur un plan ; aucun doute, nous allons trouver D = 2. Si nous le reconstruisons à P = 3, nous le projetons dans un volume tridimensionnel et nous trouverons D = 3.

Par contre, quand nous augmentons P pour chercher à caractériser la série temporelle qui, dans le cas général, émane d'un système dont nous ignorons le nombre de variables, nous allons acquérir une information capitale à travers la mesure – ou la non-mesure – d'une dimension finie D. En effet, si la mesure de la dimension D atteint un palier quand P est augmenté, on peut penser que la dimension calculée à ce palier (voir figure 9) sera celle de l'attracteur représentatif de la dynamique étudiée. Constituant un véritable diagnostic du chaos – sa signature authentique en quelque sorte – les premières mesures expérimentales de dimensions d'attracteur ont constitué un véritable tournant dans la science du chaos.

Le chaos démasqué

Pour bien mesurer l'information cruciale qu'apporte la mesure de la dimension en fonction de P, partons d'un exemple en faisant un peu d'« économie-fiction ». Imaginons un économiste tentant d'étudier l'évolution vraiment bien désordonnée du prix de telle matière première au cours des cinquante dernières années. Jusqu'ici, aucun traitement ne lui permettait de savoir si cette évolution était liée à tellement de variables que, pratiquement, elle se fait « aléatoirement » ou, au contraire, si ces fluctuations des prix ne sont, en fait, que reliées à un très petit nombre de variables. Si tel était le cas, une porte serait grande ouverte vers une compréhension nouvelle d'un mécanisme économique, alors que dans le premier cas, on ne peut que baisser les bras et... regarder venir ! (Rappelons qu'il s'agit d'une fiction...)

À partir de chiffres donnant le prix suivi au fil des ans, essayons de calculer D en fonction de P. De deux choses l'une. Ou bien D continue d'augmenter avec P et même à $P = 10$ aucune anomalie n'apparaît dans cette croissance ; alors nous dirons que l'errance de l'évolution est à relier à un grand nombre de variables. Ou bien – et c'est la divine surprise – dès que $P = 4$ ou 5, D cesse d'augmenter avec P pour saturer à une valeur faible, bien définie, généralement non entière. Alors il y a une chance que l'attracteur étrange existe, avec une dimension (fractale) faible et que l'errance soit effectivement due à la présence d'un petit nombre de variables. Le chaos serait alors identifié et démasqué ! Mais même si nous sommes en économie fiction, nous ne saurons trop tempérer l'enthousiasme que pourrait déclencher ce résultat en soulignant que la reconstruction de l'attracteur ne peut être faite sans précaution [8].

Chronologiquement, la première découverte expérimentale d'une dimension basse dans un comportement erratique s'est faite dans le domaine de la turbulence [9] hydrodynamique (faible). Deux des auteurs de cet ouvrage étudiaient les comportements dynamiques complexes de tourbillons thermo-convectifs de Rayleigh-Bénard. Nous avons déjà rencontré ce phénomène chapitre 6. De même qu'au-dessus d'un radiateur allumé l'air chaud monte (puis redescend ailleurs), des courants convectifs s'établissent dans une cellule parallélépipédique pleine d'un fluide dont on chauffe la base. Entre les courants chauds, montants, et les courants froids, descendants, des mouvements tournants, tourbillonnaires, s'organisent. Pour les chauffages modérés, la vitesse de ces courants est stable et stationnaire dans le temps. Pour de plus grandes puissances de chauffe, cette vitesse devient variable au cours du temps. D'abord périodiques, ces variations finissent par devenir irrégulières, erratiques en somme. On a atteint alors le régime turbulent puisque des mouvements désordonnés sont apparus dans le fluide. Telle est, très résumée, la séquence d'apparition de la turbulence dans la convection de Rayleigh-Bénard illustrée figure 9 du chapitre 6.

Nous sommes en 1983, la pression des chercheurs – donc la concurrence – est forte pour identifier la présence de chaos et d'attracteurs étranges. Les deux inventeurs de la procédure décrite ci-dessus – Grassberger et Procaccia – nous avaient écrit pour proposer leurs services et tester leur méthode sur nos expériences. Mais rien n'a tant de prix que ce que l'on fait soi-même et nous décidâmes plutôt de nous associer à deux collègues grenoblois, P. Atten et B. Malraison : ils possédaient – outre une culture dans le domaine – les moyens de calcul et un savoir-faire mathématique et informatique rassurant. De notre côté, nous détenions des résultats expérimentaux probablement très favorables. L'expérience avait lieu à Saclay, mais le traitement devait se faire à Grenoble. Nous avons alors enregistré – le plus fidèlement possible – sur un enregistreur magnétique tout particulièrement adapté pour la circonstance, les signaux de nos turbulences, et en route pour Grenoble où, après quelques essais, les résultats « sont tombés », sans ambiguïté. La figure 9 les résume ; on peut voir la différence remarquable existant entre le signal émanant de nos turbulences et celui qui est purement aléatoire. Sur le moment, bien que très satisfaits de ces résultats, nous n'en mesurons peut-être pas toute l'importance. Participant peu après à un congrès aux États-Unis, nous apprenons que nos collègues américains procèdent, par une voie quelque peu différente et sur une expérience plus complexe, au même type d'analyse. Bien que sensiblement moins avancés que nous, ils nous proposent de publier un article commun. Nous considérons que notre travail étant, pour sa part, achevé, nous n'avons pas à attendre nos collègues – et néanmoins amis – américains pour publier (notre article était d'ailleurs en cours de rédaction). Chacun pour soi, comme cela arrive dans ces compétitions souvent âpres. De retour en France, après une dernière mise en forme avec nos

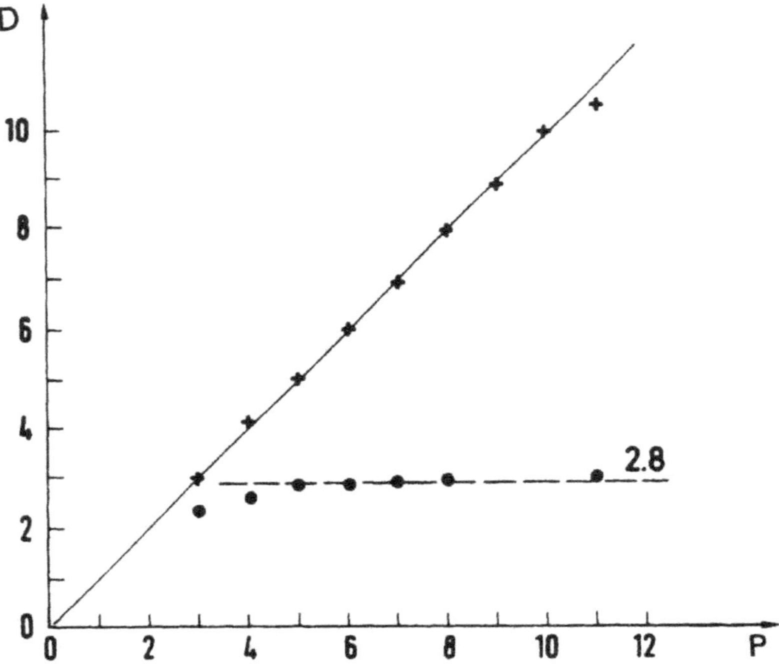

Fig. 9 – Mise en évidence de la dimension fractale d'un attracteur étrange expérimental (D = 2,8) en turbulence hydrodynamique. On voit la diffé-rence remarquable avec un phénomène aléatoire (+) dont la dimension (apparente) ne fait qu'augmenter avec P.

collègues grenoblois, nous envoyons ce texte à l'éditeur. Aux édi-teurs devrions-nous dire ; en effet, nous soumettons simultanément l'article d'une part, dans sa version française, aux *Comptes rendus de l'Académie des sciences* – pour aller vite et publier en français – et, dans sa version anglaise, à une revue européenne. Malheureu-sement, nous tombons sur un rapporteur pointilleux dont les remarques retardent la publication aux *Comptes rendus de l'Aca-démie des sciences...* pourtant choisis pour gagner du temps ! Malgré tout, l'article sort à une date antérieure à celle de l'article américain et cette course est gagnée. Il s'agissait donc bien de la première mesure de la dimension fractale d'un attracteur expéri-mental et, par là même, de la plus directe et éclatante mise en évidence d'attracteurs étranges dans une turbulence hydrodyna-mique [10].

CHAPITRE 8

Phénomènes périodiques naturels

> « Quand on se place du point de vue du système solaire, nos révolutions ont à peine l'amplitude de mouvements d'atomes. »
>
> Ernest RENAN

Les dynamiques périodiques ou pseudopériodiques naturelles sont nombreuses et servent de référence à notre perception du temps la plus immédiate : battements du cœur, respiration, lever et coucher du Soleil, retour des saisons, etc. C'est sans doute pourquoi l'idée suivant laquelle il existerait un principe unificateur de toute dynamique, la périodicité précisément, est fort ancienne. Georges Dumézil a montré que certains rites[1] de l'ancienne religion romaine mêlaient subtilement le retour journalier du Soleil et le retour des saisons. Nous conservons une trace de ce mélange de sacré et de profane dans nos calendriers, où chaque jour de l'année est attribué à un saint ou à une sainte, ce qui fournissait autrefois un repère de temps relativement simple à mémoriser pour des populations ne sachant ni lire ni compter. Ce lien entre fêtes religieuses et calendrier est antérieur au christianisme et existait déjà dans la Rome ancienne, suivant un système complexe qui n'est d'ailleurs pas encore totalement compris.

Cette influence si forte des rythmes périodiques a parfois des effets un peu pervers quand elle est associée à l'interprétation de dynamiques liées aux activités humaines. Ainsi, dans les sciences économiques, on a souvent cherché à discerner des cycles de croissance interrompus par des crises, comme la crise de 1929 par exemple, et certains économistes marxistes (entre autres) en ont tiré la conclusion que ces crises successives, oscillations divergentes en quelque sorte, ne pouvaient qu'empirer pour se terminer par une catastrophe majeure. Cette conception de la dynamique périodique de l'économie paraît totalement disparue des analyses actuelles. Pour autant, l'économie présente effectivement des fluctuations importantes, mais sans périodicité bien claire.

Toute dynamique naturelle est-elle périodique ?

À la définition du mot « périodique » nous pouvons lire dans un dictionnaire de physique de 1767 [2] : « On donne le nom de périodique au mouvement d'un astre autour d'un autre. » Posons-nous donc la question : le mouvement des astres est-il vraiment toujours périodique au sens strict ? Il l'est manifestement en première approximation, par exemple dans le cas de la rotation de la Terre autour du Soleil, qui se fait en 365,242... jours avec une excellente précision et s'explique par les lois de Newton. Ces lois sont assez générales pour permettre aussi de calculer la partie éventuellement plus complexe (c'est-à-dire non périodique) du mouvement de la Terre et des planètes, en tenant compte de toutes leurs interactions.

Si cette théorie de Newton a mis très longtemps à naître, c'est que le temps y est introduit comme une variable continue, dont la valeur croît sans cesse. L'image des Parques qui filaient le lin n'était, après tout, pas si mauvaise, puisqu'elle liait la mécanique (la rotation) à cette notion abstraite de temps et donnait l'image d'un temps régulier, homogène et mesurable. L'étape importante a été franchie vers la fin du XVIIe siècle, par Newton, fondateur de ce que l'on appelle en anglais le *calculus* (ou calcul infinitésimal ou différentiel), c'est-à-dire la possibilité de décrire et de manipuler des quantités continues (le temps) et des fonctions elles-mêmes continues.

Avant lui, les mathématiques étaient fondamentalement encore celles des Grecs : elles manipulaient des nombres entiers et des fractions ou des nombres liés à ceux-ci comme les racines carrées d'entiers, par exemple. Ce fut un progrès majeur pour l'esprit humain que d'imaginer des procédés de calcul allant au-delà de ces manipulations arithmétiques. Cette découverte, au moins du point de vue des calculs pratiques dans les cas les plus difficiles, n'a connu son aboutissement final qu'avec le développement récent des ordinateurs. Le point de vue faisant remonter le calcul infinitésimal à Newton et Leibniz (juriste, philosophe et homme politique allemand) n'est pas universellement partagé. Michel Serres voit dans le *De natura rerum* de Lucrèce un début de calcul(us) : l'idée « épicuriste » de *clinamen* représenterait la variation infinitésimale, concept essentiel du calcul différentiel. C'est possible, mais il faut bien dire que, du point de vue de l'effet sur la postérité, cette notion en quelque sorte « préhistorique » du calcul infinitésimal n'a pas eu l'influence que la découverte de Newton a exercé sur ses contemporains et sur ceux qui ont suivi. Il ne semble pas non plus que le texte de Lucrèce, d'interprétation pas toujours facile et claire, ait influencé Leibniz ou Newton.

La difficulté qu'il y avait à introduire des variables continues (opposées aux nombres entiers et aux fractions) dans la mesure du temps apparaît plus clairement lorsque l'on considère la plus ancienne réalisation d'un calendrier mécanique : le mécanisme d'Anticythère. Ce mécanisme, retrouvé avec d'autres trésors au large d'une île grecque par des pêcheurs d'éponge en 1900, est en fait (et de beaucoup) le plus ancien calendrier mécanique – un précurseur des horloges – que l'on connaisse. C'est une réalisation byzantine du Ve ou du VIe siècle ap. J.-C., mais qui utilise très certainement des connaissances plus anciennes remontant à l'époque classique (vers 400-300 av. J.-C.). Ce mécanisme met en correspondance les mouvements de la Lune et du Soleil dans le zodiaque au cours de l'année. Pour faire avancer les deux mouvements simultanément et prédire la position de la Lune un jour donné, ce mécanisme supposait qu'il existe un rapport simple entre l'année solaire et la période lunaire (en pratique, la moitié de cette période), ce rapport simple étant traduit mécaniquement par les rapports du nombre des dents des couronnes dentées qui s'engrenaient les unes aux autres.

Newton ou la raison du périodique

Oubliant en quelque sorte cette arithmétique, et par un saut conceptuel gigantesque, la théorie newtonienne a permis d'interpréter un ensemble de faits observés – la rotation régulière des planètes autour du Soleil sur leurs orbites képlériennes – dans un cadre logique cohérent, celui de la mécanique du point et des lois de la gravitation. Cette théorie d'un mouvement périodique fondamental s'exprime par des équations différentielles qui permettent de calculer à un moment donné l'accélération d'un corps, étant donné les masses de tous les corps en présence et leurs distances respectives à ce moment-là. Comme l'accélération instantanée définit la façon dont varie la vitesse du corps en question, on peut déduire de cette loi de Newton un nouvel état de position et de vitesse à l'instant suivant. Itérant ce calcul, on peut donc connaître l'état du système à tout temps futur. D'où finalement l'idée du déterminisme de Laplace dont nous avons parlé au chapitre 2. Cette méthode prédit les lois des rotations régulières des planètes (dont la Terre) autour du Soleil, découvertes quelques années auparavant par Képler et dont l'importance considérable mérite bien qu'on s'y arrête. En effet, depuis environ deux mille ans, les hommes s'interrogeaient sur le mouvement des astres et aucun des modèles proposés (et il y en eut beaucoup, dont certains très compliqués !) n'expliquait de façon satisfaisante et rigoureuse le mouvement des planètes tel qu'il était observé. Le grand mérite de Képler est d'avoir su briser des idées très solidement enracinées, qui l'ont tout d'abord fortement influencé et – de son propre aveu – lui ont fait perdre beaucoup de temps. Imaginée par Ptolémée, soutenue en particulier par Copernic et Tycho Brahé, l'idée d'orbites parfaitement circulaires autour du Soleil (ou de combinaisons d'orbites circulaires) était « incontournable ». Sur un plan scientifique comment imaginer – à l'époque – que le mouvement des planètes puisse être périodique sur un autre type d'orbite ? Par ailleurs, comment le Créateur aurait-il pu choisir une trajectoire et une dynamique autres que les plus parfaites : le cercle et un mouvement uniforme sur ce dernier [3] ? Cette solide tradition n'empêcha finalement pas Képler de considérer des orbites elliptiques et de découvrir ses trois lois, découverte capitale même si on peut la considérer comme empirique, puisqu'il faudra attendre Newton et la théorie de la gravitation universelle pour démontrer ces lois [4].

En effet, les lois de Képler ont été retrouvées par Newton lui-même à partir de sa théorie de la gravitation par une méthode assez indirecte et qui n'est pas celle que l'on trouve dans la plupart des exposés actuels de cette question. Newton avait montré que le problème à deux corps – la Terre et le Soleil en l'occurrence – pouvait être résolu exactement et il en déduisait en particulier que la Terre avait des rotations périodiques régulières autour du Soleil avec une période (l'année) qui n'est fonction que des masses des deux astres, de leur distance et d'un autre paramètre physique, le moment angulaire. Ce problème à deux corps avec des forces d'interaction inversement proportionnelles au carré de la distance a une particularité qui fait qu'en l'absence de perturbations (dues pratiquement à la présence d'un troisième corps, c'est-à-dire un autre astre) l'orbite de la Terre se referme exactement après un tour, alors qu'avec des lois d'interaction différentes ce ne serait pas possible. Dans la réalité, ce problème est singulièrement plus compliqué en raison de la présence de la Lune et pratiquement l'orbite terrestre ne se referme pas, puisqu'elle est composée de deux mouvements : la rotation autour du Soleil et l'orbite du couple Terre-Lune. Le résultat final pour la trajectoire de la Terre est, en première approximation, une courbe qui s'enroule sur un tore (figure géométrique correspondant à la surface d'une chambre à air ; voir figure 1) ; le grand cercle du tore est l'orbite autour du Soleil, le petit cercle, l'orbite Terre-Lune. La contribution majeure à l'écart à la fermeture de l'orbite est de l'ordre de grandeur de l'excursion de la Terre dans l'orbite de son mouvement avec la Lune. Cette particularité du problème à deux corps (fermeture exacte des orbites [5]) explique que la solution donnée par Newton était moins directe que celles présentées en général, qui ne l'utilisent pas. Cette solution reposait, pour une grande part, sur des constructions géométriques, qui conduisent effectivement aux lois de Képler elles-mêmes, de nature géométrique également.

L'époque des doutes : le calcul des perturbations

Succès complet jusqu'ici : une théorie (celle de Newton) explique bien les faits préexistants (lois de Képler). Mais, comme on l'a déjà dit, la théorie de Newton implique aussi de considérer – dans les équations du mouvement – l'interaction entre planètes au même titre que les interactions entre planètes et Soleil. Une estimation rapide d'ordre de grandeur montre que cette interaction entre planètes, si elle n'est pas nulle, est petite par rapport à celle avec le Soleil. L'effet est maximal, comme l'avait déjà observé Newton, pour les grosses planètes : ainsi Saturne apporte une perturbation relativement importante à l'orbite de Jupiter et réciproquement. Cela a amené Laplace et Lagrange, environ un siècle après Newton (donc pendant la période de la Révolution et du premier Empire en France), à chercher comment tenir compte de cette interaction entre planètes d'une façon plus détaillée. Comme elle est relativement faible, ils eurent l'idée de la considérer comme une petite perturbation devant l'attraction du Soleil et cela les a conduits à imaginer ce que l'on appelle le calcul des perturbations. Il faut bien voir qu'il ne s'agit nullement d'écrire de nouvelles équations de base : tout est présent dans la dynamique newtonienne, mais c'est le calcul qu'impliquent les équations correspondantes qui est difficile à mettre en pratique. Le calcul des perturbations consiste donc à négliger, en un premier temps, l'interaction entre planètes – d'où des orbites képlériennes parfaites – puis à considérer l'interaction entre planètes comme la cause d'une petite correction à ces orbites képlériennes, suivie éventuellement d'une seconde correction pour s'approcher davantage de la vraie solution.

Quand on les effectue réellement pour le cas du système solaire, ces calculs sont ardus et n'avaient pu être menés à bien que par des mathématiciens de premier ordre comme Laplace et Lagrange, mathématiciens qui, rappelons-le, ne disposaient bien sûr pas d'ordinateur. Cependant, ces calculs de perturbations mettaient en

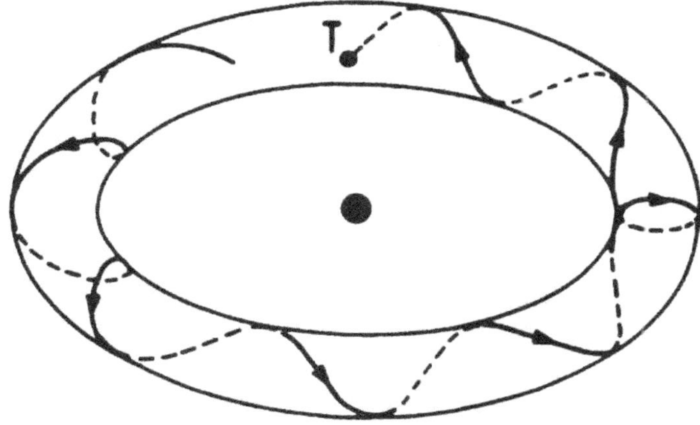

Fig. 1 – Trajectoire de la Terre autour du Soleil. Du fait de la rotation de la Lune cette trajectoire n'est pas une ellipse, mais s'inscrit sur un tore. (Bien évidemment les échelles ne sont pas respectées.)

évidence un certain nombre de phénomènes qui se sont révélés avoir des conséquences extrêmement profondes, ainsi que nous allons le voir. En effet, Laplace avait remarqué l'existence de résonances, c'est-à-dire de rapports arithmétiques simples entre diverses périodes. La résonance qui joue le plus grand rôle est celle qui existe entre les périodes de Jupiter et de Saturne, dont le rapport est très proche de 2/5. Ces résonances sont responsables de ce que l'on appelle des « effets séculaires », c'est-à-dire d'une lente dérive des paramètres des orbites des planètes telle que l'ellipticité. Cette dérive ne peut pas être analysée en ce qui concerne ses effets à très long terme dans le cadre du calcul des perturbations que nous venons d'évoquer. Le temps caractéristique de cette dérive, que l'on connaît maintenant, est de l'ordre de la centaine de millions d'années (temps qui peut paraître très long à l'échelle humaine mais qui, de fait, est court vis-à-vis de l'âge du système solaire).

Il n'est pas sans intérêt non plus de comprendre pourquoi tant d'attention a été portée à cette question du calcul des perturbations depuis la fin du XVIIIe et tout au long du XIXe siècle, à une époque où la recherche désintéressée n'existait guère. Le problème précis qui se posait alors était celui du calcul des longitudes sur le globe terrestre ; en effet, cette époque a vu la fin de l'exploration du globe par les Européens (alors essentiellement les Français et les Anglais, les Espagnols et les Portuguais n'étant plus très présents dans cette exploration en cette fin du XVIIIe siècle, parce que déjà nantis d'immenses empires). Ces explorateurs se sont heurtés, en particulier, au problème de la détermination de la longitude des îles du très grand large dans le Pacifique, l'Atlantique sud et l'océan Indien (île de Pâques, Tahiti, Seychelles, etc.). La méthode de mesure des longitudes qui existait alors consistait à rapporter l'heure locale à l'heure de Greenwich (ou de Paris plutôt, jusqu'au milieu du XIXe siècle, ainsi que le rappelle plaisamment *Le trésor de la Licorne* de Hergé). La latitude, elle, était facile à déterminer par la déclinaison du Soleil au zénith suivant une méthode connue des astronomes (depuis l'antiquité tardive au moins). La détermination de la longitude réclamait donc des chronomètres les plus précis possibles. Les horlogers de l'époque avaient réalisé des merveilles mécaniques, que l'on corrigeait, par exemple, des variations de température (remarquons en passant que la phénoménale précision des montres à quartz actuelles permet de faire des points astronomiques très précis à peu de frais !), mais des imprécisions subsistaient, particulièrement lors des traversées agitées sur les bateaux. La Lune, au contraire, avec son mouvement indépendant de la rotation diurne, fournissait une sorte de pendule cosmique qui permettait de comparer l'heure en un lieu donné avec celle en un lieu de référence. Mais cette pendule était particulièrement difficile à lire : le mouvement de la Lune est affecté à la fois par l'attraction de la Terre et par celle du Soleil, cette dernière étant une perturbation. Les efforts de Lagrange et de Laplace ont été motivés, au moins en partie, par la nécessité d'avoir une représentation aussi bonne que possible des mouvements de la Lune, pour que l'on puisse ensuite constituer des éphémérides utilisés pour la mesure des longitudes. L'Académie des sciences conserve, depuis cette époque, un Bureau des longitudes dont la mission initiale était justement d'établir ces éphémérides. Les calculs difficiles qui permettaient de déterminer la longitude ont certainement été l'un des vrais moteurs de l'enseignement supérieur théorique dans les pays développés de l'époque, avec aussi, il faut bien l'avouer, les calculs de balistique pour l'artillerie. Il n'est pas sûr qu'il existe à l'heure actuelle – et quoi qu'on en dise – des incitations aussi fortes à l'utilisation de mathématiques non triviales pour un aussi grand nombre d'étudiants... !

Rien ne va plus !

Simplifiant à l'extrême le problème de la stabilité du système solaire, Poincaré, dès la fin du XIXe siècle, s'est posé le problème des trois corps, c'est-à-dire, par exemple, celui du mouvement de deux planètes et du Soleil en interactions mutuelles. Supposant le Soleil immobile – ce qui n'est pas une mauvaise approximation étant donné sa grande masse – on a affaire à ce que l'on appelle parfois le problème à trois corps restreint. En fait, ce problème à trois corps, posé dans sa généralité, constitue l'étape suivante du problème à deux corps résolu par Newton. Poincaré, par une méthode géométrique à la fois simple et profonde, montra que le problème à trois corps n'était pas intégrable (ce qui signifie qu'il n'a pas de solution analytique, c'est-à-dire exprimable par des fonctions déjà connues) et qu'il existe, en un certain sens, des solutions chaotiques ! Cette découverte capitale de Poincaré est restée longtemps comme un fait relativement isolé, et ce n'est qu'assez récemment, grâce, entre autres, aux ordinateurs, que l'on a pu en apprécier toute la portée. Michel Hénon, astronome à l'observatoire de Nice, a joué un rôle fondamental dans cette redécouverte et dans l'approfondissement des idées de Poincaré. En effet, en collaboration avec C. Heiles, il a été le premier à montrer que l'on trouvait effectivement des trajectoires chaotiques dans une version simplifiée du problème à trois corps.

L'autre voie de recherche ouverte par le calcul des perturbations de Laplace et Lagrange a aussi conduit à une découverte mathématique majeure, que l'on appelle la théorie de KAM (du nom de ses inventeurs, Kolmogoroff, un des grands mathématiciens de ce siècle, disparu récemment, Arnold, un de ses élèves, et Moser). En simplifiant outrageusement cette théorie, on peut dire qu'elle valide le calcul des perturbations faites précédemment en montrant que si ces perturbations sont assez petites (pratiquement si la masse des planètes était bien plus faible que celle du soleil), alors les orbites futures resteront proches pour toujours des orbites actuelles. Malheureusement, les valeurs des masses des planètes sont beaucoup trop grandes (et les perturbations qu'elles apportent trop importantes) pour que l'on puisse appliquer la théorie de KAM au système solaire, et les recherches les plus récentes sur ce problème précis indiquent au contraire que les orbites futures s'écarteront probablement beaucoup des orbites actuelles.

Même la trajectoire de la Terre autour du Soleil n'échappe pas à cette incertitude. J. Laskar [6], de l'Observatoire de Paris, a trouvé la source de l'instabilité du mouvement de la Terre en interaction avec les autres planètes. Cette instabilité provient d'une résonance très « pointue » entre les précessions des orbites de Mars et la Terre d'une part, de Vénus, Mercure et Jupiter d'autre part (ces résonances apparaissent lorsque l'on considère en quelque sorte chacun de ces deux ensembles de planètes comme une seule entité). Les échelles de temps mises en jeu sont cependant quasi géologiques, de l'ordre de la centaine de millions d'années, ce qui fait que ces divergences ne sont même pas significatives par rapport à la durée de vie probable de l'espèce humaine. Les méthodes employées pour montrer ce résultat ne permettent pas non plus de dire avec précision si la Terre s'écartera ou se rapprochera du Soleil : elles montrent qu'il y a une sorte d'instabilité sur cette échelle de temps, sans dire comment elle se développera.

Images de la dynamique du problème des trois corps

Nous nous concentrerons ici sur les résultats obtenus par Hénon et Heiles qui considèrent le problème à trois corps restreint. En fait, le but initial du travail de M. Hénon était de décrire les trajectoires possibles d'une étoile dans le champ de gravitation complexe d'une galaxie. Cela l'avait amené à une forme très simplifiée du problème à trois corps, mais conservant néanmoins ses caractéristiques essentielles. Dans le problème envisagé, les deux premiers corps C1 et C2 sont, disons, deux astres de masse égale, tournant autour de leur centre de gravité commun O, sur une orbite circulaire comme indiqué figure 2 (le fait que les deux astres aient une même masse fait que O est au milieu de C1 C2 et que les deux astres tournent à la même vitesse). Le troisième corps C3 (ou satellite) est supposé de masse beaucoup plus petite et contraint à se déplacer dans le plan des orbites de C1 et C2 : il est attiré à la fois par C1 et par C2 mais perturbe très peu le mouvement de ces derniers. C3 peut ainsi tourner (sur une orbite complexe) autour de C1, ou de C2, ou autour des deux à la fois, selon les conditions initiales. Représenter l'orbite de C3 serait de peu d'intérêt étant donné l'enchevêtrement de la trajectoire dans le cas général. Nous avons déja rencontré ce problème pour la trajectoire chaotique dans l'espace des phases du pendule forcé et utilisé la méthode dite de la section de Poincaré pour obtenir une figure significative. Hénon et Heiles ont développé des calculs numériques en suivant la même démarche et ont eu le mérite de trouver une itération simple à deux variables, permettant de suivre les états successifs de C3 dans un plan de coupe d'un espace de phase à trois variables (souvenons-nous que nous avons déjà utilisé une autre itération au chapitre 4, mais celle-là ne faisait intervenir qu'une seule variable). Ainsi, l'évolution de la « trajectoire » de C3 donnée par la suite des points de coordonnées X_n, Y_n, dans le plan de coupe s'exprime, pour le problème des trois corps de Hénon-Heiles :

$$X_{n+1} = X_n \cos A - (Y_n - X_n^2) \sin A$$
$$Y_{n+1} = X_n \sin A + (Y_n - X_n^2) \cos A$$

Ici, A est un angle qui sert de paramètre ajustable ; dans les discussions et les figures qui suivent nous avons pris la valeur classique A = 1,328 radian et, comme d'habitude, n est l'indice de l'itération équivalent à des sauts discrets en temps.

Cette itération a l'avantage d'être facilement calculable et représentable sur l'écran du plus modeste micro-ordinateur tout en conservant l'essentiel de la richesse du problème initial (nous engageons le lecteur à tracer par lui-même les points successifs ; un programme en Basic standard est donné en note [7]). L'intégration numérique des véritables équations du problème des trois corps requerrait – au contraire – un calcul beaucoup plus compliqué. Évidemment, on n'obtient pas les points de coupe de la trajectoire du

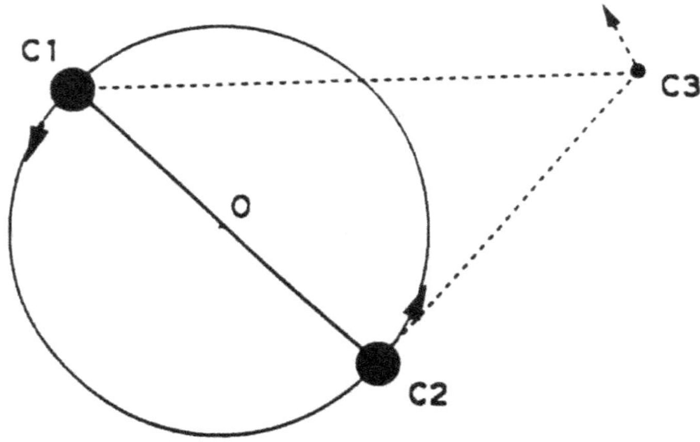

Fig. 2 – Schéma relatif au problème des trois corps restreints de Hénon-Heiles. C1 et C2 représentent les deux astres (massifs) et C3 représente le satellite (léger).

satellite C3 dans l'espace réel mais dans un espace des phases tel que nous l'avons défini dans les chapitres précédents : X_n représenterait la position du satellite et Y_n sa vitesse (ou une composante de sa vitesse). Et bien que calculée à des temps discrets, la dynamique de C3 se trouve tout entière représentée par cette application simplifiée.

Dans ce problème « conservatif », la trajectoire – et donc sa section de Poincaré – dépend crucialement des conditions initiales Xo, Yo. Examinons quelques cas intéressants.

Le plus simple correspond à Xo = Yo = 0. On constate alors (figure 3) que le point d'impact de la trajectoire (de phase) du satellite C3 est toujours le même, à l'origine du diagramme de phases. Ceci signifie que C3 a un mouvement strictement périodique, le point figuratif de son mouvement étant une ellipse indéfiniment décrite, donc perçant le plan de coupe en un seul point. En pratique, cela signifie que le satellite C3 tourne autour de l'un des astres C1 (ou C2) et en son voisinage immédiat de telle façon que la perturbation engendrée par l'autre astre reste négligeable.

Augmentons légèrement Xo et Yo. Cette fois, les points successifs se placent sur un ovale centré sur O' (voir figure 3). Le satellite est maintenant animé d'un mouvement à deux fréquences caractéris-

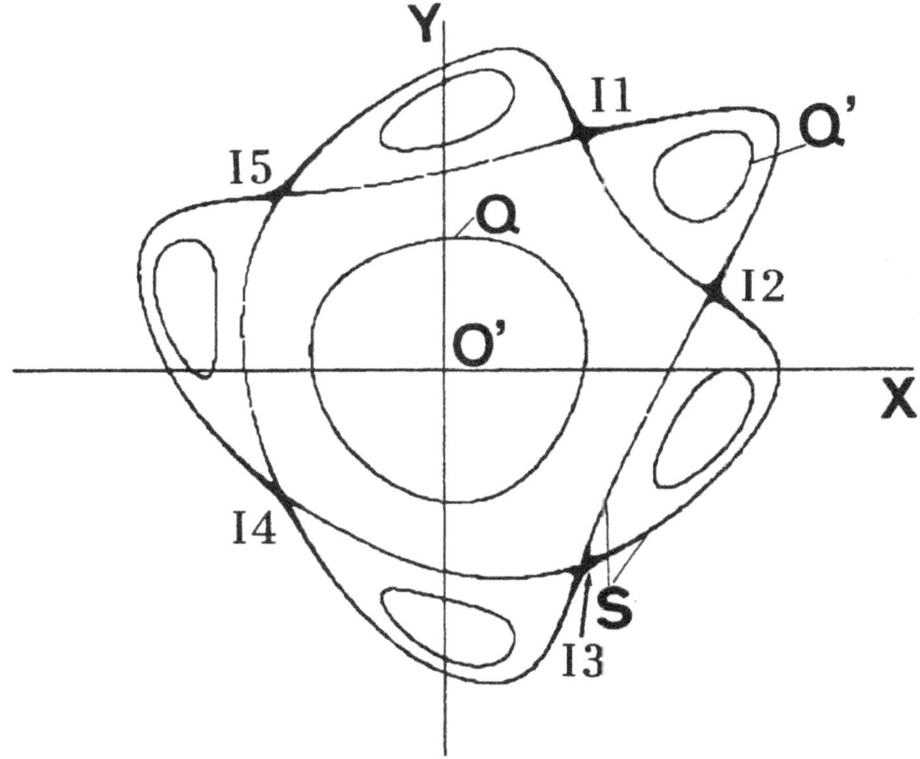

Fig. 3 – Représentation des résultats donnés par l'itération du modèle de Hénon-Heiles. Celui-ci est équivalent à une section de Poincaré du problème à trois corps.
Q trajectoire quasipériodique simple
Q' trajectoire quasipériodique de période 5
S courbe séparatrice
I1, I2 .... I5 points instables

tiques. En plus de son mouvement de rotation autour de l'astre C1 (ou C2), il « sent » la rotation de l'autre astre, et les deux fréquences se composent pour créer un mouvement « bipériodique » à deux fréquences (ou « quasipériodique ») déja décrit au chapitre 6. Dans l'espace réel, on peut traduire cela en disant que le satellite C3 tourne (avec la première fréquence) autour de « son » astre sur une orbite elliptique dont le grand axe tourne lentement (mais régulièrement) avec la deuxième fréquence (voir figure 4). Dans le cas

Fig. 4 – Représentation de la trajectoire réelle du satellite C3. Les deux fréquences en jeu correspondent, d'une part, à la rotation de C3 sur son orbite et, par ailleurs, à la rotation du grand axe de cette orbite.

a – cas d'un régime quasipériodique à deux fréquences incommensurables.

b – cas du régime où le rapport des deux fréquences de rotation est 1/5.

général – et sauf pour des valeurs tout à fait particulières du couple Xo,Yo – le rapport des deux fréquences ne peut être mis sous la forme d'une fraction ; on dit que les deux fréquences sont incommensurables.

Continuant à augmenter progressivement Xo et Yo, on passe soudainement à une figure qualitativement différente. Cinq boucles fermées apparaissent, alternativement visitées par la trajectoire (figure 3). La figure qui se dessinait autour de O' est donc reproduite à cinq exemplaires. Nous sommes en présence d'un régime quasipériodique autour du rapport cinq pour les deux fréquences. Si nous avons la patience d'ajuster finement les valeurs initiales Xo et Yo, une situation très particulière s'établit où seuls les centres des cinq courbes sont visités : le diagramme est réduit à cinq points, autrement dit le sixième impact est exactement confondu avec le premier. Dans l'espace réel, cela signifie que l'axe de l'orbite fermée de C3 a fait exactement un tour quand C3 a fait cinq révolutions autour de son astre. On dit alors que les deux fréquences sont devenues commensurables (c'est-à-dire qu'elles sont dans un rapport simple, ici 1/5) et le régime n'est plus bipériodique mais simplement périodique.

Entre la région centrale où la trajectoire trace une courbe unique et celle où elle trace simultanément cinq courbes, il existe apparemment une courbe « séparatrice » S qui se recoupe en cinq points singuliers I1, I2, I3, I4, I5 dits « points instables » (figure 3). Si nous regardons de plus près le voisinage de cette séparatrice et de ces points instables en agrandissant la figure 3, nous remarquons un éparpillement de points qui ne se mettent plus sur une courbe mais qui remplissent une surface, ainsi qu'on peut le voir figure 5 : ils appartiennent tous à une même trajectoire, qui est une trajectoire chaotique, correspondant donc à un mouvement irrégulier du satellite C3.

Cette description de la géométrie du problème des trois corps de Hénon-Heiles est extrêmement simplifiée : la réalité est beaucoup plus complexe dès qu'on y regarde de plus près : nous n'avons parlé que des orbites de période 5, certes les plus visibles dans le cas particulier décrit. Mais en réalité il existe – pour ce même cas – une infinité d'orbites périodiques plus discrètes que l'on ne perçoit qu'en regardant à la loupe, et donc une infinité de séparatrices et de points instables autour desquels il existe une infinité de zones chaotiques. Cet emboîtement subtil d'îlots de périodicité et de « mers » chaotiques, difficilement représentables parce que imbriqués à toutes les échelles, donne une idée de la richesse quasi illimitée du chaos des systèmes conservatifs et de l'importance cruciale des

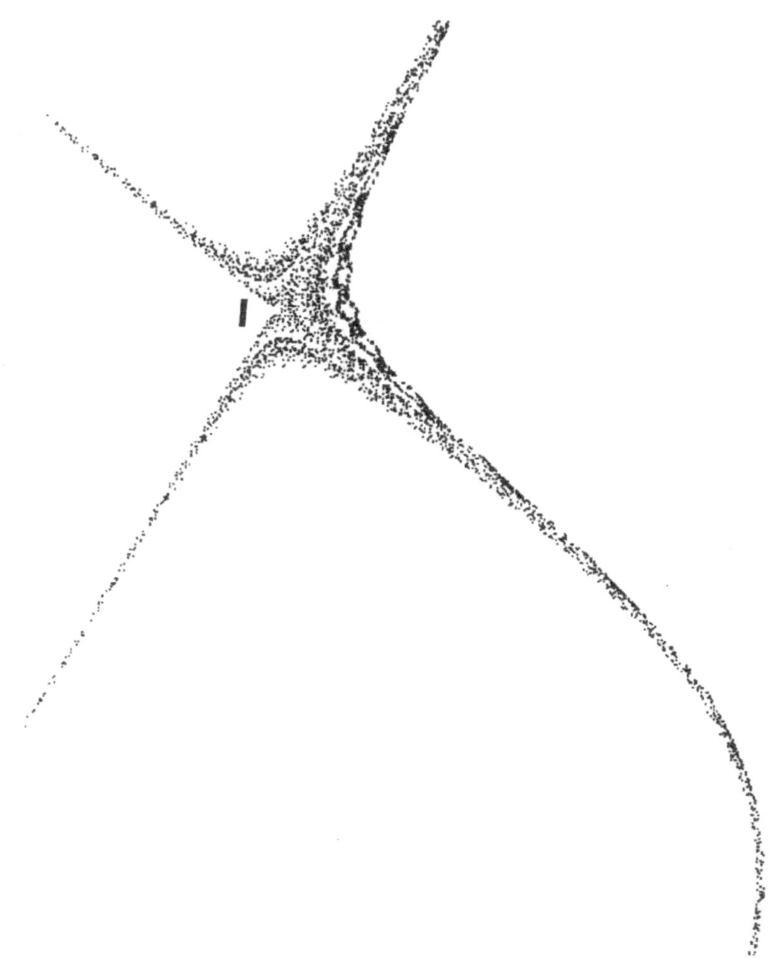

Fig. 5 – Agrandissement de la figure 3 autour de l'un des points instables I mettant en évidence un nuage de points correspondant à un régime chaotique.

conditions initiales qui détermineront si un mouvement est périodique ou quasipériodique ou encore chaotique.

La propriété sans doute la plus étonnante qui a été mise en évidence pour la première fois dans ce travail est donc qu'un même système – astronomique dans ce cas – peut avoir un comportement soit chaotique, soit régulier à deux périodes (ou fréquences). Cette existence d'au moins deux types de comportements est encore l'objet de recherches actives et on ne peut pas dire qu'il soit parfaitement compris. De plus, quand le rapport des deux périodes est un rationnel simple, il y a un phénomène de résonance. Cela permet d'expliquer – au moins en partie – l'étonnante distribution de matière dans les ceintures d'astéroïdes [8].

Retour sur Terre

Au-delà des dynamiques périodiques des corps célestes, d'autres phénomènes naturels périodiques existent mais ils sont suffisamment rares pour être souvent considérés comme des curiosités spectaculaires. Par exemple, la périodicité des épanchements de la fontaine de Vaucluse semble avoir impressionné les hommes depuis fort longtemps. On sait aujourd'hui que cette périodicité s'explique par le principe du vase de Tantale : un grand récipient souterrain se remplit à un rythme constant, il déborde ensuite et se vide rapidement par un système de siphon, qui ne se réamorcera que quand le réservoir se sera de nouveau rempli, d'où la périodicité. Ce type d'oscillation s'appelle en physique « oscillation de relaxation », relaxation faisant référence à l'existence d'une période courte de « vidage », le remplissage étant beaucoup plus long [9]. On pourrait citer encore d'autres exemples, tels les geysers périodiques, comme le « vieux fidèle » du parc de Yellowstone dans le Wyoming aux États-Unis, appelé ainsi sans doute en raison de la régularité avec laquelle il émet son panache de vapeur (toute les soixante-quinze minutes), régularité qu'il semble d'ailleurs avoir un peu oubliée depuis quelques années.

Évoquons enfin un phénomène périodique naturel très répandu qui est lié à une instabilité de l'écoulement d'un fluide derrière un obstacle. Peu après que Poincaré eut développé sa théorie sur les cycles limites (liés, rappelons-le, aux oscillateurs entretenus), un de ses collègues de l'université de Paris, Henri Bénard, mettait en évidence le premier cycle limite qu'on ait jamais étudié en mécanique des fluides, l'allée de tourbillons de Bénard-von Karman (figure 6). Bénard avait en particulier montré, par des expériences très soignées, que le sillage d'un cylindre était le siège de variations périodiques de la vitesse du fluide dont l'amplitude et la fréquence ne

Fig 6. – Sillage de Bénard-von Karman derrière un obstacle cylindrique.

dépendent que du nombre de Reynolds (nombre lié à la vitesse du fluide et qui mesure en quelque sorte l'apport constant d'énergie, la dissipation se faisant par la viscosité du fluide). En lisant les travaux de Bénard, on est frappé par l'absence totale de référence à la notion de cycle limite. Cette situation a perduré longtemps en mécanique des fluides, où même des ouvrages récents [10] omettent de mentionner que les oscillations de Bénard sont celles d'un cycle limite au sens de Poincaré. Ce n'est que tout récemment que des chercheurs de l'université de Marseille ont montré expérimentalement que la transition d'un sillage stationnaire à un sillage oscillant suivait bien les lois générales que l'on attend dans le cas d'une telle bifurcation pour un cycle limite. Il est assez piquant de remarquer aussi que la littérature sur le sujet continue, par contre, d'exposer en grands détails la théorie des vortex que von Karman avait conçue pour ce problème, alors que cette théorie néglige la dissipation et ne peut donc certainement pas expliquer l'existence d'un cycle limite. Encore une fois, on mesure avec quelle lenteur les idées « nouvelles » pénètrent [11]. Si nous parlons du sillage de Bénard-von Karman dans un chapitre consacré aux phénomènes périodiques naturels, c'est que de nombreux sillages de ce type prennent naissance spontanément dans la nature, par exemple dans l'atmosphère au-dessus de l'île de Madère dans certaines conditions de vent, sur la planète Jupiter près de la tache rouge ou, plus simplement, derrière les piles d'un pont quand les conditions de débit de la rivière sont favorables. Une autre manifestation familière de ce sillage est le sifflement très caractéristique que produit le vent soufflant sur des fils électriques aériens : les tourbillons se décrochant successivement du fil entraînent une vibration audible de ce dernier (appelée « bruit éolien »).

Dissipatif contre conservatif

Cet aperçu concernant les comportements périodiques ne serait toutefois pas complet si nous ne mentionnions une différence fondamentale, et pas toujours clairement perçue, entre les comportements périodiques des systèmes non dissipatifs, comme le mouvement d'une planète (isolée) sur son orbite képlérienne autour du Soleil (ou comme un pendule simple idéalisé qui serait sans friction) et les oscillations de systèmes dissipatifs qui ne perdurent que parce qu'ils reçoivent leur énergie d'une source extérieure (constante, non périodique). Dans le premier cas (oscillations des systèmes non dissipatifs), la périodicité s'explique parce que le système est suffisamment simple pour que ses équations du mouvement soient intégrables (aient des solutions). Au contraire, pour les oscillations de systèmes dissipatifs, les équations du mouvement ne sont ni simples ni même connues dans certains cas. L'explication du comportement périodique est alors à trouver dans un ensemble de résultats dus à Poincaré et à ses successeurs et qui aboutissent à la preuve de l'existence de ce que l'on nomme un « cycle limite stable ». Dans un tel cycle limite, l'amortissement et les phénomènes non linéaires dans les amplitudes s'équilibrent de façon unique, c'est-à-dire que, pour des paramètres extérieurs donnés, comme l'apport de puissance et les caractéristiques du dispositif oscillant, l'amplitude des oscillations ainsi que leur fréquence sont complètement déterminées. On aura deviné que c'est toujours dans un tel régime de cycle limite que fonctionnent les oscillateurs artificiels que sont, par exemple, les horloges, les oscillateurs électroniques, etc. Ce régime de cycle limite a effectivement l'avantage de déterminer les caractéristiques de l'oscillation de façon unique. Si l'on représente la dynamique correspondante de façon géométrique, comme cela a déjà été fait pour le pendule, à chaque tour l'état du système suivra une courbe fermée qui se répétera à chaque oscillation, avec exactement la même vitesse. Écartant un peu le point représentatif de ce cycle limite, il y reviendra rapidement, si le cycle est stable. Cela s'oppose aux systèmes conservatifs (sans dissipation) tels ceux décrits par les équations de Newton pour le mouvement des astres : là, les amplitudes, les périodes, si période il y a, sont étroitement dépendantes des conditions initiales (ce qui serait particulièrement malcommode pour une horloge, il faut bien le reconnaître !). Cette différence est très profonde quand on cherche à l'analyser en détail, et il apparaît que le cas non dissipatif (celui des astres) devient particulièrement riche dans le cas général, c'est-à-dire quand on tient compte de l'interaction entre astres (cas où le système d'équations n'est plus intégrable). La propriété essentielle de stabilité du cycle limite présente dans le cas dissipatif n'existe que sous une forme très atténuée dans le cas conservatif, et on ne peut en tirer de conclusions pour la dynamique à très long terme qu'à l'aide de théories très avancées comme la théorie de KAM à laquelle il a été fait allusion plus haut.

CHAPITRE 9

Météorologie

« Tout nuage n'enfante pas une tempête. »
William SHAKESPEARE

Quel temps fera-t-il ?

Si les hommes se préoccupent depuis toujours du temps à venir, les origines de la météorologie scientifique remontent au XVIIe siècle avec la mesure de la pression atmosphérique par Torricelli et les expériences de Pascal. Le XVIIIe siècle a vu la création de plusieurs stations d'observation météorologique dont l'organisation en réseau a permis l'obtention des premières cartes météorologiques. Mais il faut probablement faire remonter la paternité d'une météorologie prédictive au célèbre astronome Le Verrier[1]. Comme souvent, ce n'est pas au départ dans un but désintéressé ou d'amélioration de la qualité de la vie que les initiatives de Le Verrier ont vu le jour. C'est pour une cause de stratégie militaire : en effet, lors de la guerre de Crimée (1854), une tempête aussi soudaine qu'imprévue détruisit la flotte française en mer Noire, et on demanda au célèbre astronome si on aurait pu prévoir cette tempête et les moyens d'éviter que ne se reproduise semblable catastrophe. Le Verrier exposa en 1855 à Napoléon III son projet de réseau d'observation météorologique et, mettant à profit l'invention du télégraphe électrique, il créa un véritable service d'avertissement de tempêtes. Ce sont encore des raisons militaires qui, après une longue période de stagnation, entraînèrent un renouveau de la météorologie lors de la guerre de 1914, époque où la radio s'est substituée au télégraphe. Depuis, les possibilités de prévision météorologique ont constamment progressé et ce sont d'elles que nous parlerons dans ce chapitre.

Pour discuter de ces prévisions, il convient de bien préciser à la fois leur échelle spatiale et leur échéance : ainsi, il est presque impossible de prévoir des phénomènes très localisés dès que l'échéance de la prévision augmente. De même, prévoir le temps du lendemain ou celui de la semaine suivante ne présente pas les mêmes difficultés et ne s'opère pas avec les mêmes méthodes.

On peut classer les prédictions en trois catégories. Les prévisions à très court terme – de quelques heures à un jour – sont utiles lors de manifestations sportives, pour la navigation aérienne ou pour indiquer les conditions routières par exemple. Les prévisions à court terme sont celles dont l'échéance est comprise entre un et quatre jours. Leur intérêt pour un grand nombre de personnes et d'activités n'est pas à souligner (travaux agricoles, chantiers de travaux publics, pêche côtière et navigation, activités touristiques, etc.). On trouve enfin les prévisions à moyen terme (quatre jours à deux semaines) dont l'importance – en particulier économique – est énorme (arrosage des cultures, gestion de stocks de fioul, etc.) mais dont la fiabilité est – il faut bien reconnaître – encore médiocre.

Chacun peut se rendre compte du niveau différent de difficulté entre la prévision à très court terme et à court terme, par l'observation comparée de cartes publiées quotidiennement dans la presse et qui schématisent la couverture nuageuse et la direction des vents. À l'échelle de la France, des pays limitrophes et du proche Atlantique, on reconnaît le lendemain les structures de la veille, mais déplacées et un peu déformées. Au contraire, au bout de quatre ou cinq jours, on a beaucoup de mal à reconnaître – ne serait-ce qu'approximativement – l'image initiale, tant de nouvelles structures se sont créées alors que d'autres existant auparavant ont disparu. Dans la première situation, on pouvait raisonnablement prévoir le temps par une simple extrapolation, alors qu'aucune intuition ne pourra aider dans la seconde pour laquelle des calculs complexes sont nécessaires.

Le temps qu'il fait

Prévoir le temps, c'est prévoir les mouvements de l'atmosphère et plus particulièrement le déplacement de dépressions et des nuages associés, ainsi que les mouvements des masses d'air chaud et d'air froid qui se rencontrent et interagissent. Le soleil chauffe énergiquement l'atmosphère située dans les régions équatoriales (et tropicales) alors que les régions polaires sont très froides. Si la Terre ne tournait pas, le mouvement atmosphérique serait très simple. La convection thermique ferait monter l'air chaud au-dessus de l'équateur, cet air chaud se dirigerait alors par la haute atmosphère vers les pôles où il descendrait pour revenir vers les régions équatoriales par la basse atmosphère. Ce mouvement convectif à l'échelle de la planète ne dépendrait nullement de la longitude. Hors, la Terre tourne ! Cette rotation entraîne l'existence d'une force appelée force de Coriolis [2]. Cette force tend à courber les trajectoires de mobiles se déplaçant sur la surface de tout objet en rotation. À la surface de la Terre, cette force dépend de la composante de la rotation terrestre sur la verticale du lieu considéré. Maximale aux pôles (où l'axe de rotation coïncide avec la verticale), elle tend vers zéro dans les régions voisines de l'équateur (la verticale y est perpendiculaire à l'axe de rotation de la Terre). La force de Coriolis est donc importante à nos latitudes et, dans l'hémisphère Nord, elle tend à courber vers l'est les trajectoires de mobiles se déplaçant vers le nord. Cet effet est de sens opposé dans l'hémisphère Sud. La force de Coriolis courbe donc toutes les trajectoires atmosphériques et crée les gigantesques mouvements de rotation que constituent les dépressions (tournant dans le sens inverse des aiguilles d'une montre dans notre hémisphère) et les anticyclones (tournant dans le sens des aiguilles d'une montre). Cette force de Coriolis a pour conséquence que les vents ne se dirigent pas des zones de hautes pressions vers celles de basses pressions comme notre intuition nous pousserait à le croire (et comme ce serait le cas en absence de rotation terrestre). En réalité, les vents sont perpendiculaires à cette direction intuitive (donc sensiblement parallèles aux lignes d'égales pressions ou isobares) et tournent dans des sens différents suivant que ce sont des zones de haute pression (anticyclones) ou de basse pression (dépressions). Finalement, ce sont ces instabilités hydrodynamiques aux positions et intensités tout à fait variables qui compliquent beaucoup les prédictions météorologiques.

Les prédictions météorologiques, quelle que soit l'échéance concernée, reposent sur une base commune essentielle : la connaissance permanente des observations concernant l'état de l'atmosphère. Ces données, éventuellement corrigées ou interpolées, sont introduites comme conditions initiales dans un modèle de prévision numérique de l'évolution ; il s'agit essentiellement des pression, température, vitesse et direction du vent et humidité. Elles sont relevées et transmises par des stations au sol et en mer. Au nombre de quatorze mille environ, ces stations sont réparties sur toute la surface du globe (océans compris) mais très inégalement (les régions peu ou pas peuplées constituent de véritables « déserts météorologiques ») ; ce sont des navires de commerce (bénévoles, au nombre de quatre mille environ) qui permettent d'avoir des relevés à la surface des océans. Plusieurs fois par jour et aux mêmes heures pour toutes, ces stations relèvent et transmettent leurs observations effectuées selon un même protocole.

En plus des mesures au sol, les « radiosondages » sont indispensables pour obtenir une mesure des variables sur toute l'épaisseur de l'atmosphère. À cette fin, depuis mille cinq cents stations environ, distribuées dans le monde entier, des instruments de mesure sont embarqués sur des ballons gonflables qui transmettent leurs informations – recueillies à différentes altitudes – par radio. Par ailleurs, les satellites artificiels permettent de compléter ces données, en particulier pour ceux, « géostationnaires », qui renseignent en permanence sur la couverture nuageuse et permettent de déduire, de son déplacement, la vitesse des vents en altitude.

Enfin, des radars météorologiques permettent de détecter les chutes de pluie, de grêle ou de neige. Regroupés, eux aussi, en réseau, ils permettent de visualiser globalement les zones de précipitations.

L'acte de prévision

Pendant des siècles, les prévisions s'appuyaient sur des données empiriques qui s'exprimaient essentiellement sous forme de dictons donnant – selon la date – des indications sur le temps à venir d'après le temps présent ou d'autres phénomènes naturels. Ces dictons très nombreux, malheureusement quelquefois contradictoires ou d'interprétation floue, constituaient de véritables guides pour les travailleurs des champs et les populations rurales, et ils sont encore d'actualité dans nos campagnes :

> « Noël au balcon, Pâques aux tisons.
> À la Chandeleur, l'hiver cesse ou prend rigueur.
> S'il pleut le jour de la Saint-Médard, il pleut quarante jours plus tard.
> À la Saint-Hippolyte, bien souvent l'hiver nous quitte. »

Les trois premiers sont parmi les plus connus [3]. Des centaines d'autres dictons se rapportant plus ou moins directement à la météorologie existent, presque pour chaque jour de l'année ! Il est cependant intéressant de noter que certains jours (et le saint patron qui leur correspond), probablement considérés comme particulièrement cruciaux du point de vue météorologique, sont cités préférentiellement dans un très grand nombre de dictons (22 janvier : St Vincent ; 2 février : Chandeleur ; 1er mars : St Aubin ; 23 avril : St Georges ; 25 avril : St Marc ; 3 mai : St Philippe et St Jacques ; 8 juin : St Médard ; 24 juin : St Jean-Baptiste ; 22 juillet : Ste Madeleine ; 10 août : St Laurent ; 15 août : Assomption ; 29 septembre : St Michel ; 9 octobre : St Denis ; 28 octobre : St Simon et St Jude ; 11 novembre : St Martin ; 25 novembre : Ste Catherine ; 30 novembre : St André, dimanche de l'Avent ; 21 décembre : St Thomas ; 25 décembre : Noël).

Aujourd'hui, les météorologistes sont en possession d'une grande quantité de données concernant l'état « instantané » de l'atmosphère du globe tout entier ; comment les traitent-ils pour en déduire le temps à venir ? L'essentiel de leur travail a longtemps consisté à repérer, à partir d'une carte sur laquelle étaient reportées les observations au sol, les perturbations à l'échelle du millier de kilomètres environ et les fronts [4] (régions séparant, par exemple, deux zones de haute et de basse température). Puis, à partir du sens de la circulation atmosphérique moyenne, ils extrapolaient le déplacement de ces perturbations. Cette méthode, essentiellement efficace à très court terme, supposait qu'au moins pendant plusieurs heures cette circulation garderait la même vitesse et la même orientation. La principale source d'erreurs résidait dans l'impossibilité – faute d'avoir fait les calculs appropriés – d'évaluer le changement d'amplitude des perturbations comme le comblement ou le creusement d'une dépression.

Cette situation a radicalement changé du fait de la multiplication des moyens d'observations et de mesures, de leur mise en réseau de télécommunication et du développement de méthodes de calcul numérique. Ces dernières n'ont pu être mises en pratique que grâce à l'arrivée de moyens de calcul très puissants (gros ordinateurs). N'oublions pas non plus le rôle des recherches incessantes qui, aboutissant à la compréhension de phénomènes nouveaux, ont eu pour conséquence l'amélioration constante des modèles mathématiques. En quoi consistent-ils ?

Le principe de base est que, l'atmosphère étant un fluide, il est possible de lui appliquer les lois de la mécanique des fluides et de la thermodynamique.

Les équations fondamentales de la mécanique des fluides sont celles de Navier-Stokes ; elles consistent en l'application du principe d'inertie (force = masse x accélération) à tout élément du fluide et permettent, par exemple, de relier vitesse et direction du vent au champ des pressions atmosphériques. Le premier principe de la thermodynamique (équivalence entre chaleur et énergie mécanique) permet, quant à lui, de relier les mouvements atmosphériques au champ des températures. Bien entendu, il faut ajouter à cela les principes de conservation et de continuité ainsi que certaines lois physiques (évaporation, rayonnement, etc.) et on conçoit bien que toutes ces équations permettant de décrire la circulation atmosphérique sont couplées entre elles. Le système d'équations à résoudre est compliqué et – tout comme d'autres rencontrées précédemment – n'a pas de solution analytique. Il est donc nécessaire de faire appel, pour le résoudre, à des approximations numériques que peuvent mettre en œuvre les ordinateurs. Pour bien faire, ces équations seraient à écrire avec une variable d'espace continue pour avoir les valeurs des différentes variables météorologiques en tout point de l'atmosphère terrestre (le système d'équations décrirait alors toutes les échelles des perturbations atmosphériques depuis les plus petites – en toute rigueur métriques – jusqu'à celles ayant une extension planétaire). Par ailleurs, le modèle doit traiter l'ensemble du globe et non seulement le pays pour lequel on veut obtenir une prévision : la situation à plus de dix mille kilomètres n'affectera probablement pas celle, locale, du lendemain, mais son influence deviendra croissante quand l'échéance de la prévision augmentera [5]. Mais il est impossible de traiter toutes les échelles et, en pratique, on est amené à négliger les plus petites en divisant l'atmosphère en un nombre fini de « boîtes » dont l'extension horizontale est de l'ordre de la centaine de kilomètres et, celle verticale, de l'ordre du kilomètre [6]. Ces boîtes sont régulièrement réparties à la surface de la Terre aux nœuds d'un réseau à trois dimensions. Plus grand est le nombre de boîtes (donc leur dimension plus petite), meilleur sera le résultat du calcul mais il sera aussi beaucoup plus long à effectuer (diviser par deux la dimension des boîtes élémentaires revient de fait à multiplier par 16 le temps de calcul). Le plus souvent, une prévision météorologique est une véritable course contre la montre et, bien sûr, rien ne sert de calculer avec grande précision le temps qu'il fera le lendemain si ce calcul demande plus de 24 heures ! Il y aura donc toujours lieu de faire un compromis entre la précision du calcul et sa durée.

Les météorologistes sont donc en présence de très nombreuses données sur l'atmosphère présente et des équations du modèle à résoudre à chaque nœud du réseau de boîtes. Bien évidemment, il faut introduire dans le modèle l'état initial de l'atmosphère ; mais on a vu que les mesures sont effectuées en des stations disposées de manière très irrégulière sur le globe terrestre. De plus, elles peuvent être entachées d'erreurs humaines ou instrumentales. Il convient donc de créer un ensemble de nouvelles conditions (initiales) extrapolées pour chacune des positions correspondant aux nœuds du réseau des boîtes du calcul et corriger éventuellement les informations (supposées) erronées. Cette opération est appelée « analyse ». À partir de ces données adaptées aux nœuds du réseau à un instant to, on lance le calcul pour faire une prévision à to + Δt (Δt peut être de l'ordre d'une fraction d'heure). En tous les points du réseau le modèle prévoit des valeurs de pression, de vent, de température, d'humidité... à l'instant to + Δt. Ces résultats servent de données initiales pour une nouvelle prévision à to + 2 Δt et ainsi de suite. Ainsi, par un processus récurrent, de Δt en Δt, on atteint l'échéance recherchée pour la prévision. Cette dernière se traduit sous forme de cartes représentant les courbes d'égales pressions, le champ des vitesses, des températures, etc. Passer de ces résultats techniques au temps qu'il va faire en pratique et tel qu'il est concrètement observé par le public requiert toute la science et l'expérience de météorologistes hautement qualifiés que l'on nomme « prévisionnistes ». Leur travail est particulièrement important pour les prévisions à un ou deux jours. Les résultats des calculs sont en effet interprétés de façon critique et éventuellement corrigés par les prévisionnistes qui s'appuient sur des données statistiques et sur leur grande expérience. C'est là que l'on se rend compte que les machines ne sont pas omnipotentes et, malgré l'inévitable subjectivité de l'interprétation humaine, c'est souvent elle qui donne les meilleurs résultats pour les prévisions à très court terme.

Critique de la méthode ou la SCI revisitée

Dès qu'il ne s'agit plus de prédictions à très court terme, il est indispensable de recourir aux calculs numériques. Mais suffit-il de posséder des ordinateurs suffisamment rapides pour pouvoir prédire le temps à des échéances lointaines ? Seul un test permet de le savoir. Le principe du test de la méthode numérique de prévision du temps est le suivant : on réalise deux (ou plusieurs) prévisions avec le modèle numérique à tester à partir de deux (ou plusieurs) états initiaux très voisins et dont les différences sont de l'ordre des incertitudes inévitables compte tenu des imperfections du réseau d'observation. Les prévisions effectuées à partir de ces différentes situations et pour des échéances croissantes sont comparées. On peut ainsi estimer le temps que mettra la toute petite différence initiale pour avoir des conséquences inacceptables sur la prévision. On connaît alors l'échéance maximale autorisant une prévision fiable. Faisant cela, on se rend compte que les équations des modèles météorologiques sont douées d'une sensibilité aux conditions initiales de même nature que celle rencontrée dans les équations du chaos : une erreur initiale imperceptible se révèle souvent prendre une ampleur considérable au bout d'une semaine environ. On peut, en effet, voir, figure 1, la croissance d'une différence de pression atmosphérique entre deux prévisions calculées à partir de conditions initiales différant des seules inévitables (et faibles) erreurs d'observation. On a porté l'amplitude maximale de la différence négative de pression, sorte de dépression qui se déplace d'ailleurs en se creusant. On constate qu'au bout du sixième jour cette différence négative de pression entre deux prévisions également probables est de l'ordre de l'amplitude d'une forte dépression, ce qui change évidemment très sérieusement le temps que l'on peut déduire dans l'un ou dans l'autre cas. Cela revient à dire que des conditions initiales pratiquement identiques (aux erreurs inévitables près) aboutissent à des prévisions à moyen terme – également probables – mais très différentes, comme on le voit figure 2. On y trouve quatre prévisions à une semaine, extraites de calculs numériques réalisées – comme pour la figure 1 – par le Centre européen de prévisions météorologiques à moyen terme. Ces prévisions sont faites à partir de conditions initiales tellement semblables qu'il est pratiquement impossible de les discerner à l'œil sur la carte météorologique représentant les isobares ; soulignons que ces erreurs ne sont pas introduites « pour voir » mais correspondent aux incertitudes réelles liées aux imperfections du réseau d'observation. En somme, les différentes conditions initiales essayées sont aussi probables l'une que l'autre... et, donc, les quatre prévisions présentées sont, elles aussi, également probables. On s'est contenté de représenter sur les cartes du temps prévu à une semaine, des flèches indiquant la direction moyenne du vent dominant en cinq points de l'Europe ainsi que la position de l'anticyclone (A) et de la

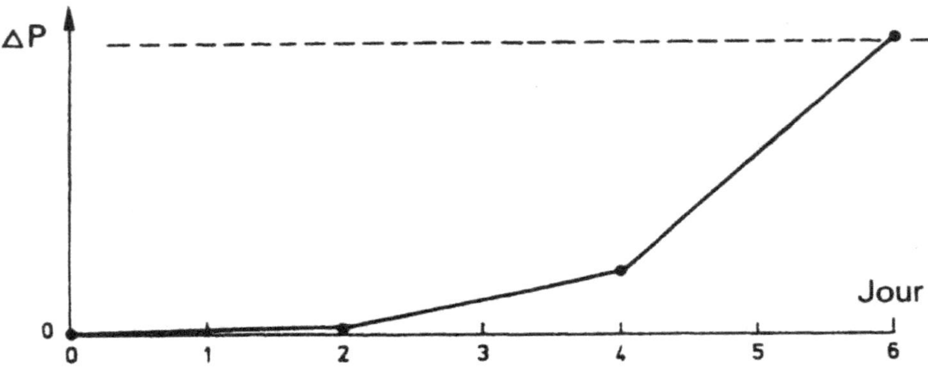

Fig. 1 – Croissance d'une différence de pression atmosphérique (pondérée par son extension spatiale) entre deux prévisions partant de conditions initiales ne différant, au jour 0, que de 1 millibar sur une étendue de 1 000 kilomètres de diamètre. Le trait pointillé matérialise une erreur dont l'amplitude correspondrait à une dépression de 990 millibars en son endroit le plus « creux » et s'étendant, en tout, sur 5 000 kilomètres. On note qu'une telle forte erreur d'estimation est atteinte au bout d'une semaine environ.

dépression (D). On peut remarquer qu'au bout d'une semaine les imperceptibles erreurs initiales se sont amplifiées au point que les directions moyennes des vents sont franchement différentes (ainsi que les positions de la dépression D ; seul l'anticyclone A reste imperturbablement au large de l'Espagne). En particulier, sur la Finlande, la direction du flux dominant passe de nord/nord-ouest à sud/sud-ouest selon les prévisions. D'où une illustration frappante de l'effet de la sensibilité aux conditions initiales sur la prédictibilité atmosphérique. Il s'agit là d'un phénomène fondamental lié à la nature même des équations de la mécanique des fluides et qui limitera irrémédiablement la fiabilité des prévisions à long terme quels que soient les progrès faits en matière de calculs ou d'observations. La présence de cette sensibilité aux conditions initiales ne doit néanmoins pas faire assimiler le comportement d'un modèle météorologique à celui du chaos à petit nombre de variables tel que nous l'avons défini auparavant. Il existe en effet une double différence : d'une part il s'agit ici d'une dynamique spatio-temporelle alors que dans les modèles de chaos à proprement parler il s'agit d'évolutions purement temporelles dans lesquelles la structuration spatiale, si elle existe, est maintenue au cours du temps ; par ail-

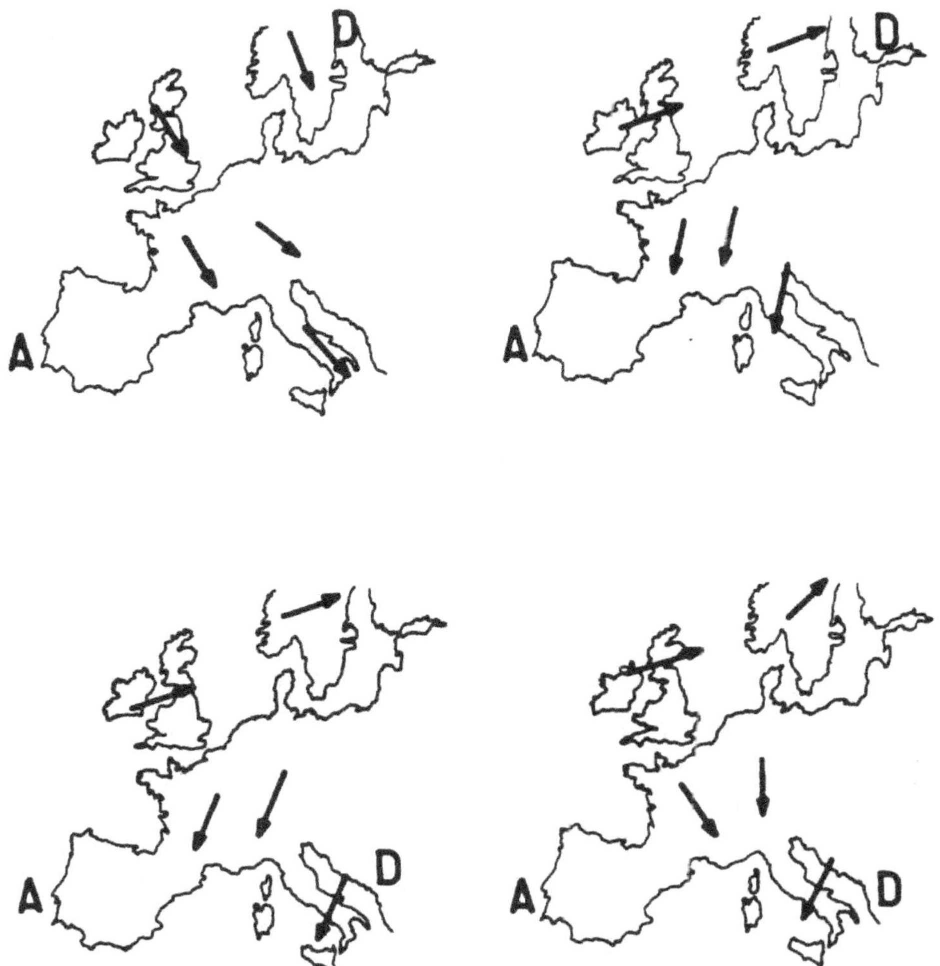

Fig 2. – Quatre cartes de prévisions météorologiques à une semaine calculées à partir de conditions initiales identiques à la marge d'erreur des
observations près. Les flèches indiquent la direction des vents dominants
et les lettres A et D, la position respective de l'anticyclone et de la dépression. Bien qu'également probables, on note d'importantes différences d'une
prévision à l'autre.

leurs, le nombre de variables d'un modèle météorologique est considérable, au moins d'un million (à comparer à trois ou quatre dans
les modèles classiques de chaos). Nous allons voir, néanmoins, que
c'est la météorologie qui a inspiré l'un des plus célèbres modèles
de chaos : le modèle de Lorenz.

Du battement des ailes d'un papillon aux cyclones

L'histoire du modèle de Lorenz remonte au début des années 1960. Cette précision est importante car, à cette époque, les ordinateurs étaient peu puissants et lents. Il était donc hors de question de résoudre numériquement (et rapidement) un modèle météorologique sophistiqué tel que ceux cités ci-dessus. Une question intriguait légitimement E. Lorenz, professeur en sciences de l'atmosphère au Massachusetts Institute of Technology. Comment se pouvait-il que, connaissant les équations de la circulation atmosphérique ainsi que les conditions de départ, on ne parvenait pas à prévoir avec un degré de fiabilité raisonnable le temps qu'il ferait quelques jours plus tard ? Pour tout dire, il exprimait le paradoxe du caractère hasardeux de résultats pourtant obtenus à partir d'un système déterministe. Pour tenter de jeter un peu de lumière sur ce problème, sinon totalement incompris, du moins abandonné depuis Poincaré et Hadamard, il simplifia considérablement les équations de la circulation atmosphérique pour en obtenir une solution numérique fiable et rapide avec les ordinateurs dont il disposait alors. En somme, il écrivit les équations simplifiées de la convection thermique que nous avons déjà rencontrée sous le nom de Rayleigh-Bénard : l'air chauffé par le Soleil monte, il se refroidit dans la haute atmosphère, redescend, et le cycle se répète à l'infini. Le modèle simplifié qu'en propose Lorenz fait intervenir seulement trois variables. Simplifié à ce point, on peut bien deviner qu'il ne sera guère utile pour des prévisions météorologiques réelles. Néanmoins, il possède les ingrédients nécessaires pour être représentatif de mouvements atmosphériques (dans un cas extrêmement particulier il faut bien l'avouer !) ; et il a constitué par la suite le modèle théorique de chaos déterministe le plus célèbre et le plus étudié. Les trois variables du modèle de Lorenz sont la température (de l'air), la vitesse (du vent) et une troisième caractéristique de la dynamique liée à la façon dont varie la température avec l'altitude. Le lecteur pourra trouver en note l'expression des trois équations célèbres de Lorenz ainsi que les valeurs « canoniques » des para-

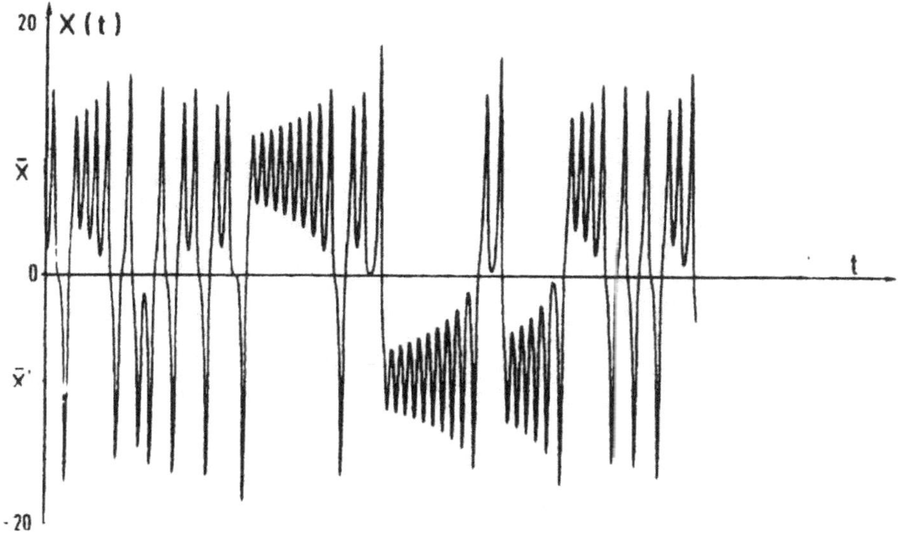

Fig. 3 – Variation temporelle de la variable X du modèle de Lorenz, calculée pour les valeurs canoniques des paramètres ; voir note 7.

mètres pour lesquelles il a obtenu les résultats que nous discutons ci-dessous [7]. De nombreuses surprises très instructives attendaient Lorenz. Tout comme les modèles météorologiques complets, ces trois équations, pourtant d'aspect fort simple, n'ont pas de solution analytique. C'est donc l'ordinateur qui est chargé de les « intégrer » pas à pas par des méthodes numériques classiques. La première surprise – souhaitée au fond – est que l'évolution de chaque variable en fonction du temps a un comportement semblant n'obéir qu'à la fantaisie du hasard (voir, par exemple, figure 3). La deuxième découverte est que, tracée dans l'espace des variables (ou espace des phases), la suite des valeurs prises par ces variables définit une trajectoire qui se bobine sur un curieux objet à deux lobes (voir figure 4). Cet objet, qui a un volume nul, n'est pourtant pas une simple surface ; une infinité de feuillets (d'ailleurs très resserrés dans ce cas particulier) structurent ce dernier dont la dimension est non entière : le premier attracteur étrange était découvert (sans être nommé comme tel). La troisième surprise a eu une consé- quence encore plus fondamentale grâce à l'interprétation par Lorenz de ce qui aurait pu paraître à beaucoup comme un ennui

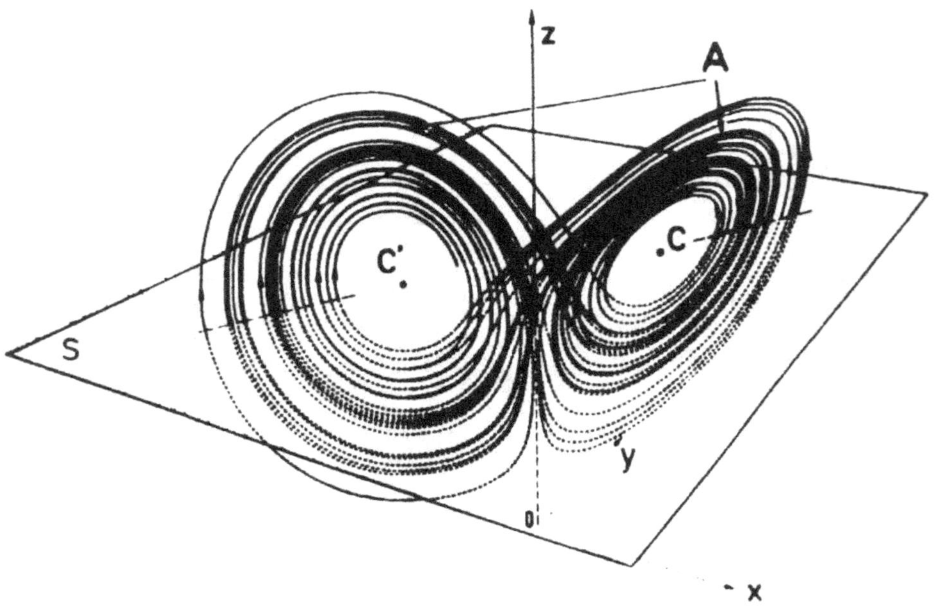

Fig. 4 – Vue en perspective de l'attracteur de Lorenz calculé dans les mêmes conditions que celles de la figure 3.

incompréhensible. Désireux de recommencer avec plus de détails un calcul particulièrement long, Lorenz le relance mais, pour gagner du temps, ne le reprend pas au début. Il introduit dans la machine les valeurs des variables qu'il avait obtenues précédemment (il n'avait pas de difficulté à faire cela puisque les valeurs étaient imprimées au fur et à mesure de leur obtention). C'est là qu'intervient la déroutante surprise : au bout de peu de temps, les valeurs trouvées n'avaient plus aucun rapport avec celles obtenues lors du calcul précédent. Et pourtant, la machine calculait correctement et Lorenz ne s'était pas trompé en introduisant les valeurs indiquées sur l'imprimante... En essayant de comprendre cet incompréhensible résultat, il s'aperçut que, si l'imprimante marquait les trois premiers chiffres des résultats, la machine, elle, travaillait avec six chiffres significatifs. Lorenz comprit alors qu'il avait involontairement introduit – du fait de l'erreur d'arrondi – une toute petite erreur initiale en refaisant son calcul et il comprit surtout que cette erreur croissait exponentiellement au fur et à mesure du calcul jusqu'à un niveau changeant radicalement les résultats obtenus. Lorenz venait de mettre en évidence l'effet considérable de la sensibilité aux conditions initiales ou SCI (en voir une illustration figure 5). Il avait, de fait, gagné son pari de comprendre l'imprédictibilité atmosphérique : les véritables équations de la circulation atmosphérique ne pouvaient manquer de présenter la même sensibilité aux conditions initiales, ce qui devait rendre toute prédiction à long terme impossible. La moindre erreur d'observation, et le temps prévu une semaine plus tard serait complètement changé. Lorenz donna de cet effet une image très frappante qu'il baptisa « effet papillon ». Une petite perturbation aussi faible que le battement des ailes d'un papillon, peut, un mois après, avoir un effet considérable comme le déclenchement d'un cyclone (ou, au contraire, l'arrêt d'une tempête) du fait de son amplification exponentielle qui agit sans cesse quand le temps passe. Ce que nous apprend, une fois encore, le modèle de Lorenz, c'est qu'aucune perturbation initiale, aussi infime puisse-t-elle paraître, ne doit être négligée dans un système doté de SCI vu ses conséquences à long terme. Cela revient aussi à dire que la prédiction à long terme n'a pas de sens étant donné le très grand nombre de perturbations, minimes mais incontrôlées, présentes en météorologie, comme dans bien d'autres systèmes.

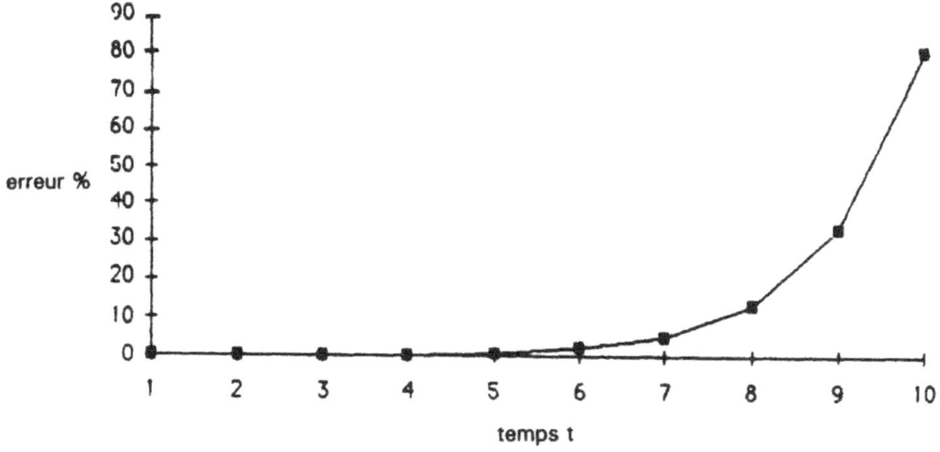

Fig. 5 – Croissance moyenne d'une erreur (0,01 %) introduite dans les valeurs initiales des variables du modèle de Lorenz. Cette croissance rapide illustre bien l'effet de la sensibilité aux conditions initiales (SCI).

CHAPITRE 10

Rythmes du monde vivant

> « Le temps est au début et à la fin de chaque
> vie humaine et chaque homme a son temps, son
> temps différent. »
>
> Tom WOLFE

Le temps est-il notre maître ?

La dynamique du monde vivant repose-t-elle sur des « horloges »,
c'est-à-dire sur un ensemble de comportements périodiques ? La
question pourrait paraître naïve à première vue, tant une réponse
positive est évidente, certaines périodicités s'imposant d'emblée à
l'observation, tels les rythmes journaliers (ou circadiens), ou les
rythmes respiratoire et cardiaque. Une étude, même non exhaus-
tive, révèle très rapidement que les êtres vivants sont soumis à une
multitude de rythmes, internes (on dit aussi endogènes), et
externes, c'est-à-dire liés à leur environnement. La vie prend donc
place dans un ensemble dynamique très complexe, soumis par ailleurs à de nombreuses sollicitations venant du monde extérieur à
l'être vivant. Aussi la réponse à la question posée est beaucoup
moins claire qu'il n'y paraît, étant donné les interactions possibles
des rythmes entre eux, mais aussi avec des perturbations qui ont
d'importantes composantes aléatoires. C'est ainsi que se pose globalement le problème de la stabilité des rythmes du monde vivant,

auquel se rattache celui de l'influence que l'activité du sujet peut avoir sur eux. Ce vaste sujet a donné naissance récemment à une science des rythmes biologiques ou chronobiologie. De tout temps, les hommes ont été conscients de l'importance des rythmes biologiques qui sont une des manifestations fondamentales de la vie. Leur étude est donc importante, non seulement pour comprendre, mais aussi pour agir et intervenir au mieux quand ces rythmes se dérèglent, que ce soit par la maladie ou par réaction à des événements extérieurs. Cette nouvelle science qui a débuté vers les années soixante bénéficie largement des progrès réalisés dans les techniques de mesure et aussi des concepts développés ces dernières années sur les systèmes dynamiques.

Une multitude d'horloges pour la dynamique de la vie

Les activités biologiques des organismes vivants sont soumises à une multitude de rythmes différents. Leur période, ou temps caractéristique, s'étage sur des ordres de grandeur très variables. Elles peuvent être rattachées à trois grandes catégories de rythmes : les rythmes ultradiens qui peuvent varier de la fraction de seconde à quelques heures (rythmes dits de haute fréquence) ; les rythmes circadiens (voisins de 24 heures) ou de moyenne fréquence ; les rythmes infradiens ou de basse fréquence. Ils englobent les périodicités de quelques jours, de l'ordre du mois (rythme circamensuel), de l'année (rythme circa-annuel).

Le graphique de la figure 1 donne un certain nombre d'exemples pour l'homme. Ce sont les activités neuronales qui présentent les temps caractéristiques les plus courts des « horloges » internes ; en effet, des impulsions dont la période est de l'ordre de la milliseconde (ou millième de seconde) régissent le transport de certains ions responsables de la transmission de l'influx nerveux. Si la dynamique du cerveau n'a rien de périodique, sauf dans des cas de maladies très rares, son activité met en jeu des temps caractéristiques de l'ordre du dixième de seconde ; ainsi les ondes alpha, présentes lors de l'état de veille, se manifestent par des fréquences voisines de 12 hertz (soit des périodes autour de 1/12 ou 0,08 s). Le thala-

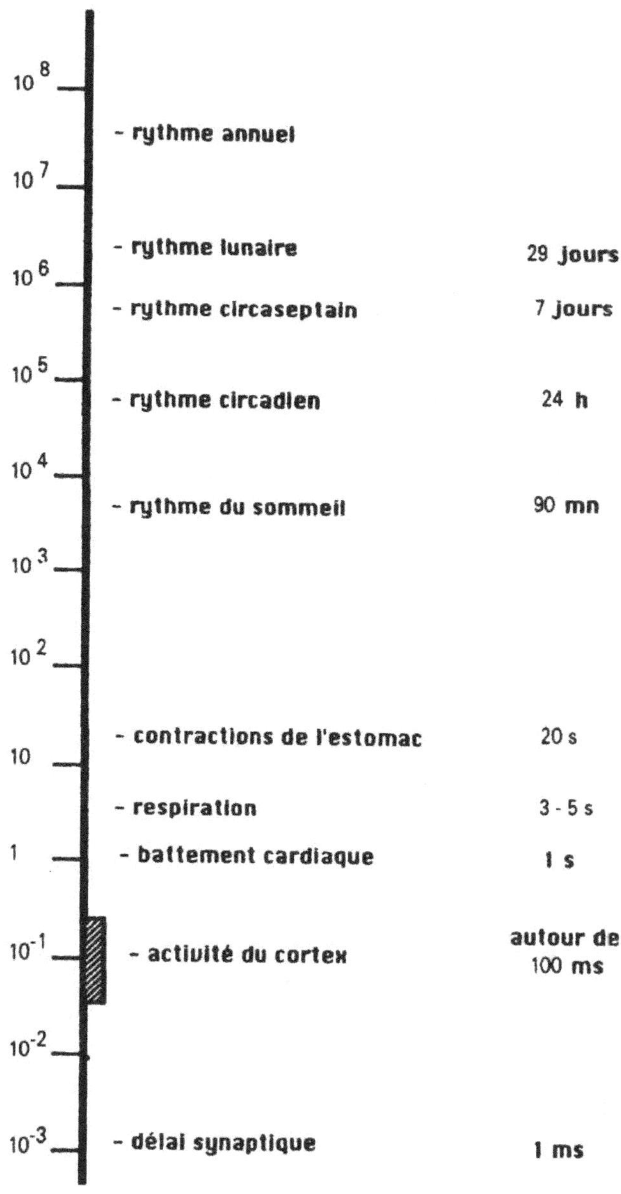

Fig. 1 – Échelle logarithmique graduée en secondes de différents rythmes auxquels est soumis le corps humain, qu'ils soient endogènes ou synchronisés par des horloges externes.

mus, lui, peut envoyer des impulsions très régulières au cortex, et ceci avec des périodes qui sont, elles aussi, de l'ordre de 0,1 s (voir versets chaotiques). De façon générale, les périodes mises en jeu croissent au fur et à mesure qu'augmente la taille ou le nombre d'organes intervenant dans la dynamique. Par exemple, le rythme du sommeil fait intervenir des périodes de 1 h 30 à 2 heures.

La plupart de ces périodes internes sont nettement plus courtes que celles qui sont synchronisées par les rythmes externes et imposées par l'environnement, dont le plus important est le rythme circadien (alternance jour/nuit). Les rythmes à temps plus long ne sont cependant pas à négliger, tels les rythmes lunaire et annuel. Si on inclut ce dernier dans l'échelle des horloges biologiques, il existe un rapport de 3.10^{10} (trente milliards !) entre les temps extrêmes mis en jeu, ce qui est considérable et n'a probablement aucun équivalent dans les systèmes dynamiques purement mécaniques.

L'activité cardiaque : un oscillateur presque parfait à la géométrie complexe

L'activité rythmique de base des êtres vivants supérieurs est sans conteste celle du cœur. Elle se manifeste par les pulsations périodiques auto-entretenues du myocarde rythmant la circulation sanguine dans tout l'organisme. Leur arrêt prolongé est automatiquement lié à la notion de mort. Le cœur semble donc jouer le rôle d'une horloge fondamentale de la « machine » vivante. D'ailleurs, un cœur isolé de son organisme d'origine peut continuer à battre régulièrement pendant plusieurs heures, même des jours, à condition d'être irrigué et maintenu à une température convenable. Il peut donc être considéré comme un oscillateur quasi autonome, avec une fréquence propre bien définie. Celle-ci correspond, pour la majorité du règne animal, à une période de l'ordre de la seconde, coïncidence étonnante avec l'unité de temps [1].

Si cet état est effectivement celui d'un oscillateur, il faut se poser la question de sa stabilité. Comme l'on fait en physique, si l'on veut tester la stabilité d'un état, on le perturbe légèrement et on regarde comment le système réagit : revient-il à l'état d'équilibre, l'état est stable ; la perturbation initiale s'amplifie-t-elle, l'état de départ est instable. Pour les battements cardiaques, c'est un peu la même procédure qui a été utilisée en soumettant l'oscillateur cardiaque à des perturbations ou à des stimulations extérieures.

De telles expériences ne peuvent être conduites sur des êtres humains mais des études ont été menées, entre autres, au Canada sur des agrégats de cellules cardiaques prélevées sur des embryons de poulet [2]. Ces ensembles de cellules constituent un vrai *pace maker*, tout comme le cœur lui-même, l'expression générale de *pace maker* se rapportant à tout organe possédant intrinsèquement une activité périodique bien définie. Ce terme désigne également le petit appareil, implanté sous la peau, et destiné à envoyer des impulsions soutenant l'activité d'un cœur défaillant, mais ce n'est là qu'une application particulière du vocable générique de *pace maker* [3]. Dans le cas des agrégats mentionnés, s'ils sont maintenus dans des conditions adéquates mais néanmoins isolés du reste de l'organisme, ils peuvent continuer de battre pendant des heures. Leur période spontanée de battement s'étale de 0,5 s. à 1 s. d'un agrégat à l'autre avec une fluctuation intrinsèque de l'ordre de 2 % pour un agrégat donné. Ces ensembles de cellules ont été stimulés par des impulsions électriques, appliquées périodiquement. L'avantage d'un tel procédé est, d'une part, d'avoir un bon contrôle de la perturbation, à la fois en fréquence et en amplitude, mais aussi de connaître la réponse de la pulsation cardiaque à une stimulation de fréquence donnée. L'analogie avec certaines études de systèmes dynamiques, tel le pendule forcé, est ici évidente et peut être constructive, dans ces conditions d'observation qui restent toutefois très artificielles par rapport à celles de la vie réelle.

L'analyse des observations, en l'occurrence celle de l'intervalle entre chaque pulsation « cardiaque », rappelle tout à fait le comportement d'un oscillateur mécanique classique. Le cœur semble s'accommoder d'une stimulation à une fréquence autre que la sienne propre quand l'intensité de la stimulation électrique est faible ; soit sa pulsation est peu perturbée et reste voisine de sa valeur naturelle, soit il accroche sa pulsation sur celle de la stimulation. Dans ce cas, un nombre entier p de battements cardiaques se fait pendant un nombre entier q de périodes de la stimulation : l'accrochage se fait sur le rapport p/q. Cependant, l'ensemble de cellules cardiaques n'oublie jamais complètement son rythme propre ; lors de l'accrochage 2/3, par exemple, où la période imposée est environ 1,5 fois celle des cellules, la réponse « cardiaque » se manifeste par une période longue dont la durée est voisine de celle dite « en libre cours » (c'est-à-dire quand le système étudié est non stimulé), suivie d'une période beaucoup plus courte.

Lorsque l'intensité de la stimulation est augmentée, les probabilités d'accrochage en fréquence entre pulsation « cardiaque » et stimulation augmentent, mais des comportements chaotiques peuvent aussi être observés. Le cœur – ou plutôt ici un ensemble réduit de cellules cardiaques placées dans un environnement très contrôlé – présente donc tout à fait les comportements caractéristiques d'un oscillateur, au sens classique du terme, lorsqu'il est forcé périodiquement. Aujourd'hui on ne sait pas exactement si les états chaotiques interviennent dans certaines pathologies cardiaques ; il semble plutôt que le cœur s'en accommode. En effet, si le cœur peut être assimilé à un oscillateur – et les observations décrites en donnent une preuve, même si elles se situent dans des conditions très restreintes et très particulières de fonctionnement – c'est en fait un organe complexe qui peut travailler naturellement à des rythmes différents.

Au-delà d'une simplicité apparente, probablement utile pour le bon fonctionnement de toute la machine vivante, la dynamique de l'« horloge » cardiaque n'est due en fait qu'à un équilibre savamment maintenu. Si l'oscillation cardiaque restait uniforme sur des temps longs, elle donnerait un exemple parfait de cycle limite, c'est-à-dire de périodicité comme solution unique de mécanismes dynamiques complexes. A. Winfree [4] décrit bien cette complexité cachée derrière le fonctionnement régulier du cœur et comment, en activité normale, celui-ci s'adapte incessamment aux modifications de son environnement, qu'elles soient chimiques, physiques ou liées aux réactions psychologiques ou émotionnelles de son « hôte ».

Les mécanismes du battement cardiaque se développent sur le plan temporel mais impliquent aussi une organisation spatiale de la contraction du myocarde. D'un point de vue « mécanique », nous ne sommes donc pas étonnés que, dans son fonctionnement normal, le cœur soit loin d'être un oscillateur « idéal », mais qu'au contraire sa complexité lui permette de s'adapter, par une variation de son rythme, à des conditions d'activité très variées tout en se maintenant en équilibre. Les états pathologiques apparaissent quand cet équilibre, apparemment très robuste (un cœur humain peut, une longue vie durant, ne pas trahir son hôte), est rompu. Ils révèlent alors une part des mécanismes qui ne travaillent plus en cohérence. Nous pourrions en donner l'image d'une chorale où, normalement, tous les choristes chantent à l'unisson, mais qui, exceptionnellement, dans une crise d'insoumission (ou de récréation), se mettraient par petits groupes ou isolément, à chanter la même mélodie mais complètement décalés les uns par rapport aux autres... ou, pire encore, interpréteraient chacun indépendamment l'air de son choix. Le dysfonctionnement cardiaque serait un peu cela, à des degrés divers suivant les cas.

Bien que le cœur apparaisse globalement comme un oscillateur unique, une première complication existe du fait que la pulsation cardiaque s'effectue en des endroits différents à des instants eux-mêmes différents (voir figure 2a) : première contraction au niveau d'une petite région (SA ou nœud sino-atrial) située dans l'atrium droit, propagation de la pulsation, puis deuxième contraction au niveau du nœud atrio-ventriculaire (AV) précédant la propagation d'une onde à la paroi des ventricules (où se trouve le faisceau de fibres dit de His-Purkinje). Ces différentes contractions, liées à une dépolarisation électrique, se retrouvent en partie sur l'électrocardiogramme d'un cœur normal (voir figure 2b) : la modulation P correspond à l'action du nœud AV, alors que le pic R et sa base sont donnés par la dépolarisation au niveau du réseau ventriculaire ; le retour de ce dernier à son potentiel électrique initial fournit le signal T. Pour le cœur humain, les deux contractions localisées en (SA) et en (AV) sont décalées de 0,08 à 0,12 s. Une interprétation classique suggère que le nœud AV agit comme un élément passif et ne fait que transmettre, en les amplifiant, les contractions initiées par le nœud SA. Un autre point de vue, déjà proposé par Van Der Pol et Van Der Mark [5] et repris aujourd'hui, exprime que les nœuds SA et AV sont deux oscillateurs indépendants, comme certaines

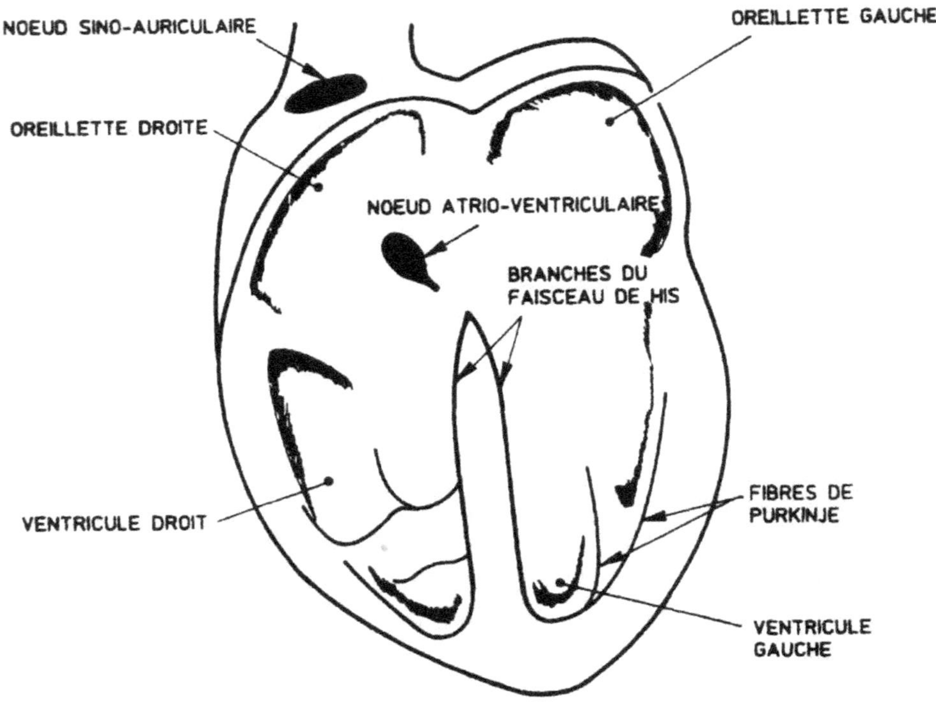

Fig. 2a – Schéma d'un cœur humain où sont indiqués les nœuds sino-auriculaire SA et atrio-ventriculaire AV, ainsi que le tissu de fibres ventriculaires.

observations semblent le confirmer. Ainsi, chez des chiens dont le nœud SA avait été supprimé, le nœud AV a joué seul le rôle d'un *pace maker* très actif avec une fréquence propre voisine de 2/3 de celle du nœud SA. Le battement cardiaque peut alors être représenté – avec cependant toutes les restrictions qu'implique une telle idéalisation – par deux oscillateurs en interaction, chacun ayant sa fréquence spécifique. En fonctionnement normal, les deux nœuds SA et AV seraient fortement couplés et agiraient en cohérence, au même rythme (ils seraient synchronisés), mais dans certains cas pathologiques leurs comportements pourraient se dissocier, conduisant ainsi à l'apparition de plusieurs centres dynamiques indépendants.

Même en fonctionnement tout à fait normal, le cœur ne se comporte pas comme un véritable oscillateur dont la période resterait rigoureusement constante tant que l'entretien est effectif. Des

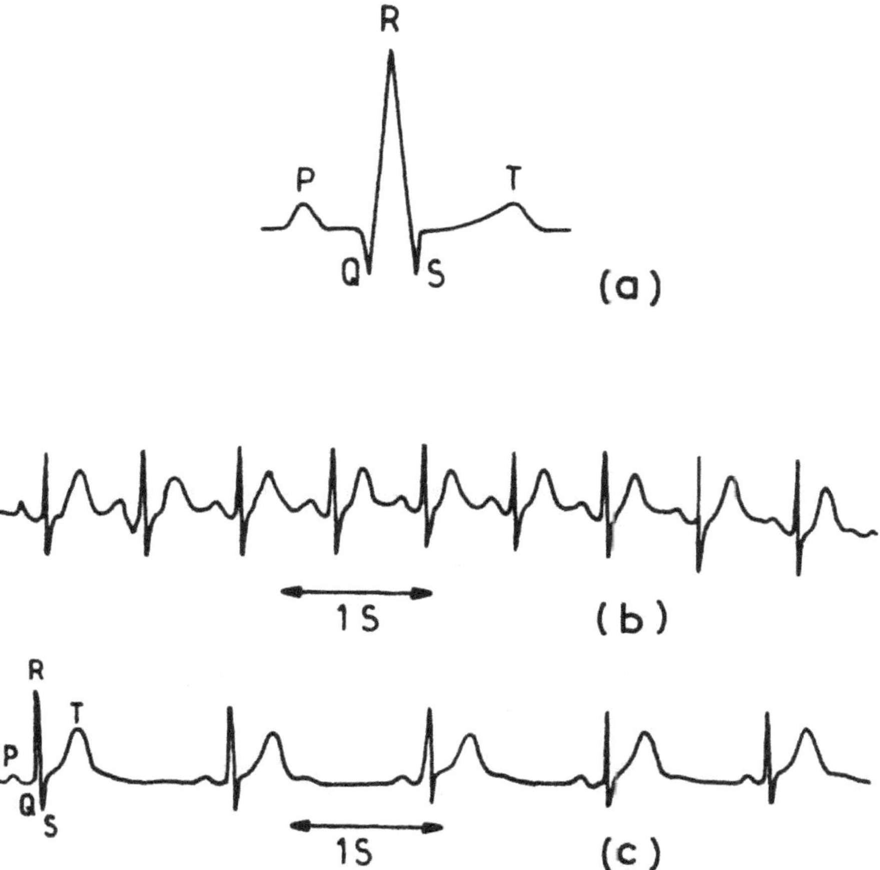

Fig. 2b – Signaux d'électrocardiogramme (ECG), relevés à des instants différents de la journée, et correspondant à des activités différentes, pour une même personne : b) activité physique importante ; c) repos. En haut (a), un signal caractéristique d'une période cardiaque.

observations, chez l'être humain par exemple, révèlent des variations de rythme même sur des temps assez courts, de l'ordre de quelques minutes. Si l'on fait alors une étude du spectre en fréquences du signal électrique donné par un électrocardiogramme (ECG), celui-ci présente une raie large, c'est-à-dire tout un ensemble de fréquences, alors qu'un simple oscillateur ne montrerait qu'une raie très fine.

Nous savons chiffrer certaines grandeurs caractéristiques des états chaotiques, telle la dimension dite de corrélation (voir chapitre 7), ou tout au moins de déterminer si ce nombre est petit (c'est-à-dire en pratique inférieur à 10). Pour un pendule simple, ce nombre est 1 ; pour des signaux d'ECG normaux, il est compris entre 3,5 et 6 pour des enregistrements courts de l'ordre de quelques minutes) et pour des patients au repos [6]. Ces chiffres sont suffisamment significatifs pour que l'on puisse en conclure que l'activité d'un cœur normal a déjà en elle-même une nature chaotique, reliée à un « petit » nombre de variables dynamiques même dans l'état le plus régulier qui soit, c'est-à-dire dans des conditions peu réalistes pour le long terme.

La fibrillation : conséquence fatale d'oscillateurs découplés

Les cas de décès par un arrêt cardiaque subit ne sont pas rares ; une grande majorité d'entre eux seraient dus au phénomène de fibrillation. Le terme de fibrillation fut donné en 1874 par Alfred Vulpian, médecin et physiologiste français, pour rendre compte du fait que dans ce cas, les fibres (du réseau de His-Purkinje) qui enserrent le muscle cardiaque se contractent indépendamment, sans qu'il n'y ait plus aucune relation de phase entre elles. La contraction est alors désordonnée, désorganisée dans l'espace, et la pompe cardiaque perd toute efficacité. Il semble qu'aujourd'hui encore l'on ne connaisse pas exactement le mécanisme à l'origine de la fibrillation et plusieurs théories s'affrontent sur ce sujet. Un point cependant est clair : il faut faire intervenir une désynchronisation spatiale, soit qu'elle intervienne au niveau de la propagation de l'onde de dépolarisation électrique, soit qu'elle s'opère de manière plus locale. Il est même possible que l'état de fibrillation ait un caractère d'intermittence spatio-temporelle (voir chapitre 11). Sans entrer dans les détails (des livres entiers sont consacrés à ce sujet), ce comportement aux conséquences dramatiques est une illustration profonde de la rupture d'une synchronisation collective entre un grand nombre d'« oscillateurs ». En effet, chaque fibre du muscle cardiaque peut être considérée comme un oscillateur qui bat « périodiquement » en fonctionnement normal, la période étant la même pour toutes les fibres lorsqu'elles sont fortement couplées. Le comportement global peut alors donner l'illusion d'un oscillateur unique mais lorsque, pour des raisons encore mal connues, ce couplage n'est plus effectif, les cellules cardiaques agissent indépendamment les unes des autres et le désordre spatio-temporel qui s'ensuit est fatal.

Les rythmes biologiques : une étude difficile

Même sur des temps courts, de l'ordre de quelques minutes, et pour une personne au repos, l'activité cardiaque ne peut pas être considérée comme celle d'une horloge strictement périodique, puisque même dans ces conditions il y a une certaine fluctuation des périodes. Si les électrocardiogrammes sont effectués pendant des temps longs, de l'ordre de l'heure ou davantage, les variations peuvent être plus importantes même en excluant l'incidence de changements d'activité, qui, par exemple en cas d'exercice physique, entraînent, comme l'on sait, l'accélération du rythme cardiaque (doublement ou plus). Aux variations intrinsèques ou dépendantes de l'activité, s'ajoute une évolution circadienne plus systématique : le battement cardiaque change au cours de la journée avec un maximum dans l'après-midi. Il y a donc là un couplage – qui n'est pas surprenant – de notre rythme de base avec celui du jour qui gouverne la plupart de nos faits et gestes. La modulation de l'activité biologique sur 24 heures existe pour la plupart des organes et sa connaissance est très utile pour comprendre des variations d'efficacité, aussi bien de médicaments que de substances toxiques, en fonction des heures du jour. Dans le premier cas, cela a donné naissance à la chronothérapie, ou l'étude du meilleur moment de la journée, pour prendre tel ou tel médicament, pour un maximum d'efficacité [7]. Dans le deuxième cas, on parle de chronotoxicité. Les deux approches peuvent d'ailleurs être liées quand on recherche la diminution des effets secondaires nocifs de certains médicaments. Par exemple, la toxicité de certaines drogues anticancéreuses peut être réduite d'un facteur 70, ce qui est considérable, suivant qu'elles sont prises après une période d'activité ou de repos. Un autre exemple spectaculaire est celui d'enfants leucémiques, soignés à Montréal et dont les chances de survie semblent avoir été doublées suivant que leur traitement était administré le soir ou le matin [8]. En fait, on retrouve la notion de phase relative : comme dans le cas du pendule dont l'entretien efficace ne peut pas se faire à n'importe quel moment de l'oscillation (les officiants de Saint-Jacques-de-Compostelle doivent tirer sur la corde hissant le *botafumeiro* à un instant précis), la dynamique du vivant peut donner aussi des réponses très différentes à une même stimulation suivant le moment où elle est donnée.

L'interaction des rythmes physiologiques avec les rythmes externes montre l'importance de ces derniers. Le grand problème que posent ces rythmes, en particulier le rythme circadien, est de savoir s'ils sont liés ou non à la présence réelle d'une horloge endogène, indépendamment de la présence de puissants synchroniseurs, comme l'est l'alternance jour/nuit pour l'horloge circadienne. En effet, les activités rythmées sur 24 heures peuvent être dues à un entraînement passif sur l'évolution journalière (comme par exemple, le ferait une barque, libérée de son attache, et qui serait entraînée par le courant de la marée, dans ce cas à un rythme voisin de 13 heures) ou, au contraire, être liées à la présence d'une horloge biologique endogène, programmée génétiquement, qui, bien qu'ayant sa fréquence propre, serait synchronisée sur le cycle jour/nuit, comme le serait un oscillateur forcé.

Pour mettre en évidence l'existence de l'horloge endogène, l'organisme étudié doit être laissé en libre cours, c'est-à-dire dans un milieu aux propriétés physiques constantes, par exemple lumière ou obscurité constante, température uniforme, etc., pour s'abstraire du (ou des) synchroniseur(s) extérieur(s). En effet, pour que ce libre cours soit efficace, il faut supprimer les mécanismes de synchronisation ou vrais synchroniseurs. La définition suivante a été donnée par A. Reinberg [8] : le synchroniseur est un ensemble de facteurs physiques – éclairement, température, nourriture, etc. – dont les variations périodiques sont capables d'entraîner les rythmes biologiques de période voisine de la sienne, tels que rythmes du sommeil, de la température et plus généralement des activités hormonales et autres. Mais il est entendu aussi que, dans un environnement naturel, les êtres vivants sont soumis à plusieurs types de synchroniseurs. Ainsi, pour beaucoup d'espèces animales, l'alternance lumière/obscurité est un synchroniseur efficace, mais, dans certains cas (expériences faites avec des souris, des lapins), l'alternance nourriture/jeûne peut être un synchroniseur encore plus puissant. (L'homme adulte, par contre, ne semble pas avoir cette sensibilité et pour lui, gourmand ou non, la prise de repas n'est qu'un synchroniseur faible ou quasi nul.) Un autre exemple de synchroniseur est donné par l'alternance bruit/silence ; son action a été observée dans le comportement de souris rendues aveugles, mais au-delà de ces circonstances très particulières, nous pouvons nous interroger aussi sur l'action de ce type de « synchroniseur » sur les êtres humains, continuellement soumis aux bruits et excitations de toute nature de la vie moderne.

Les problèmes rencontrés au cours de l'étude des rythmes circadiens se retrouvent dans celle des rythmes beaucoup plus longs. Malgré la longueur des temps mis en jeu, des particularités de certains rythmes circa-annuels ont été comprises à la suite d'observations faites sur des animaux soumis à un environnement judicieusement contrôlé. Par exemple, des canards mâles ont été maintenus pendant plusieurs années dans des conditions constantes d'éclairement ; leur activité testiculaire, mesurée par différentes méthodes, a continué de suivre un rythme proche de l'année, mais néanmoins significativement différent de 365 jours. Généralement, le fait que le rythme en libre cours soit différent de celui imposé (jour, année, etc.) est un argument en faveur de la présence d'une horloge endogène : en effet, comme un pendule simple voit sa fréquence propre modifiée lorsqu'il est sollicité par une oscillation extérieure, puis la retrouve quand cette action cesse, de même se comporterait l'horloge biologique. Par contre, s'il n'y avait pas de changement de rythme entre libre cours et présence d'un synchroniseur, on pourrait penser que le rythme observé est dû à un apprentissage directement imposé par les conditions extérieures et n'ayant pas d'existence autonome.

Les horloges circadiennes endogènes existent-elles ?

Étant donné la puissance du rythme circadien externe (alternance jour-nuit), qui module l'activité des organismes vivants depuis leur apparition sur terre, nous pouvons nous demander s'il existe réellement une (ou des) horloge(s) endogène(s), circadiennes (voisines de 24 heures), internes à la plupart des organismes – au moins ceux vivants à la surface de la Terre – et qui se manifeste-rai(en)t en dehors de l'influence des synchroniseurs externes journaliers. Des observations très nombreuses ont été faites sur des animaux – insectes, oiseaux, mammifères – ; en libre cours, l'horloge circadienne endogène existe bien et se manifeste la plupart du temps avec des rythmes proches, mais significativement différents, de 24 heures ; ce rythme endogène peut par ailleurs être entraîné, synchronisé, sur des périodes s'étalant de 21 heures à 28 heures (d'où les limites données dans la définition des périodes circadiennes), suivant les types d'animaux et les synchroniseurs utilisés.

Qu'en est-il pour l'homme et, en premier lieu, quels sont ses synchroniseurs ? Du fait de son activité et de sa nature, l'homme est sensible à plusieurs synchroniseurs, mais le plus efficace est de nature socio-écologique (alternance jour/nuit bien sûr, mais aussi bruit/silence, travail/repos, etc.). Nous avons tous entendu parler, à travers les médias, d'expériences où des sujets adultes passent volontairement jusqu'à quelques mois dans l'isolement le plus complet ; cela se fait généralement dans des grottes car elles sont souvent très découplées des rythmes extérieurs et il y règne des conditions physiques constantes (obscurité, température, niveau de bruit, etc.), propices pour des observations de rythmes dits en libre cours. Pendant les deux premières semaines du séjour, les individus – hommes ou femmes – conservent un rythme circadien, généralement très voisin de 25 heures, mais, au-delà de ces deux semaines, il y a séparation de certains rythmes, synchronisés habituellement. Ainsi, la variation de la température du corps conserve la périodicité de 24 heures environ, tandis que celle de l'alternance veille/sommeil passe à des valeurs voisines de 35 heures. Il y a donc là mise en évidence de deux horloges internes différentes, une contrôlant l'activité du sujet, l'autre sa température, deux horloges indifférenciées habituellement par l'entraînement au rythme naturel de 24 heures. En « libre cours », ces deux horloges restent néanmoins couplées (on peut remarquer que la période de l'une – 35 heures – est pratiquement 3/2 de l'autre, soit 24 heures).

La désynchronisation de ces deux horloges se retrouve chez des travailleurs postés, dont le rythme d'activité est non seulement décalé par rapport au rythme habituel – activité le jour, repos la nuit – mais est soumis aussi à des décalages de semaine en semaine par rotation sur 24 heures de la période de travail, comme dans le cas du travail continu assuré par trois équipes qui se succèdent, puis s'échangent (travail dit en « trois-huit »). Le rythme veille/sommeil suit alors quasi obligatoirement celui de l'activité, soit 24 heures, par contre le rythme de la température corporelle se décale chaque jour en suivant une période voisine de 25 heures. Cette désynchronisation est plutôt observée chez les sujets qui supportent mal ce rythme de travail de nuit et à horaire variable.

De toutes ces observations, on pourrait conclure que l'être humain a au moins deux (peut-être plus) horloges internes circadiennes, horloges qui probablement se sont inscrites dans le patrimoine génétique, au cours de l'évolution des êtres vivants. Cependant, les nouveau-nés et les prématurés ne présentent pas du tout de rythme circadien : observations et enregistrements (électroencéphalogramme par exemple) révèlent que le nouveau-né, placé dans un environnement aussi constant que possible, ne connaît que des rythmes ultradiens (ils ont même été détectés au cours de la vie fœtale). Ils ont, par exemple, une périodicité veille/sommeil de 90 minutes environ. Le changement de ces rythmes en rythmes circadiens s'opère à des âges différents suivant le paramètre en question : quatre à six semaines pour le rythme veille/sommeil, deux à trois mois pour la température du corps, un peu plus tard pour certains métabolismes. On serait alors tenté d'attribuer la présence ultérieure de l'horloge circadienne à un apprentissage, mais les biologistes pensent plutôt que le système nerveux supérieur du nouveau-né n'est pas assez évolué au tout début de la vie pour percevoir le synchroniseur journalier. Le fait que les prématurés gardent plus longtemps leurs rythmes ultradiens que les enfants nés à terme, va dans ce sens.

L'homme adulte garde, en revanche, toute sa vie, le souvenir de la période ultradienne de 90 minutes, qui rythmait ses premiers jours. En effet, cette période se retrouve dans les rythmes du sommeil, ainsi que dans l'activité journalière à travers la succession de moments où l'attention est élevée et de moments où celle-ci est plus relâchée.

Horloge circadienne et horloge circatidale

L'interaction entre différentes horloges biologiques liées à des rythmes externes trouve des exemples particulièrement intéressants avec certains animaux marins qui vivent dans les zones côtières et pour lesquels les rythmes semblent plus irréguliers que ceux des organismes vivant en eau douce. Alors que ceux-ci, telle l'écrevisse, ont une horloge circadienne, synchronisée sur le rythme journalier de 24 heures (ou nycthémère), certains animaux comme les crevettes peuvent avoir deux horloges endogènes, l'une voisine de 24 heures (donc du nycthémère), l'autre voisine de 13 heures, c'est-à-dire proche de la période de la marée, dite circatidale. Dans son milieu naturel, chaque crevette se comporte en moyenne comme si elle suivait les deux horloges externes et présente donc, de ce fait, un comportement bipériodique. Mais lorsqu'elles sont laissées en libre cours, c'est-à-dire dans l'obscurité et alimentées avec une eau de mer de composition stable, elles peuvent révéler préférentiellement, soit un rythme naturel voisin de 24 heures, soit un rythme proche de 13 heures. La mise en évidence du rythme de ces animaux peut se faire à travers différentes mesures, par exemple celle de l'activité locomotrice, comme cela est fait au laboratoire de biologie marine du Collège de France à Concarneau [9] où sont étudiés plusieurs types de crevettes bouquets. Dans ce cas particulier, les crevettes d'un certain type (*Palaemon serratus*) ont une horloge interne circadienne plus marquée, alors qu'une autre espèce, dite *Palaemon elegans*, révèle plutôt son horloge circatidale malgré la présence simultanée des deux horloges. Il est bien évident que, même si on peut parler de rythme moyen pour chaque animal, ce rythme n'a pas la régularité d'un comportement périodique idéal ; néanmoins le mécanisme de synchronisation peut être efficace. En effet, si des crevettes dont l'horloge interne est de préférence circatidale sont soumises à un « synchroniseur » au rythme de la marée, en l'occurrence une variation de la composition chimique de l'eau de mer, leur activité s'accroche assez bien sur le rythme imposé. De même, des crevettes dont l'horloge est plutôt circadienne se synchroniseront sur un rythme de 24 heures, en particulier sous l'influence d'une alternance lumière/obscurité, bon synchroniseur dans ce cas (figures 3 et 4).

Que se passe-t-il si rythmes imposés et horloges préférentielles sont différents, c'est-à-dire quand des animaux avec une horloge interne type marée sont soumis à un rythme circadien et inversement ? En moyenne, le comportement perd beaucoup de sa cohérence : le souvenir des périodicités initiales, même très imparfaites, semble avoir complètement disparu et l'activité est très désordonnée, chaotique. Est-ce à dire que l'on est en présence de chaos avec un très petit nombre de variables ? En toute rigueur, cela est peu probable car même la synchronisation sur la « bonne » horloge est très imparfaite si on compare le comportement correspondant à celui qu'aurait un pendule mécanique. Mais cela n'enlève rien au fait que, dans les mécanismes qui rendent plus erratique l'activité des crevettes, la compétition entre les deux horloges présentes joue certainement un rôle.

Le chaos des rythmes biologiques : réalité ou mirage ?

Claude Bernard, au siècle dernier, a énoncé le principe d'homéostasie : les organes des êtres vivants répondent aux fluctuations extérieures en essayant de ramener leur comportement à des conditions de stabilité et de stationnarité ; c'était en quelque sorte une « théorie de point fixe ». Puis, assez récemment, dans les années cinquante, les biologistes se sont convaincus de la présence de périodicités dans les activités physiologiques. Ils ont donc d'abord cru qu'elle était synonyme de santé et de jeunesse et qu'à l'inverse

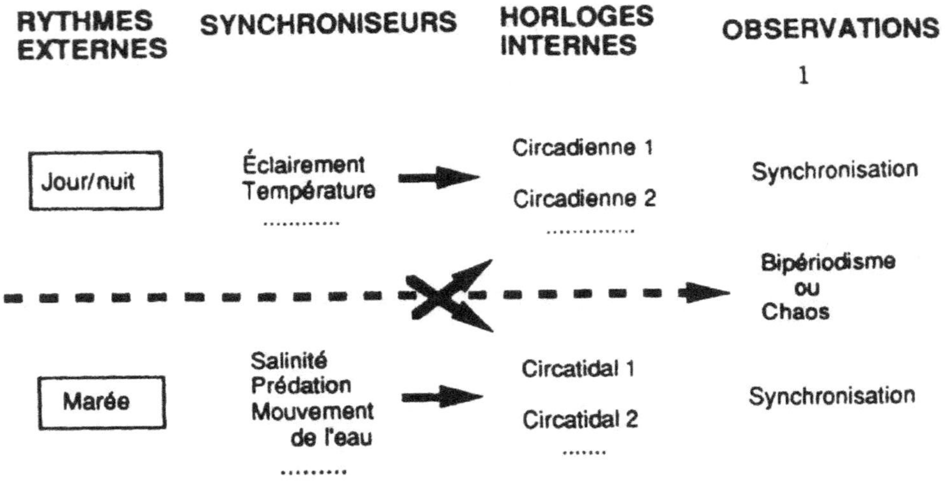

Fig. 3 – Synoptique décrivant de façon simplifiée les différentes horloges en présence dans le cas des animaux marins côtiers et les synchroniseurs possibles.

les comportements chaotiques étaient plutôt liés à des états pathologiques et à la vieillesse. Les études récentes ont montré qu'il n'en était rien. Pour certains rythmes, comme celui du cœur, il semble même que la variance peut être beaucoup plus grande, et en tout cas beaucoup mieux supportée chez des sujets jeunes que chez des personnes malades ou âgées. Par ailleurs, des comportements strictement périodiques peuvent apparaître lors de maladies. On cite, par exemple, la variation journalière du nombre de globules blancs : très irrégulière chez des sujets sains, elle peut devenir périodique lors de certaines leucémies.

Les comportements chaotiques sont donc une propriété intrinsèque des rythmes du vivant, ce qui, bien sûr, n'enlève rien à l'importance d'un rythme de base. Les deux types de comportement – chaos et rythmicité – étant associés, il paraît logique que les biologistes aient cherché à savoir s'il y avait une liaison entre le chaos purement temporel des « pendules » couplés et celui qu'ils observaient. Par ailleurs, n'oublions pas que les propriétés temporelles intéressantes de systèmes dynamiques couplés ne se réduisent pas au chaos, comme peut-être les modes l'ont suggéré pendant un certain temps, mais qu'il existe aussi d'autres dynamiques intéres-

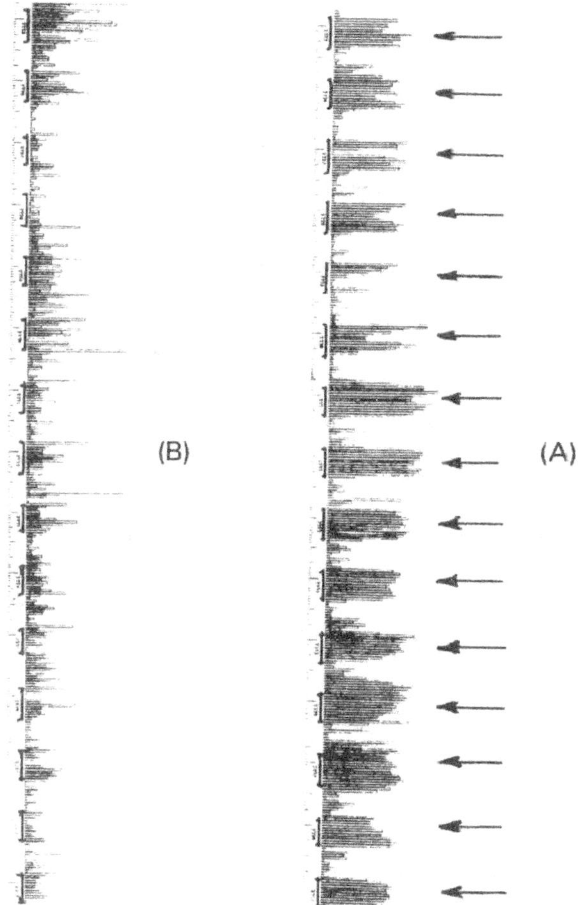

Fig. 4 – Activité locomotrice de crevettes bouquets soumises à un éclairement de type jour/nuit sur une période de 24 heures, c'est-à-dire lumière
pendant 12 heures, puis obscurité pendant les 12 heures suivantes.
(B) Dans le cas des crevettes dont l'horloge circadienne est dominante,
le phénomène de synchronisation sur l'alternance imposée lumière/obscu-
rité est très net. (A) Par contre, pour les crevettes dont l'horloge naturelle
préférentielle est plutôt circatidale, le même type d'alternance sur 24 heures
conduit à un comportement tout à fait désordonné, se manifestant par un
activité locomotrice sans périodicité.
(D'après J.-F. Lennon, Collège de France, Concarneau.)

santes non chaotiques. En bref, tout ce que nous savons sur les
oscillateurs peut-il être utilisé dans la compréhension des rythmes
biologiques ?

La réponse est certainement positive. Les interactions entre rythmes existent et font intervenir des non-linéarités. Même dans un cadre idéalisé, en ne considérant que l'aspect « interaction d'oscillateurs », les comportements correspondants sont certainement présents dans les dynamiques du vivant, même si elles sont parfois masquées par du « bruit » ! L'approche de ces dernières, en tant que systèmes dynamiques, s'est donc révélée très constructive et a suscité des idées nouvelles où les concepts développés préalablement dans un contexte plus physique et mathématique ont trouvé leur place. D'une part des observations ont été réalisées dans des conditions bien contrôlées, artificielles dans certains cas, mais en ne gardant que les dynamiques de base pour bien en comprendre les mécanismes ; cela a été le cas, par exemple, pour connaître les réponses à des stimuli bien particuliers, comme pour les cellules cardiaques ou des neurones de queues d'écrevisse [10]. Les résultats sont intéressants sous réserve de ne jamais oublier les conditions artificielles des observations et de rester critique dès qu'il s'agit de généraliser les résultats obtenus.

Un autre point a été l'utilisation de certains « outils » d'analyse développés en physique. Cela peut être une manière de tracer les données recueillies au cours de mesures faites sur un organe (trajectoires reconstruites dans un espace de phase, cartes dites de retour), manière qui permet de mieux faire ressortir les propriétés dynamiques observées. Ce peut être aussi le calcul de grandeurs, telles que la dimension de corrélation, utiles pour une comparaison quantitative de certains comportements. Par ailleurs, des modèles spécifiques se sont développés dont la trame s'inspire des dynamiques de systèmes physiques.

Cet aspect positif ne doit pas faire oublier deux points importants. Tout d'abord, le monde de la biologie, ouvert sur le monde extérieur et en constante évolution, a ses propres lois. Bien évidemment, les lois de la physique y ont aussi leur place (elles sont universelles) mais il peut paraître parfois naïf (ou prétentieux) d'appliquer directement, sans aménagement, certaines de ces lois au monde biologique. C'est d'ailleurs un reproche que les biologistes ne manquent pas de faire à certains physiciens, lorsque, nouveaux émules en biologie, ils transfèrent brutalement à ce domaine certains concepts de la physique. Ensuite, beaucoup de dynamiques biologiques comportent une part plus ou moins importante de bruit, c'est-à-dire d'aléatoire. Le problème difficile qui se pose est de pouvoir dissocier la part de ce bruit, aux causes multiples, des comportements dynamiques intrinsèques. Des chercheurs travaillent à cette question dont la réponse dépend de la situation envisagée. Dans certains cas, la dynamique propre est peu masquée par le bruit et pourra être comprise en partie ; dans d'autres cas, le bruit l'emporte. Pour avancer alors dans la compréhension des faits observés, des études théoriques assez complexes sont actuellement développées, mais il est encore difficile aujourd'hui de comprendre précisément les évolutions observées.

CHAPITRE 11

Vers les comportements collectifs

> « L'aliment essentiel ne vient pas des choses,
> mais du nœud qui noue les choses. »
>
> Antoine de Saint-Exupéry

Abandonnant les systèmes à quelques variables pour aller vers des dynamiques où beaucoup de degrés de libertés interagissent, nous allons aborder un nouveau type de question, beaucoup moins riche en faits dûment établis et en théories inattaquables que ce qui a été exposé dans les chapitres précédents. D'où sans doute un plus grand flou dans la démarche et aussi un plus fréquent recours à des modèles dont la pertinence pour les questions étudiées n'est pas toujours avérée. On aura deviné que nous allons nous rapprocher du front des connaissances, où le plus difficile est souvent de formuler des questions précises, bien avant de chercher les réponses.

Un exemple qui vient à l'esprit pour illustrer un comportement recelant beaucoup de variables est celui de dynamique macroéconomique : les prix et les salaires dans le marché mondial sont fixés par des mécanismes qui échappent de plus en plus aux autorités politiques. Cela leur confère une évolution autonome dont les raisons semblent encore assez mal comprises. On peut quand même affirmer que les principes correspondants font appel à un grand nombre de degrés de liberté et penser que les décideurs individuels, c'est-à-dire chaque consommateur ou chaque producteur, pourraient constituer les degrés de liberté de ce système macroéconomique. Il n'est pas évident toutefois que cela soit vrai et il est plus probable que cette dynamique soit régie par l'interaction de variables « collectives », comme les cours de telle ou telle matière première, les salaires des différentes catégories d'employés, les prix du logement... la morosité ambiante, etc. Même si ces variables collectives sont très nombreuses, on peut faire une approche systématique de cette dynamique. On établit la liste des paramètres les plus pertinents (prix de matières premières, salaires, charges sociales diverses), puis on écrit leurs équations non-linéaires d'évolution en tenant compte des interactions, telle par exemple celle, évidente, entre pouvoir d'achat et taxation : une augmentation des taxes (et plus généralement de ce que l'on appelle les prélèvements obligatoires) se traduit mécaniquement par une diminution de pouvoir d'achat, au moins pour les biens de consommation courante. À partir de ce que nous savons de la dynamique des systèmes chaotiques, une telle approche risque d'être assez décevante quant à ses résultats : nous en apprendrons très probablement que notre monde macroéconomique a une instabilité intrinsèque et qu'il est impossible de faire des prédictions à long terme, en particulier à cause de la complexité du problème mais aussi de notre connaissance imparfaite de la situation de départ. Il ne semble d'ailleurs pas que, contrairement au cas de la météorologie, on ait une idée bien claire de l'horizon de prédictibilité fiable en économie [1] : six mois, un an, deux ans ?

Notons qu'il existe certains systèmes à grand nombre de variables mais particulièrement simples qui parviennent dans certaines conditions à un comportement collectif ordonné, ce qui les oppose, en quelque sorte, à ceux à dynamique chaotique [2]. Il s'agit de toutes les dynamiques synchronisées (voir chapitre 6) dont la troupe qui marche au pas est l'archétype le plus parlant. Au-delà de ces exemples somme toute particuliers, nous allons plutôt insister ici sur les systèmes à grand nombre de degrés de liberté qui ont – au contraire – un comportement « chaotique ». Une raison profonde nous pousse à mettre l'adjectif « chaotique » entre guillemets. En effet, nous avons défini le chaos comme une errance déterministe faisant intervenir un petit nombre de degrés de liberté. Dans ce chapitre, il s'agira au contraire de phénomènes liés à un grand nombre de ces derniers, bien que l'errance correspondante reste d'origine déterministe. Les comportements ne dépendront plus uniquement du temps mais aussi de la variable considérée, par exemple les charges sociales dans tel ou tel pays, introduisant ainsi des différences dans l'« espace » à un instant donné. Aussi, pour bien distinguer ce comportement de celui décrit dans les autres parties de cet ouvrage, nous le qualifierons de « chaotique » entre guillemets.

Il existe de nombreux exemples de phénomènes naturels ou sociaux impliquant l'interaction d'un grand nombre de degrés de liberté : système immunitaire des vertébrés, turbulence développée dans les fluides, interaction des gènes au cours de l'évolution... et on pourrait se demander s'il est bien intéressant ou utile de ranger dans une même catégorie tous ces phénomènes dynamiques complexes qui n'ont peut-être rien de commun, si ce n'est leur complexité elle-même. Nous ne prétendrons donc pas proposer un grand schéma explicatif pour tous ces phénomènes, mais donner quelques exemples de modèles mathématiques qui ont assez peu de structure pour présenter des vertus suffisamment générales, mais assez significatives pour se prêter à des comparaisons avec la réalité.

Un système complexe... ultrasimple !

Le mathématicien J. von Neumann, un des inventeurs des ordinateurs, avait beaucoup réfléchi à l'émergence d'un ordre complexe à partir de lois déterministes simples dans des systèmes à beaucoup de degrés de liberté. Pour étudier ce type de question, il avait imaginé ce que l'on appelle les « automates cellulaires ». Un automate cellulaire tente de décrire l'interaction d'un grand nombre d'individus ou éléments en simplifiant au maximum la dynamique de chacun d'entre eux. Dans cette simplification ultime, chaque élément – ou degré de liberté – est un registre qui ne peut prendre que deux valeurs, dénotées symboliquement par 0 ou 1. On dit qu'à chacun d'eux est affectée une variable booléenne, du nom d'un mathématicien anglais du siècle dernier, J. Boole. Chaque élément (ou registre) est situé sur l'un des sites d'un réseau abstrait, avec ou sans structure géométrique, où il est repéré par un indice. L'interaction va se faire entre sites voisins, c'est-à-dire que la valeur affichée en un site i donné, à un certain instant t, dépend des valeurs affichées en un certain nombre d'autres sites (et éventuellement du site i lui-même) à l'instant précédent t-1 et, ceci, suivant une loi déterministe qui peut être choisie de multiples façons. Étant donné le tableau des valeurs des variables booléennes sur le réseau à un temps donné, la loi d'évolution assigne donc au pas de temps suivant, et à chaque site du réseau, une nouvelle valeur, toujours soit 0 soit 1 : en effet, on suppose que le temps évolue par sauts identiques [3] : tout commence au temps 0, puis vient le temps 1, le temps 2, etc.

Donnons un exemple très simple d'un tel automate. Soit un réseau réduit à quatre points seulement, disposés aux sommets d'un carré (voir figure 1). Cet automate a donc $2^4 = 16$ états possibles, selon les valeurs (0 ou 1) des variables A,B,C,D que l'on affecte aux sites que constituent les quatre sommets du carré (et nommées par la suite « état » des sites). L'état du carré est, quant à lui, noté (A,B,C,D). Définissons maintenant une loi d'évolution de cet état sachant que l'état d'un site à un temps $t + 1$ dépendra de son état antérieur ainsi que de celui de ses deux plus proches voisins. Choisissons une loi d'évolution du type « totalistique » : l'état d'un site au temps $t + 1$ sera déterminé selon la valeur S de la somme – au temps t – de l'état de ce site et de celui de ses deux voisins. Décidons enfin que, si $S = 0$ ou 3, le nouvel état du site sera 1 et si $S = 1$ ou 2, il sera 0.

Par exemple, si (à l'instant t) les quatre sites sont dans l'état 0, l'état s'écrira (0,0,0,0). Donc, d'après la règle adoptée ci-dessus, pour chaque site $S = 0$, l'état à l'instant $t+1$ sera (1,1,1,1). Plus généralement, la table donnant l'état au temps $t + 1$ en fonction de l'état au temps t est la suivante :

$$(0,0,0,0) \rightarrow (1,1,1,1)$$
$$(0,0,0,1) \rightarrow (0,1,0,0)$$
$$(0,0,1,0) \rightarrow (1,0,0,0)$$
$$(0,1,0,0) \rightarrow (0,0,0,1)$$
$$(1,0,0,0) \rightarrow (0,0,1,0)$$
$$(0,0,1,1) \rightarrow (0,0,0,0)$$
$$(0,1,0,1) \rightarrow (0,0,0,0)$$
$$(1,0,0,1) \rightarrow (0,0,0,0)$$
$$(0,1,1,0) \rightarrow (0,0,0,0)$$

$$(1,0,1,0) \rightarrow (0,0,0,0)$$
$$(1,1,0,0) \rightarrow (0,0,0,0)$$
$$(0,1,1,1) \rightarrow (0,0,1,0)$$
$$(1,0,1,1) \rightarrow (0,0,0,1)$$
$$(1,1,0,1) \rightarrow (1,0,0,0)$$
$$(1,1,1,0) \rightarrow (0,1,0,0)$$
$$(1,1,1,1) \rightarrow (1,1,1,1)$$

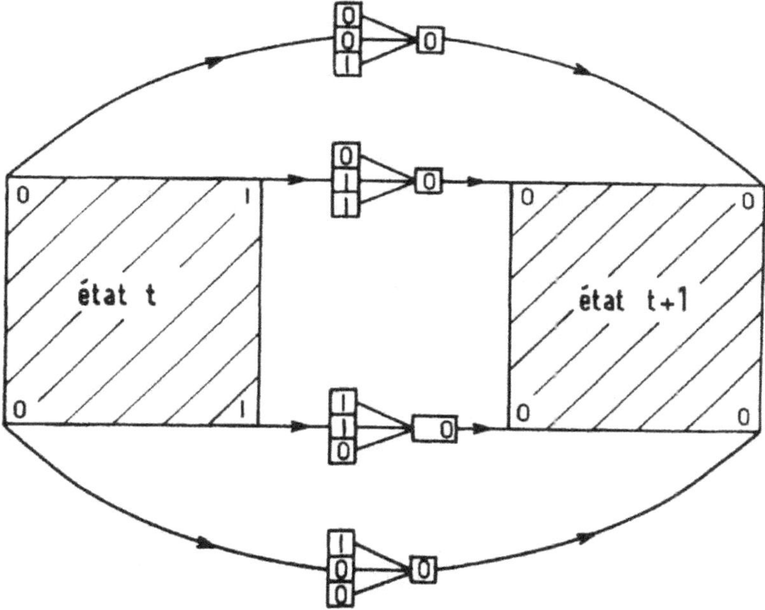

Fig. 1 – Cette figure montre un exemple simple d'automate à quatre sites qui obéit à une loi d'évolution totalistique. Sont dessinés deux états successifs (c'est-à-dire l'ensemble des 0 et des 1 aux quatre sommets du carré) de l'automate au temps t et t + 1. Chaque site est relié à son état au temps suivant par une flèche qui montre comment se fait le calcul en pratique. Cette flèche qui va donc du temps t au temps t + 1 indique l'étape de « calcul », c'est-à-dire l'application de la règle d'automate jouant le rôle d'une fonction. Celle-ci détermine la valeur de la variable booléenne au temps t + 1 et au site considéré, en fonction des états au temps t de ce site et des deux voisins, représentés en colonne et selon la règle explicitée dans la table. Pour simplifier et éviter les intersections multiples de lignes, on a représenté les états t et t + 1 comme vus dans une symétrie miroir : les sites les plus à gauche au temps t sont les plus à droite au temps t + 1. Dans l'exemple choisi, l'état (0,0,1,1) s'est transformé en une itération dans l'état (0,0,0,0), qui donnera à son tour le point fixe (1,1,1,1).

Ce modèle ne doit être considéré que comme un exemple pédagogique, pour se faire une idée de ce qu'est un automate cellulaire. Le lecteur qui aura reconstitué la table ci-dessus (et qui aura tenté la même chose pour un pentagone) sera aisément convaincu de ce qu'un ordinateur fait ce travail bien mieux qu'un cerveau humain. Cette table montre aussi qu'il n'y a que trois types de comportements, tous stables, de cet automate après quelques itérations :

– l'état $(1,1,1,1)$ donne comme résultat lui-même et constitue donc un « point fixe » ;

– il y a deux périodes :
$$(0,0,0,1) \rightarrow (0,1,0,0) \rightarrow (0,0,0,1) \rightarrow (0,1,0,0),$$
etc. et
$$(0,0,1,0) \rightarrow (1,0,0,0) \rightarrow (0,0,1,0) \rightarrow (1,0,0,0)...$$
Les automates cellulaires ont été assez intensivement étudiés depuis von Neumann, en particulier, avec toutes les lois possibles concernant les interactions entre premiers voisins sur la droite et dans un réseau carré. Des classes restreintes ont été envisagées pour des réseaux cubiques et même hypercubiques.

Transition et révolution(s) : un modèle

Les sociétés humaines fournissent d'innombrables exemples de transitions brutales : un tel exemple est celui de la libéralisation des pays de l'Est européen et de l'effondrement du communisme. Un autre exemple, social celui-là, nous est fourni par l'émergence du rôle actif pris par les femmes dans la société occidentale autour des années soixante-dix. On peut se demander légitimement si ce type de transition très rapide ne pourrait se comprendre de façon générale, sans entrer dans les détails spécifiques de chaque processus qui s'est alors déroulé.

Même avec une structure simplifiée au maximum, la description d'une telle transition doit inclure un minimum d'hypothèses. Cela nous amène assez naturellement à un automate cellulaire, système dynamique dont le nombre de degrés de liberté est donné par celui des sites de l'automate. Et puisque nous nous posons des questions sur les transitions (les changements brutaux), prenons l'exemple d'un modèle qui en présente une ! Un tel modèle d'automate cellulaire existe. Il est dû à S. Kaufman, et présente une transition d'un régime régulier vers une dynamique « chaotique » (en un sens précisé plus loin) par la seule augmentation du nombre des voisins avec lesquels il peut y avoir des interactions. Cela fait penser à la dynamique des sociétés humaines : une société avec des échanges réduits peut se maintenir dans un état quasi stationnaire, sans progrès mais sans grande catastrophe non plus, alors que l'accroissement des échanges permet de passer tout à coup à une dynamique beaucoup plus riche et complexe. Ainsi, il serait bien possible que la révolution industrielle, qui a commencé vers le milieu du XVIIIe siècle en Angleterre et un peu plus tard en France et en Allemagne, soit fondamentalement due à cet accroissement des échanges plutôt qu'à telle ou telle invention ou amélioration technique ; c'était du moins l'opinion des philosophes du siècle des lumières. S'agissant de « révolution », il n'est pas absurde de penser à une transition dans un sens qui se rapproche de celui qu'il a dans les sciences exactes. Cette transition serait alors due à une modification quantitative d'un paramètre (le nombre moyen de voisins avec qui on échange de l'information) plutôt qu'à un changement qualitatif, comme celui qu'apporte une innovation technique.

Le modèle de Kaufman choisi pour illustrer une telle possibilité est intéressant parce qu'il a aussi peu de structure que possible : il n'y a pas de géométrie au départ, c'est-à-dire que les sites vivent dans un espace abstrait, où pour construire leur propre état futur ou y contribuer, seul compte le label (ou indice) les repérant et celui des sites auxquels ils sont reliés. Ces liaisons sont réparties au hasard au début (et restent les mêmes par la suite) de façon que chaque site soit relié à certains autres fixés à l'avance qu'il doit interroger pour trouver son propre état futur. La loi qui permet de définir l'évolution d'un site est, elle aussi, tirée au hasard une fois pour toutes parmi toutes les lois possibles de l'algèbre booléenne, à nombre de liaisons donné. Procédant ainsi, on espère s'affranchir, autant que faire se peut, des particularités des diverses lois booléennes, particularités que l'on connaît bien par l'étude des automates sur la droite par exemple. La figure 2 donne un tel exemple d'automate de Kaufman avec cinq sites : on voit dans cette figure à la fois le réseau des

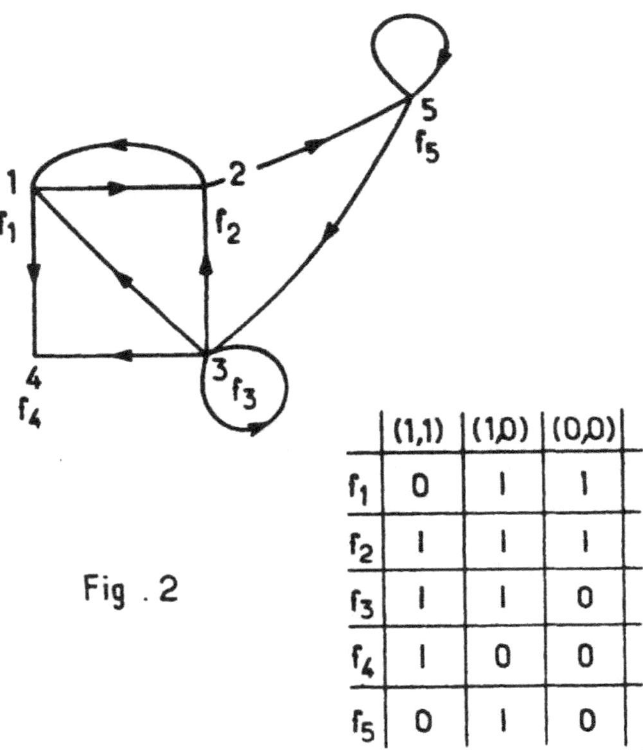

	(1,1)	(1,0)	(0,0)
f_1	0	1	1
f_2	1	1	1
f_3	1	1	0
f_4	1	0	0
f_5	0	1	0

Fig. 2 – Cette figure montre une structure possible d'automate de Kaufman à cinq sites (chaque site étant relié à deux autres). Cet automate a une règle d'évolution telle que l'état d'un site (rappelons qu'il n'y a pas de structure géométrique, donc pas d'idée de voisinage dans cet espace géométrique, seul le réseau des liens compte) permette de calculer l'état ultérieur de ce site en fonction des états des deux sites auxquels il est relié. Ces sites liés peuvent fort bien comprendre le site lui-même, comme cela est symbolisé sur la figure par des boucles partant et revenant en un site. Dans le cas particulier choisi ici, la contrainte essentielle est que deux flèches, et deux seulement, qui représentent ces liens, arrivent en chaque site. Les règles sont numérotées f1,...f5, chaque site ayant une règle de cette liste, comme indiqué sur la figure. Pour simplifier, ces règles sont choisies symétriques, indépendantes de l'ordre des valeurs prises en chaque site. Chaque règle consiste alors en un tableau de correspondance entre l'état de départ (défini par celui des deux « voisins ») et l'état au pas de temps suivant. Par exemple, la règle f1 donne $(1,1) \rightarrow 0, (1,0) \rightarrow 1, (0,0) \rightarrow 1$, et ainsi de suite (voir tableau de la figure pour le choix complet : la première ligne donne les trois combinaisons possibles des valeurs, et les colonnes donnent les choix possibles des fonctions, donc des correspondances, prises parmi les huit fonctions existantes).

connexions et la loi d'évolution choisie en chaque site qui permet de passer d'un état initial (t = 0) à l'état suivant (t = 1). L'idée de base n'est guère plus compliquée que celle de l'automate à quatre sites du paragraphe précédent, les nouveautés résidant dans les liaisons plus complexes et dans les lois qui changent *a priori* de site en site.

On peut ainsi étudier, sur un ordinateur, l'évolution d'un état initial mais en mettant beaucoup plus de cinq sites en interaction (typiquement une centaine) et en ne fixant plus à 2 le nombre de liaisons. Ce modèle se prête bien à de telles études, puisque les ordinateurs n'aiment rien tant que manipuler des 0 et des 1 suivant des lois déterministes. On a même construit des ordinateurs spécialisés pour ce type de problème. On trouve alors un résultat tout à fait remarquable : si chaque site est relié à moins de deux autres sites en moyenne, tout système à nombre fini d'éléments aboutit à des séquences périodiques en temps avec des périodes très courtes. La moyenne du nombre de liaisons est prise en un sens statistique sur l'ensemble des sites, certains sites étant, soit reliés à trois autres, soit à deux ou encore à un seul autre site(s), de telle façon que cette moyenne soit inférieure à deux dans ce cas particulier. Dans l'exemple précédent d'automate à quatre sites (figure 1), qui, malgré une structure très spéciale, appartient quand même à la catégorie à nombre fini d'états, la période est soit 1, soit 2, suivant l'état initial. Les trajectoires dans l'espace des phases sont stables le long de ces périodes avec une notion de stabilité un peu différente de la notion habituelle : si l'on change de l'extérieur, à un instant donné, les états de quelques sites, la dynamique ne s'écartera pas significativement de la période en question. Cette précaution de langage a été prise pour rendre compte de ce que, dans un automate discret, des changements infiniment petits dans l'espace des phases n'existent pas. Par contre, si dans cet automate de Kaufman, l'interaction se fait – en moyenne – avec deux sites ou davantage, alors la dynamique est beaucoup plus « chaotique », en ce sens que les systèmes finis (qui sont les seuls que l'on puisse véritablement étudier dans les ordinateurs) ont des périodes très longues, pratiquement les plus longues possibles compte tenu du nombre fini de leurs éléments, et il y a instabilité des trajectoires par rapport aux changements de conditions initiales. Encore une fois, répétons que l'instabilité doit être définie avec certaines précautions puisque, dans un système discret, on ne peut faire de changements de conditions initiales aussi petits qu'on le voudrait : deux conditions initiales diffèrent au moins par une permutation en un site donné, de 0 en 1.

On peut donc dire que ce système passe d'une dynamique régulière à une dynamique « chaotique » par augmentation du nombre moyen de sites en interaction. Dans son régime « chaotique », ce système explore le maximum possible d'états de son espace de configuration, alors qu'au contraire il se maintient dans une très petite partie de cet espace s'il est dans le régime non « chaotique » à faible nombre de connexions. Ceci est un bon exemple de transition due à un changement quantitatif plutôt que qualitatif.

Déterministe et « chaotique »... mais sans SCI !

Considérons maintenant un automate dont tous les sites sont répartis uniformément sur une droite (figure 3). Comme précédemment, ces sites ne peuvent prendre que les valeurs 0 ou 1 ; décidons par ailleurs que la valeur affectée à un site au temps $t+1$ dépendra – selon une certaine règle d'évolution – des valeurs affectées, au temps t, à ce site et aux deux sites plus proches voisins (où les états possibles sont au nombre de 8 et répertoriés dans le tableau ci-dessous). Wolfram, qui a beaucoup étudié ces automates, propose des règles d'évolution parmi lesquelles nous avons choisi celle décrite dans le tableau suivant (nommée règle 30) :

État du site et de ses deux voisins au temps t	111	110	101	100	011	010	001	000
État du site au temps $t + 1$	0	0	0	1	1	1	1	0

Ce tableau signifie (première colonne) que si un site vaut 1 au temps t, et que ses deux voisins valent eux aussi 1, la valeur à $t+1$ sera 0. Une application de cette règle donne par exemple deux situations représentées figure 3 pour deux fragments de lignes à des temps successifs t et t + 1. La figure 4 représente une extension de la figure 3 à 128 pas de temps et 128 sites ; les états sont représentés, les uns au-dessous des autres, en fonction du temps, chaque ligne représentant un pas de temps. Un tel diagramme figurant une évolution d'un état spatial en fonction du temps est dit « spatio-temporel ». À ce sujet, notons qu'il est intéressant, à plus d'un titre, de remplacer, comme nous l'avons fait dans cette représentation, la coordonnée de temps par une coordonnée d'espace [4].

Un résultat aussi remarquable que paradoxal est que la règle d'automate très simple (et déterministe) qui a permis de construire la figure 4 conduit néanmoins à un comportement qui a tous les caractères d'une dynamique « chaotique ». Contrairement au mécanisme de chaos purement temporel, ce comportement n'est d'ailleurs pas encore totalement compris. En effet, on ne peut appliquer *a priori* l'idée de sensibilité aux conditions initiales à ces modèles : deux conditions initiales ne peuvent différer que du tout au tout, vu que les deux seules valeurs possibles sont 0 et 1 ; on ne peut donc évoquer une amplification exponentielle des écarts puisqu'ils sont, dès le départ, à leur valeur maximale (au moins localement). Ainsi, la théorie de ces automates, un peu comme l'arithmétique [5], conduit à des problèmes d'une formulation très simple mais dont la preuve – si elle existe – est particulièrement ardue. Plus généralement, les travaux sur les automates à structure géométrique (c'est-à-dire sur une droite, un réseau carré, cubique) ont conduit à la constatation que des règles d'évolution déterministes très simples peuvent conduire à des structures très erratiques dans l'espace et dans le temps. L'origine du « chaos » est, dans ce cas, indissolublement liée à l'existence d'un grand nombre de degrés de liberté. En effet, dans un automate, quelques sites en interaction qui auraient une dynamique déterministe ne peuvent qu'évoluer vers un état périodique dans le temps. N'ayant qu'un nombre fini d'états (un état d'un tel système est par définition la liste des 0 et des 1 à un instant donné dans l'ensemble des sites), ils doivent donc repasser obligatoirement par un état déjà visité ; à partir de ce moment-là, l'histoire ne peut que se répéter éternellement. On en a vu plus haut un exemple dans l'automate à quatre sites régi par une règle totalistique (figure 1). Ce

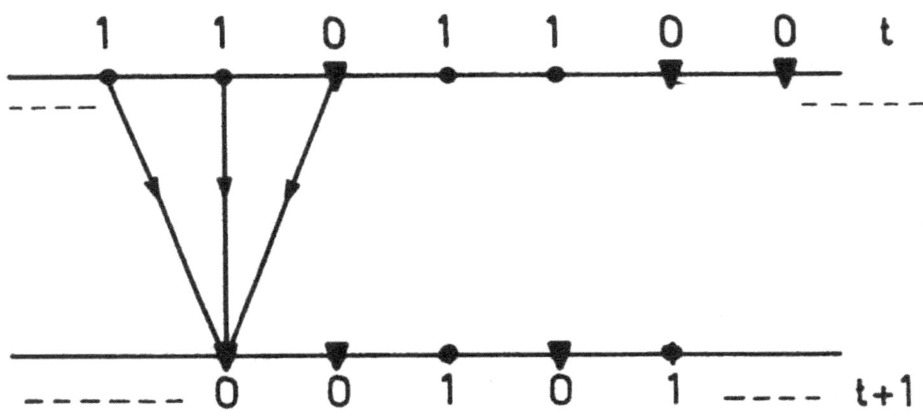

Fig. 3 – Principe d'un automate sur la droite, représentant un système ayant une structure géométrique, car ici, contrairement au cas de la figure 2, les « voisins » sont réellement des voisins au sens de la géométrie de la droite. Deux états successifs de l'automate au cours du temps (t et t + 1) sont représentés pour une règle identique en tous les sites du réseau, règle (voir tableau dans le texte) qui fait intervenir à la fois le site et ses deux voisins immédiats. On peut vérifier que l'automate est bien déterministe, puisqu'un voisinage et un site dans le même état au temps t donnent bien toujours le même état pour le site central au temps t + 1.

type de raisonnement ne s'applique évidemment pas à un système infini, qui a un nombre infini d'états possibles et n'a donc pas de raison *a priori* de revenir à un état antérieur. En pratique, un réseau de taille modeste pourra être considéré comme infini, même s'il n'est pas très grand, puisque son nombre d'états possibles croît exponentiellement avec sa taille : un réseau de 10 sites a déjà $2^{10} = 1\,024$ états possibles, alors qu'un réseau de 100 sites (qui tient sans problème dans un petit ordinateur pour un état donné) a 2^{100} états possibles, un nombre déjà gigantesque.

Intermittences d'espace et de temps

La mécanique des fluides offre un exemple de phénomène physique ayant un comportement analogue à celui de l'automate linéaire de la figure 4. Dans des conditions géométriques convenables, une couche de fluide chauffée par le bas (voir chapitre 7, la convection dite de Rayleigh-Bénard) peut être le siège de mouve-

Fig. 4 – Résultat d'un calcul d'évolution sur la droite pour la règle 30 de Wolfram (voir tableau ci-dessus). La valeur 1 est représentée par une tache noire. Cette règle est remarquable en ce sens que, bien que parfaitement déterministe, elle donne un comportement chaotique persistant au cours du temps et homogène en moyenne dans l'espace. La représentation utilise le temps comme coordonnée verticale (descendante), et l'« espace » sur l'horizontale. Le calcul a été fait sur 1 000 sites ; seuls les 128 sites centraux sont représentés sur la figure pendant une évolution de 128 pas de temps consécutifs. (Figure due à Michel Roger, CEA Saclay.)

ments organisés en tourbillons (ou rouleaux convectifs) régulièrement disposés. Rappelons que, dans un récipient de taille suffisamment petite, le nombre de ces tourbillons peut être réduit à deux, et une telle paire constitue un véritable système dynamique à l'aide duquel les attracteurs étranges de la turbulence convective ont été découverts et leur dimension fractale a été mesurée.

Au milieu des années quatre-vingt, des études intensives se pratiquaient pour simuler, à l'ordinateur, le comportement d'un grand nombre de sytèmes dynamiques en interaction. Les deux grandes catégories de systèmes étudiés étaient les automates cellulaires et, conceptuellement très voisins, les réseaux d'applications couplées. Dans ce dernier cas, on place en chaque nœud d'un réseau linéaire – par exemple – une application itérée du genre de celle étudiée au chapitre 4, mais dont la valeur de la variable est influencée par celles prises par les sites voisins ; il y a donc couplage avec ces derniers. L'idée est alors venue aux auteurs de ce livre d'étudier – pour donner un support concret à ce modèle – le comportement d'un nombre important de paires de tourbillons convectifs en interaction (un peu plus de quarante paires), le long d'une rangée comme cela est schématisé figure 5. Le seul fait que toutes ces paires se disposent les unes à côté des autres (donc s'engrènent mutuellement) assure naturellement le couplage : un tourbillon ne peut ralentir sans entraîner ses voisins immédiats à réduire aussi leur vitesse, par effet de friction en quelque sorte. Le point crucial de la réalisation était de faire en sorte que ces multiples paires de tourbillons soient – au départ – aussi identiques que possible pour ne pas introduire de complication supplémentaire et se rapprocher des conditions toujours idéalisées des modèles théoriques. Cela peut être obtenu en adoptant une géométrie adéquate pour la cellule où se trouve le fluide chauffé. Une description schématique des tourbillons peut alors être faite en faisant correspondre chacun d'entre eux à un site d'un modèle d'automate sur une ligne, avec deux états possibles : turbulent et laminaire (ou non turbulent).

Il y a d'ailleurs une disposition expérimentale qui permet de réaliser, dans une certaine mesure, l'équivalent d'un nombre infini de rouleaux en interaction bien que *stricto sensu* cela soit évidemment impossible dans la réalité. Mais sa traduction pratique – chaque tourbillon est entouré de deux voisins – est, par contre, réalisable expérimentalement : il suffit d'adopter une géométrie annulaire (voir figure 6) qui referme en quelque sorte la rangée de tourbillons sur elle-même, car il n'y a alors pas de paroi la bornant longitudinalement (on dit que l'on a réalisé les conditions de contour périodiques).

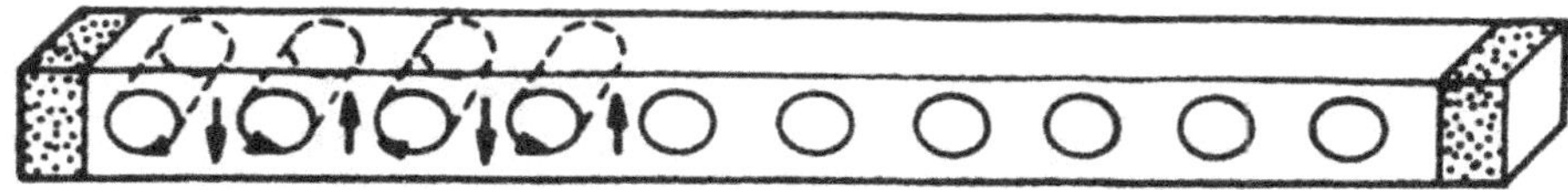

Fig. 5 – Schéma de l'arrangement de tourbillons convectifs dans un canal allongé.

Des expériences ont donc été réalisées au CEA à Saclay [6]. À travers les « images » de ces chaînes de tourbillons en interaction, le comportement était suivi à la fois dans l'espace et dans le temps et ceci pour différentes valeurs du paramètre de contrôle qui est ici la différence de température appliquée verticalement à la couche fluide (exprimée aussi par le nombre de Rayleigh, du nom du physicien anglais, Lord Rayleigh, qui avait abordé le premier, au début de ce siècle, la théorie de l'instabilité convective).

Comme les structures vont varier à la fois dans l'espace et dans le temps, seul un film donnerait à la variable temps sa véritable signification. Nous avons plutôt employé un principe d'illustration calqué sur celui utilisé précédemment pour les automates cellulaires et basé sur le fait que les structures considérées se construisent essentiellement selon une seule direction (la plus grande longueur de la cellule) sous la forme de motifs alignés dans l'espace. On dit alors que le système est (pratiquement) unidimensionnel. D'une suite de clichés instantanés de la rangée de tourbillons, on ne garde – dans la mémoire d'un ordinateur – qu'une ligne parallèle à la rangée, choisie pour donner la meilleure mesure possible (succession de zones alternativement claires et sombres reflétant l'agencement des tourbillons). Mises les unes au-dessous des autres, ces lignes donnent une image de l'évolution dynamique, le temps devenant la variable verticale dans cette représentation (tout comme pour l'automate de la figure 4).

En dessous d'une certaine valeur du paramètre de contrôle (ici la différence de température), les motifs sont réguliers et périodiques (la structure est alors pratiquement immobile, c'est l'état laminaire pour l'ensemble de la structure). Mais au-delà de cette valeur bien définie, un phénomène important a été découvert dans la dynamique particulière avec laquelle cette structure se désorganise : il y a appa-

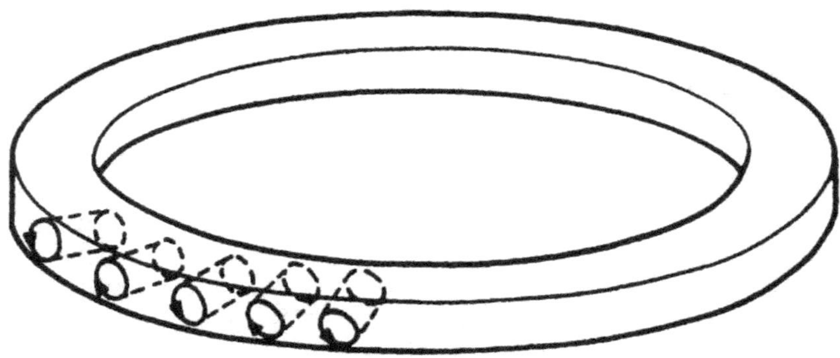

Fig. 6 – Vue schématique de tourbillons convectifs dans une cellule annulaire (l'axe des tourbillons est radial).

rition de zones turbulentes qui s'échangent sans cesse au cours du temps avec des zones laminaires. Les grandeurs définissant l'état local du système de tourbillons, comme, par exemple, la vitesse, se mettent à fluctuer erratiquement dans les zones de turbulence alors qu'en d'autres endroits la structure reste inchangée et la vitesse quasi stationnaire. Dans la représentation montrée figure 7, on voit une transition entre régime laminaire et régime turbulent par ce que l'on appelle l'« intermittence spatio-temporelle ». La première série d'enregistrement (7.a), prise dans l'état non turbulent, révèle bien la structure périodique stable. Dans la série (7.b), prise au-delà du seuil d'intermittence spatio-temporelle, on voit un mélange persistant d'ordre et de désordre spatial : des régions désorganisées se propagent dans les régions ordonnées, donnent naissance à de nouvelles régions turbulentes et, éventuellement, meurent. L'antagonisme entre la création de nouveaux domaines turbulents et leur disparition spontanée est juste équilibré au seuil d'intermittence spatio-temporelle : au-delà de ce seuil, les domaines turbulents subsistent en moyenne, la création l'emportant sur la disparition, alors qu'en dessous de ce seuil le processus de disparition l'emporte et une turbulence initiale disparaît toujours et définitivement au bout d'un certain temps (qui s'allonge d'autant plus qu'on se rapproche du seuil). Un des auteurs de ce livre (Y. P.) a proposé une conjecture faisant le parallèle entre l'intermittence spatio-temporelle et le phénomène de percolation dirigée [7] ; cette conjecture illustre parfaitement l'intérêt

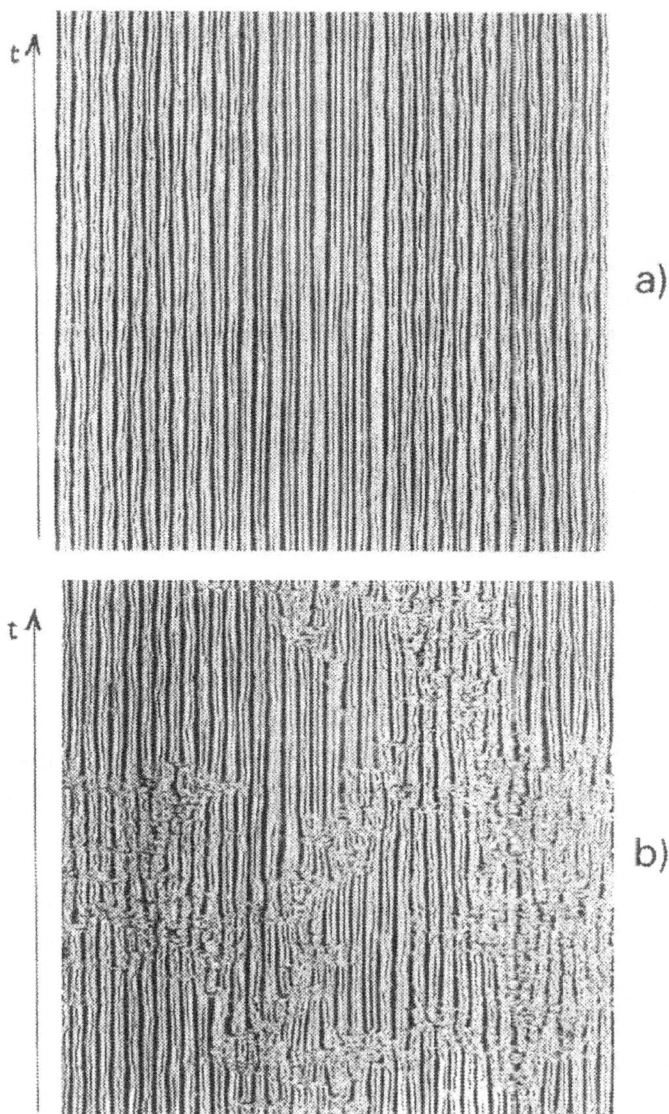

Fig. 7 – Diagrammes spatio-temporels donnés par l'évolution de tourbillons dans la géométrie annulaire.

a – Régime stable au-dessous du seuil Ri de la différence de température pour laquelle il y a apparition des bouffées turbulentes.

b – Régime d'intermittences spatio-temporelles observées au-delà de Ri. On note la coexistence de régions ordonnées (ou laminaires) et de régions turbulentes. D'après F. Daviaud, CEA Saclay.

conceptuel de remplacer la coordonnée de temps par une coordonnée d'espace (bien au-delà de la commodité de représentation
graphique).

Au seuil de l'intermittence, la compensation moyenne entre mort
et naissance se traduit par de très grandes variations de taille et de
durée de vie des régions turbulentes tout à fait caractéristiques de
cette intermittence spatio-temporelle.

L'intermittence spatio-temporelle présente une certaine ubiquité
et elle est observée dans divers systèmes expérimentaux ainsi, d'ailleurs, que dans des modèles mathématiques, comme celui illustré
par la figure 8.

L'intermittence spatio-temporelle :
un phénomène universel ?

Il existe des systèmes, réels et pas seulement mathématiques, qui,
présentant ce type de comportement intermittent, paraissent se stabiliser spontanément à la valeur seuil pour laquelle l'intermittence
est maximale. Au lieu de se trouver en permanence à une valeur bien
définie d'un paramètre de contrainte, ces systèmes présentent de
temps en temps des comportements d'intermittence spatio-temporelle, séparés par de longues périodes de calme. Autrement dit, le
paramètre de contrôle dans de tels systèmes n'est plus constant ; il
croît mais très lentement au cours du temps, jusqu'à atteindre la
valeur seuil, et la bouffée d'intermittence spatio-temporelle qui se
produit alors fait décroître la contrainte loin en dessous du seuil, à
partir duquel elle recommence à croître jusqu'à la prochaine bouffée. Un exemple de cette situation se trouve dans le problème des
tremblements de terre beaucoup étudié en Californie, pour une raison bien compréhensible. Du point de vue mécanique, un tremblement de terre est dû au glissement d'une plaque continentale sur une
autre. Chacune de ces plaques est soumise à des contraintes qui
tendent à la déplacer (c'est la tectonique des plaques) par rapport
aux plaques adjacentes. Les lois du frottement entre plaques sont
celles du frottement solide : il faut un seuil de contrainte minimal
pour que le déplacement ait lieu. Une fois ce seuil dépassé, le glis-

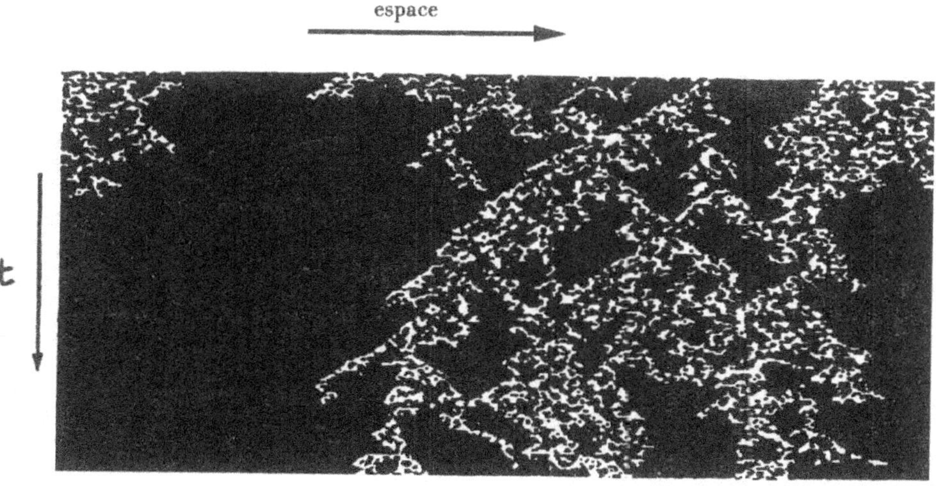

Fig. 8 – Intermittences spatio-temporelles observées dans un modèle numérique où un grand nombre de sites (plusieurs centaines) sont répartis sur une ligne et interagissent entre plus proches voisins. En chaque site, l'état au temps t + 1 dépend de l'état de ce site au temps t suivant une relation bien définie, qui fait aussi intervenir un couplage prenant en compte l'état des deux proches voisins. L'intensité du couplage est un paramètre du système et, si elle excède une certaine valeur critique, les intermittences spatio-temporelles apparaissent. Sur la figure, les régions noires sont « laminaires », les régions claires sont « turbulentes ». [D'après H. Chaté et P. Manneville, *Spatiotemporal Intermittency in Coupled Map Lattices*, Physica **D32**, p. 409 (1988).]

sement se produit (et l'on peut en voir le résultat par des remaniements locaux de la géodésie), relaxant ainsi la contrainte qui croît ensuite de nouveau jusqu'au déclenchement du tremblement de terre suivant. Il y a deux échelles de temps bien distinctes dans ce phénomène : le temps séparant deux tremblements de terre importants, typiquement de l'ordre de la dizaine d'années ou même du siècle, et la durée de ces tremblements, quelques minutes en général. Il se trouve que les enregistrements réalisés au cours de ces tremblements de terre montrent qu'au cours d'un même événement les variations d'accélération mesurées par les sismographes [8] sont très irrégulières, et une interprétation de cette irrégularité est très proche de celle intervenant dans l'intermittence spatio-temporelle.

Le modèle des tremblements de terre que l'on emploie souvent est celui de Burridge-Knopoff. Ce modèle mécanique est assez simple et conserve néanmoins une certaine dose de réalisme tout en se prêtant à des investigations théoriques détaillées. Nous allons en présenter les idées principales, ainsi que certains des résultats que l'on en déduit. Il s'agit de représenter deux plaques glissant l'une par rapport à l'autre [9]. On impose donc *a priori* un mouvement à vitesse constante (dans la réalité cette vitesse est de l'ordre du centimètre par an) d'une plaque par rapport à l'autre : ces plaques peuvent être schématisées par deux plans parallèles qui sont à une certaine distance l'un de l'autre et glissent parallèlement à eux-mêmes (voir figure 9 où est représentée une coupe perpendiculaire aux plans qui, de ce fait, sont figurés par deux droites parallèles). Pour qu'il se passe quelque chose, il faut introduire un frottement entre ces deux « plaques ». L'idée du modèle est de relier la « plaque » du dessus à une rangée de blocs « frotteurs » disposés à intervalles réguliers et en contact avec l'autre plaque, elle-même située par convention en dessous, la liaison se faisant par des ressorts élastiques (dans la réalité les plaques seraient plutôt séparées par une fissure – ou faille – verticale et non horizontale). Pour introduire un effet coopératif dans le glissement, ces blocs sont, en plus, reliés entre eux par d'autres ressorts. Le dernier ingrédient tient dans la donnée d'une loi de friction de chaque bloc individuel avec la plaque sous-jacente. On prend une loi de type frottement solide [10], c'est-à-dire qu'il n'y a pas de déplacement tant que la force tendant à faire glisser le bloc n'a pas atteint une valeur seuil, et, qu'au-delà de cette valeur seuil, la force de frottement décroît avec la vitesse.

Ce modèle ne prétend naturellement pas être une représentation fidèle de la nature, puisque les forces élastiques existent au sein même des solides constituant les plaques. En revanche, il permet d'étudier assez en détail une dynamique de tremblement de terre par décrochement plus ou moins localisé d'une plaque par rapport à l'autre, alors qu'une modélisation directe du phénomène par la mécanique du solide continu (donc sans blocs et/ou ressorts) et les lois du frottement paraît pour l'instant hors d'atteinte. Le modèle présente *a priori* les caractères de base des modèles d'intermittence spatio-temporelle : si l'on considère que l'événement « turbulent » local est le glissement, ce glissement, s'il est isolé, a une durée finie, jusqu'à ce que le bloc glissant rattrape sensiblement le déplacement

Fig. 9 – Représentation mécanique du modèle de Burridge-Knopoff. La partie supérieure représente la plaque tirée à vitesse constante, la plaque inférieure étant fixe. En moyenne, la plaque du dessus doit donc glisser par rapport à celle du dessous (la notion de dessus/dessous n'a ici qu'une valeur graphique, les forces de pesanteur ne jouant pas de rôle dans ce modèle). La friction entre plaques est réalisée par une série de blocs en frottement solide avec la plaque inférieure. Pour représenter les forces élastiques, on suppose les blocs reliés les uns aux autres par des ressorts (les spirales horizontales) et mus eux-mêmes par l'intermédiaire de barres flexibles (les arcs de courbe les reliant à la « plaque » supérieure).

de la plaque supérieure qui le tirait par l'intermédiaire de sa liaison élastique. Mais, en se déplaçant, ce bloc va tirer le bloc voisin, et donc il y a une certaine probabilité que la fluctuation qui a fait glisser le premier bloc se transmette de proche en proche. Nous voyons donc une compétition entre deux processus : l'un de décroissance spontanée du glissement, l'autre de contamination, comme dans l'intermittence spatio-temporelle. La raison pour laquelle on resterait spontanément au voisinage de ce seuil d'intermittence est beaucoup moins évidente. La figure 10 montre un enregistrement d'une suite de décrochements observés par calcul à partir du modèle de Burridge-Knopoff. Cette élégante théorie n'a pas qu'une valeur qualitative, elle permet de rendre compte de ce que l'on appelle la loi de Gutenberg-Richter en sismologie, qui relie la fréquence des phénomènes sismiques à leur amplitude (mesurée sur l'échelle de Richter). Cette loi de Gutenberg-Richter, illustrée par la figure 11, est obtenue à partir d'une compilation de données sur les tremblements de terre observés depuis une centaine d'années. Si m est l'amplitude d'un événement mesurée sur cette échelle de Richter, par définition, le déplacement moyen (des blocs dans notre modèle, de la faille dans la réalité) est proportionnel à $\exp(\frac{m}{m_0})$, alors que la fréquence des

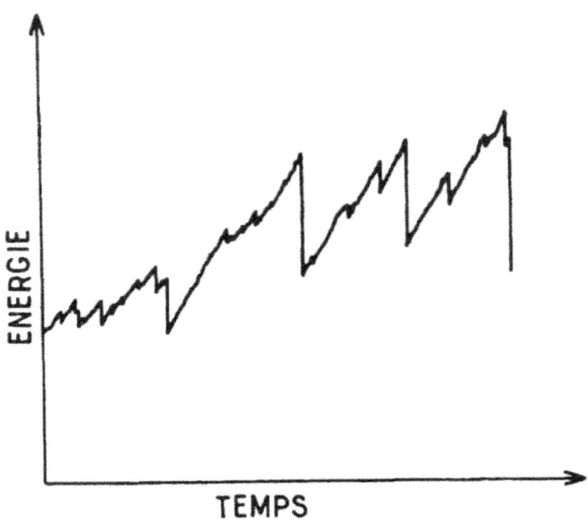

Fig. 10 – Évolution temporelle de l'énergie du système de ressorts dans le modèle de Burridge-Knopoff. On notera le caractère brutal et irréversible des variations d'énergie ainsi que la grande variabilité dans les amplitudes des événements. Par ailleurs, ceux-ci se manifestent à des intervalles très irréguliers, tout comme les tremblements de terre dont les magnitudes seraient figurées par la valeur des sauts en énergie.

tremblements de terre d'amplitude comprise entre m et m + dm est $R(m) = Ae^{-bm}$ dm ; b est une constante sans dimension (c'est-à-dire qu'elle ne dépend pas des unités physiques choisies) très proche de 1 à la fois dans le modèle de Burridge-Knopoff et dans la réalité. L'existence d'un tel nombre « universel » est caractéristique de l'intermittence spatio-temporelle et constitue un remarquable succès de ce type d'approche. Remarquons qu'elle fournit une explication naturelle de la loi de Gutenberg-Richter, sans utiliser d'intermédiaire ou d'hypothèse *ad hoc*, comme cela arrive parfois dans certaines explications des phénomènes physiques ou géophysiques, où sont introduites, au départ, des conditions entraînant automatiquement un résultat équivalent à celui que l'on veut établir.

Naturellement la sismologie voudrait bien devenir une science prédictive, c'est-à-dire – pratiquement – être capable de prévoir avec une bonne fiabilité les tremblements de terre, au moins comme la météorologie qui sait prévoir aujourd'hui les tempêtes, avec quelques jours d'avance, suffisants la plupart du temps pour prendre les

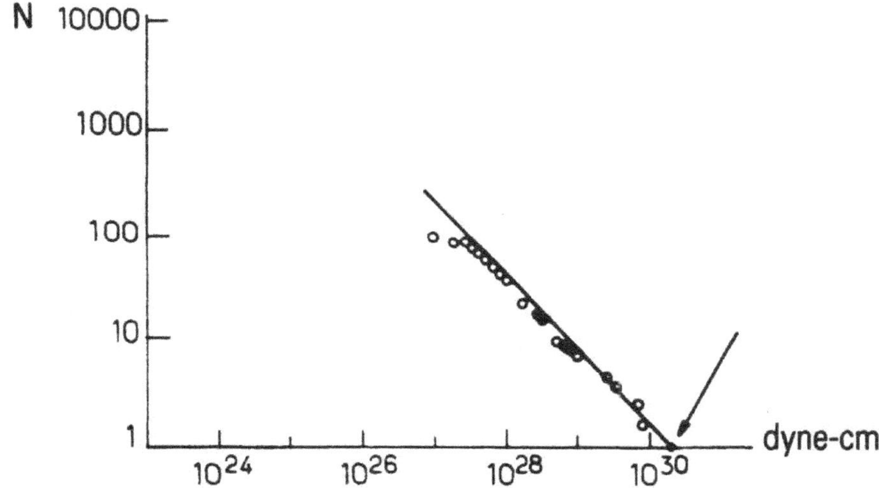

Fig. 11 – Nombre d'événements sismiques N (pratiquement les tremblements de terre) observés depuis le début du XXe siècle en fonction de leur amplitude. Celle-ci est mesurée par le moment, en dynes-cm, des forces mises en jeu lors de l'événement, unité de mesure qui a une signification physique plus directe que la magnitude de Richter, qui serait proportionnelle au logarithme du moment. On remarque, bien sûr, qu'il s'agit d'une loi de puissance dite « loi de Gutenberg-Richter », qui se traduit par une droite dans la représentation logarithmique adoptée pour les coordonnées. L'extrapolation vers les événements rares correspond à la magnitude du tremblement de terre le plus important des temps modernes, observé au Chili en 1961, et qui correspond à la flèche de la figure. La « courbure » apparente vers le bas pour les petites magnitudes (soit pour des moments de l'ordre de ou inférieurs à 10^{27} dynes-cm) tient à ce que les événements correspondants ayant des effets faibles sont donc plus difficiles à détecter, d'où une sous-estimation probable de leur nombre.

mesures de sauvegarde nécessaires. On connaît bien les régions sismiques, qui pour certaines d'entre elles sont très peuplées et développées : Californie, Japon central, région de Santiago du Chili, Grèce, etc. On a donc cherché si les tremblements de terre importants sont précédés de modifications physiques liées à un accroissement anormal des contraintes dans les roches qui pourrait donner lieu ensuite au relâchement majeur qu'est un tremblement de terre. Ces recherches, empiriques pour l'instant, ne semblent pas utiliser de modélisation mécanique détaillée des tremblements de terre, comme celle de Burridge-Knopoff. Pour se faire une idée de la difficulté du problème, on peut penser à l'expérience simple consistant à faire glisser un solide sur une surface un peu rugueuse, en augmentant très lentement la traction exercée. On aura assez facilement une idée de l'ordre de grandeur de la traction critique nécessaire pour déclencher le glissement. Par contre, la rugosité des surfaces fera que cette force critique variera dans une certaine mesure d'un glissement à l'autre, entraînant une incertitude sur l'instant précis de la mise en mouvement, incertitude qui, dans le cas des tremblements de terre, pourrait être de l'ordre de la dizaine d'années ou même davantage.

Indiquons tout de même qu'un groupe de géophysiciens grecs a récemment proposé une méthode (dite VAN, du nom des auteurs) de prévision des séismes basée sur des mesures électriques, méthode dont l'interprétation des résultats semble partager la communauté géophysicienne...

CHAPITRE 12

Une petite histoire du chaos

> « Y a-t-il une histoire impartiale ? »
> Anatole FRANCE

Les auteurs ne prétendent pas retracer ici une histoire du chaos, encore moins l'histoire du chaos. En revanche, ayant eux-mêmes participé aux recherches qui s'y rapportent, ils se sentent concernés pour donner leur point de vue sur les étapes importantes qui ont contribué à la compréhension des systèmes dynamiques non-linéaires, dont le chaos déterministe est l'un des aspects les plus connus.

Leur appréhension des faits est nécessairement subjective comme l'ont été – et quelquefois ô combien ! – certains écrits sur cette histoire encore toute récente. C'est donc une occasion pour eux d'apporter un éclairage un peu différent – et correcteur espèrent-ils – sur certains aspects historiques qui ont pu être distordus.

Les pères fondateurs

Le premier nom évoqué est souvent celui de Henri Poincaré (1854-1912), cousin de Raymond Poincaré, qui fut président de la République française de 1913 à 1920. Henri Poincaré est considéré comme l'un des fondateurs de l'étude moderne des systèmes dynamiques et comme l'inventeur des propriétés essentielles du chaos (même si le nom n'existait pas à l'époque dans ce sens). Son œuvre est immense. Elle porte en particulier sur l'intégration des équations différentielles et utilise souvent des méthodes géométriques qui ont permis des percées spectaculaires. Ses préoccupations concernant les équations différentielles étaient liées, au moins en partie, aux problèmes que pose la mécanique céleste et, en particulier, la stabilité du système solaire. En étudiant un modèle simplifié de celui-ci (trois corps massifs en interaction newtonienne), il a montré que ce problème n'a pas de solution analytique générale. Cela implique en particulier que l'on ne peut pas exprimer les positions et les vitesses des trois corps en interaction par des fonctions connues comme sinus, exponentielle, etc. (voir chapitre 8).

En étudiant, au voisinage de solutions périodiques, la stabilité des solutions des équations à l'aide de développements en série de perturbations (une perturbation correspond, par exemple, au petit effet du Soleil sur l'orbite képlérienne de la Lune autour de la Terre), il a trouvé que les séries divergent, rendant ainsi illusoire l'approximation faite des petites perturbations. Si les premiers termes de ces séries permettent une prédiction convenable de la trajectoire aux temps « courts » (qui peuvent être en fait déjà très longs par rapport à une vie humaine), cette dernière est instable à long terme lorsque des corrections supposées petites au départ deviennent importantes. La possibilité de mouvements erratiques dans un système à petit nombre de degrés de liberté était entrevue. De plus, Poincaré en avait compris la raison profonde, que nous appelons, aujourd'hui, sensibilité aux conditions initiales ou SCI. Il écrit [1], en effet, « une cause très petite qui nous échappe, détermine un effet considérable que nous ne pouvons pas ne pas voir, et alors nous disons que cet effet est dû au hasard [...] il peut arriver que de petites différences dans les conditions initiales en engendrent de très grandes dans les phénomènes finaux [...] la prédiction devient impossible ». Il est difficile d'exprimer plus clairement l'essence même du chaos.

Un autre pionnier dans le domaine du chaos est Jacques Hadamard (1865-1963). Professeur au Collège de France, son séminaire était un lieu de réflexion majeur [2] pour les mathématiciens français de l'époque. Il s'est surtout intéressé à des problèmes géométriques plutôt que dynamiques (il s'agissait de questions de topologie au sens moderne). En particulier à la fin du siècle dernier, il étudiait les géodésiques. Ces dernières sont, sur des surfaces, les courbes de plus court chemin d'un point à un autre ou encore les trajectoires de masses ponctuelles qui seraient contraintes à se mouvoir sur ces surfaces du seul fait de leur inertie. Sur un plan, les géodésiques sont les lignes droites, sur une sphère, ces géodésiques sont les grands cercles. Mais Hadamard étudiait ces géodésiques sur des surfaces autrement moins évidentes que celle de la sphère, soit des surfaces « à courbure négative ». Ce terme exprime qu'une coupe de ce type de surface par deux plans perpendiculaires entre eux et contenant une perpendiculaire à la surface fait apparaître deux courbures inversées comme, par exemple, dans le cas d'une selle de cheval ou un col en montagne. Le fait important que Hadamard a su montrer est que, sur ces surfaces à courbure négative, tout léger changement apporté à la direction initiale d'une géodésique aboutit à une géodésique qui devient rapidement très différente. Traduite en termes de trajectoires, cette propriété est celle de la SCI qui aboutit au chaos.

D'autres pères fondateurs : l'école russe

Quelquefois peu ou mal connus à l'extérieur de la Russie, les travaux de l'école russe – réputée pour ses mathématiciens et physiciens théoriciens – sont néanmoins fort importants et ont influencé, consciemment ou non, les études modernes des systèmes dynamiques. Beaucoup des éléments de ce paragraphe sont empruntés à S. Diner auquel nous renvoyons le lecteur pour une information plus complète sur « les voies du chaos déterministe dans l'école russe »[3]. De l'époque de Poincaré, deux noms en particulier méritent d'être retenus, A. M. Lyapunov (1857-1918) et L. I. Mandelshtam. Le premier, dont le nom est solidement ancré au domaine du chaos (les exposants de Lyapunov mesurent la vitesse de divergence – ou de convergence – de deux trajectoires voisines de l'espace des phases) a contribué de façon importante aux études de la stabilité des mouvements (1892). Mandelshtam, quant à lui, a été le chantre de l'approche vibratoire en physique et le fondateur d'une école (à partir de 1914) qui a beaucoup contribué au développement des idées sur les phénomènes non linéaires. En particulier, l'un de ses élèves, A. Andronov (1901-1952)[4], a étudié les systèmes (non linéaires) oscillants auto-entretenus et montré le sens physique de la notion, jusque-là restée abstraite, de cycle limite de Poincaré. L'« auto-oscillateur » (voir chapitre 5) a, depuis, acquis le statut – qu'il a gardé – de modèle pour l'étude des systèmes dynamiques. À noter que l'un des articles fondateurs de la théorie correspondante fut publié – en français tout comme d'autres contributions fondamentales de cet auteur – en 1929 aux Comptes Rendus de l'Académie des Sciences (note présentée par Hadamard). Pour souligner la vigueur de l'école de Mandelshtam sur les oscillateurs non linéaires, notons qu'à son tour, un élève d'Andronov, Neimark, a montré, dans les années cinquante, la possibilité théorique de l'existence d'« auto-oscillations stochastiques » et donc, peut-être, le premier système chaotique bien avant Lorenz.

Plus près de nous, mais toujours issue de la même école, mentionnons l'importante contribution de B. V. Chirikov, qui mit en évidence, à l'aide de calculs numériques, des comportements chaotiques dus à l'interaction de résonances pour des trajectoires dans des accélérateurs de particules (1959). Toujours aux confins de ce que nous considérons (arbitrairement) comme le début de l'époque moderne, deux autres grandes figures de l'école russe doivent être mentionnées. Il s'agit tout d'abord de A. N. Kolmogorov (1903-1987), grand mathématicien et théoricien. Dans le domaine qui nous concerne, il est connu pour avoir prévu avec succès la répartition spectrale des fluctuations d'un fluide très turbulent, une contribution fondamentale qui explique comment l'énergie des fluctuations turbulentes se répartit en fonction de leur échelle spatiale. Aussi célèbre est le théorème KAM (des noms de Kolmogorov, Arnold et Moser, voir chapitre 8), qui concerne la stabilité des régimes quasipériodiques dans les systèmes conservatifs tel le problème des trois corps (1954). Il complète en quelque sorte les vues de Poincaré montrant qu'il existe des conditions initiales pour lesquelles les solutions sont structurellement stables vis-à-vis de faibles perturbations, les trajectoires se bobinant alors sur les « tores de KAM ». Deux autres contributions importantes de Kolmogorov se rapportent au domaine du chaos, le concept d'entropie de Kolmogorov et celui de complexité algorithmique (1958, voir Versets chaotiques). On doit à Arnold, éminent mathématicien lui aussi, outre sa contribution à la preuve du théorème de KAM, une application du cercle dans lui-même dite « transformation d'Arnold » (dont il semble d'ailleurs qu'il n'ait pas lui-même étudié les régimes chaotiques). Celle-ci permet de décrire de façon très simple et néanmoins robuste l'essentiel des comportements d'un oscillateur forcé et sa transition au chaos. Il a aussi proposé une transformation du plan conservant les aires. Elle porte le nom plaisant de « chat d'Arnold » et est une version originale de la transformation du boulanger (notons que certains attribuent l'idée initiale de cette transformation à Thom et Smale). Terminons en entrant de plain-pied dans « l'époque moderne », mais en restant dans l'école russe avec la grande figure de Y. Sinaï. Dans le prolongement des idées d'Hadamard et de Hopf, Y. Sinaï a trouvé dans les années soixante à soixante-dix, une version particulière de la SCI qui s'applique (entre autres) au cas des trajectoires de boules sphériques rebondissant sur les parois d'un billard contenant un obstacle convexe [5] (problème à peine idéalisé par l'absence de frottement car il s'agit d'une démonstration mathématique). La conclusion de ce travail essentiel de Sinaï est, en particulier, que l'on ne peut espérer prévoir la trajectoire de la boule après seulement quelques collisions.

Les classiques de l'époque moderne

En dehors de l'école russe et au début de ce que nous appelons « l'époque moderne » (des années cinquante à nos jours), Edward Lorenz par son article historique de 1963 (voir chapitre 9) a marqué un tournant décisif de l'histoire du chaos. « Aurait dû marquer », devrions-nous dire, car cet article essentiel où est présenté le fameux système d'équations qui modélise l'évolution des mouvements atmosphériques, où l'attracteur étrange est tracé et l'effet de la SCI démontré est resté près de 10 ans inconnu de presque tous les physiciens et mathématiciens... qui ne lisent guère les revues de météorologie. Notons le sort encore plus effacé réservé à une tentative de même nature que celle de Lorenz mais se rapportant aux inversions du champ magnétique terrestre, celle de Rikitake qui, bien qu'antérieure à celle de Lorenz, reste une référence peu citée (voir chapitre 3).

À la charnière des années soixante et soixante-dix, trois autres travaux essentiels voient le jour. Celui de Ruelle et Takens en 1971 eut rapidement un impact important dans la communauté scientifique. Il est piquant de savoir que, de l'aveu même de l'un de ces auteurs, l'article de Lorenz n'était pas connu d'eux, ni certaines idées de Poincaré se rapportant à l'instabilité des trajectoires. Bien que d'un contenu très mathématique et abstrait qui méritait largement une réinterprétation en termes plus accessibles (au moins pour les expérimentateurs), cet article a eu le grand mérite de poser clairement le problème de la nature de la turbulence. Question sacrilège s'il en était, la question de la turbulence hydrodynamique étant affaire de mécaniciens des fluides qui, pour certains d'entre eux, ne voyaient pas ce que mathématiciens ou physiciens théoriciens venaient faire dans leur domaine. La mécanique des fluides traditionnelle avait en effet accordé peu d'intérêt aux mécanismes sous-jacents de la naissance de la turbulence, probablement sous l'effet de pesanteurs historiques, ce sujet n'ayant jamais été au centre de recherches qui insistaient plutôt – dans la ligne des travaux de Lord Rayleigh – sur les aspects de la stabilité linéaire. Ces questions de stabilité linéaire sont malheureusement sans aucun rapport avec beaucoup d'observations en raison de ce que l'on appelle le caractère sous-critique de beaucoup d'instabilités hydrodynamiques (sous-critique signifiant stables pour les petites amplitudes de perturbations et instables pour les grandes). C'est un fait que l'article de Ruelle et Takens a été accueilli avec étonnement, scepticisme ou hostilité selon les lecteurs. Il posait néanmoins une question qui avait le mérite d'être vérifiable expérimentalement : un fluide devient-il turbulent quand il est animé de mouvements décrits par seulement trois ou, au contraire, par beaucoup de fréquences temporelles ? C'est cet article qui a été le point de départ d'une ruée expérimentale sans précédent pour tenter de mettre en évidence l'existence de comportements chaotiques expérimentaux (c'est aussi là que l'on rencontre, pour la première fois, le mot d'attracteur étrange).

Précédant de quelques années le travail de Ruelle et Takens, un article de synthèse [6] de l'éminent mathématicien américain S. Smale attirait l'attention sur l'existence de systèmes dynamiques théoriques ayant de façon « robuste » un comportement chaotique (1967). Dans cet article, source d'inspiration particulièrement féconde et sans doute loin d'être tarie, Smale présente aussi, avant la lettre, un modèle d'attracteur étrange (dit du solénoïde) ainsi que la transformation en fer à cheval (dite de Smale, maintenant). L'approche géométrique de Smale (qui n'est pas celle de Ruelle et Takens) se rattache à celle de Poincaré (et de Lefshetz). Elle s'est développée dans la continuation d'un travail novateur effectué par N. Levinson qui avait réussi, dès 1949, le tour de force de prouver – par des méthodes géométriques – qu'un modèle d'oscillateur forcé avait des trajectoires chaotiques.

Peu avant la publication de l'article de Ruelle et Takens, un astronome (théoricien) de l'observatoire de Nice, M. Hénon et son jeune collègue C. Heiles reprenant le fameux problème des trois corps de Poincaré, lui avait apporté une solution numérique élégante (1969). Cet article et d'autres des mêmes auteurs ont été apparemment plus connus de la communauté des physiciens que l'article de Lorenz et ont contribué à lancer l'intérêt pour le chaos déterministe. Quelques années après (1976), le même M. Hénon et l'un de nous (Y. P.) proposaient une itération simple à deux dimensions permettant d'obtenir le fameux « attracteur de Hénon » [7] qui est devenu un modèle très classique dans l'étude du chaos dissipatif.

La ruée vers l'or

La première évidence du bien-fondé de la théorie de Ruelle et Takens a été d'origine numérique : modélisant la convection thermique, J. Mc Laughlin et P. Martin (1975), de l'université de Harvard, ont vu qu'en effet la turbulence pouvait survenir après l'apparition d'un très petit nombre de bifurcations vers des régimes périodiques. La première vérification expérimentale était en cours, mise en œuvre par deux collègues américains, J. Gollub et H. Swinney (1975), sur une instabilité hydrodynamique particulière appelée de Taylor-Couette (voir chapitre 6). Ils observèrent, effectivement, qu'une certaine turbulence survenait après l'apparition d'un petit nombre de fréquences quand on augmentait la vitesse de l'écoulement. Mais, dans la hâte de publier un article qui ne pouvait manquer de devenir historique, les auteurs se sont un peu embrouillés dans l'assignation, voire le nombre des fréquences indépendantes observées dans le spectre de Fourier de la vitesse du fluide. Des articles suivants sont venus préciser tout cela mais, quoi qu'il en soit, le scénario de l'apparition de la turbulence conforme à la théorie de Ruelle et Takens semblait être trouvé expérimentalement. Nombre d'autres expériences ont été entreprises sensiblement à la même époque dans un esprit de compétition quelquefois acharné.

Parmi les étapes importantes, citons celles qui se rapportent aux expériences en convection de Rayleigh-Bénard (voir chapitre 7) sur lesquelles G. Ahlers et R. Behringer (1978) ont découvert l'effet du confinement spatial : pour mettre en évidence les régimes périodiques ou quasipériodiques précédant l'apparition de la turbulence, il est nécessaire d'utiliser une cellule ayant une géométrie telle que très peu de rouleaux (ou tourbillons convectifs) – donc peu de degrés de liberté – puissent y prendre place. Vers cette époque de la fin des années soixante-dix, il n'y avait ainsi plus de doute, le chaos avait bien une existence réelle et se manifestait en particulier en hydrodynamique ainsi que dans des systèmes mécaniques bien adaptés. D'où l'importance de connaître en détail les différentes possibilités pour passer du régime de la simple oscillation périodique au régime chaotique, ou « scénarios » de transition vers le chaos. Il a été trouvé théoriquement et vérifié expérimentalement trois grands types de scénarios vers le chaos.

Le scénario *via* la quasipériodicité est en somme celui de Ruelle et Takens : un comportement dynamique peut devenir chaotique après l'apparition (successive) de trois fréquences incommensurables. De nombreuses variantes de ce scénario ont été proposées car, en fait, il suffit de deux fréquences (ce qui n'est pas contradictoire avec la notion des trois fréquences au sens de Ruelle et Takens, soit trois degrés de liberté, voir chapitre 6). Ce scénario a été vérifié expérimentalement sur plusieurs systèmes, mais la première expérimentation semble bien être celle de Gollub et Swinney, ainsi que nous l'avons déjà souligné.

Le scénario *via* les intermittences se caractérise ainsi : un système oscille apparemment de manière régulière, mais cette oscillation est progressivement perturbée jusqu'à l'apparition brutale d'une bouffée chaotique de courte durée, après laquelle le système oscille à nouveau et tout recommence. Les événements chaotiques se produisent au hasard, un long épisode de calme (oscillations périodiques) pouvant précéder une succession nourrie de bouffées chaotiques. Ce scénario (qui présente trois sous-catégories) a été découvert théoriquement par P. Manneville et l'un de nous (Y. P.) (1980) et observé expérimentalement pour la première fois par les auteurs et P. Manneville (1980).

Le troisième scénario, c'est-à-dire celui par doublement de la période, est souvent illustré par l'application de l'intervalle (0, 1) dans lui-même par une itération quadratique comme la carte logistique (voir chapitre 4). Ce type de relation mathématique avait été étudié de façon parcellaire par plusieurs scientifiques dont Myrberg (1958) d'un point de vue mathématique, R. May (1976) dans le cadre de l'évolution des populations, etc. Mais la suite de l'histoire de ce troisième scénario est intéressante du point de vue de la psychosociologie du monde scientifique et montre à quel point cette société, que l'on pourrait croire froidement rationnelle, peut être sensible à la publicité à grand renfort de tambour. Au milieu des années soixante-dix, l'étude des changements de phase thermodynamiques (par exemple celui d'un liquide se changeant en vapeur) avait montré la puissance de l'analyse par la méthode dite du groupe de renormalisation. Utilisant certains des principes de cette théorie, deux travaux fondamentaux, développés sur l'application logistique, ont vu le jour simultanément et indépendamment (ainsi d'ailleurs que plusieurs autres qui, sensiblement à la même époque, ont abouti presque au même résultat). Ils démontraient, l'un comme l'autre, le caractère universel du comportement suivi par des transformations non linéaires simples lors de l'augmentation d'un « paramètre de contrôle ». Ce comportement est celui des doublements de période en cascade aboutissant au chaos pour une valeur finie du paramètre. Ces travaux – avec certes des contributions un peu différentes – ont été publiés en 1978 d'une part par M. Feigenbaum (travaillant aux États-Unis, alors à Los Alamos) et par P. Coullet et C. Tresser d'autre part (tous deux alors à l'université de Nice). Le scénario *via* le doublement de période était né, pourriez-vous croire : non, c'était le scénario de Feigenbaum qui était né ! Pourquoi ce seul nom était-il retenu au point que des physiciens respectables parlent de « constante de Feigenbaum », d'« itération de Feigenbaum » (la fonction logistique inventée au milieu du XIXe siècle), d'« attracteur de Feigenbaum » (une simple parabole qui n'est d'ailleurs pas un attracteur au sens strict)[8] ? À n'en pas douter, la publicité faite autour de ces travaux d'un côté de l'Atlantique a dû jouer un grand rôle et il était intéressant de noter combien elle a pu déformer la vérité historique[9]. La vérification expérimentale du scénario *via* le doublement de la période a été faite pour la première fois par A. Libchaber et J. Maurer en 1980, à Paris, dans le laboratoire de physique de l'École normale supérieure, par étude de la convection dans l'hélium liquide normal (non superfluide). De nombreuses autres observations ont suivi dans différents systèmes, le scénario par doublement de la période étant l'un des plus couramment rencontrés.

Études de l'espace des phases

Les premiers comportements chaotiques mis en évidence sur des systèmes physiques l'ont d'abord été comme l'étape ultime d'évolutions caractéristiques liées aux scénarios connus. En toute rigueur, cela n'était pas suffisant pour qu'ils soient identifiés comme étant dus à un petit nombre de degrés de liberté. Rien n'excluait que le chaos (en fait la turbulence faible) observé puisse être dû à une « libération » d'un grand nombre de degrés de liberté... un peu comme les lucioles sur leur arbre qui, une fois désynchronisées, génèrent un comportement stochastique. Il a donc fallu avoir recours aux propriétés spécifiques du chaos, c'est-à-dire à celles de la trajectoire dans l'espace des phases. Aussi, le lecteur pourrait légitimement se demander pourquoi les évidences expérimentales portent si peu sur l'espace des phases. Ce n'est pas que les expérimentateurs n'y aient pas songé, voire n'aient pas essayé ! Mais l'entreprise est difficile à plus d'un titre, en tout cas bien plus qu'un traitement standard du signal, comme une analyse des spectres de Fourier de bonne qualité qui représente toujours des moyennes.

En effet, les trajectoires dans l'espace des phases sont d'une sensibilité extrême à la stabilité des conditions de mesure et à la présence de bruit ou de parasites. Par ailleurs, il ne suffit pas de tracer des trajectoires de phase mais d'en réaliser des bonnes sections de Poincaré qui, elles seules, peuvent révéler des structures caractéristiques. Ainsi, le mérite est grand d'obtenir un point pour la section de Poincaré d'un régime périodique (et non un petit nuage) et une courbe fermée bien définie pour celle d'un régime bipériodique. Les tracés significatifs dans l'espace des phases n'ont donc pu être obtenus qu'avec des signaux très bien contrôlés.

Autant que nous le sachions, les premières trajectoires chaotiques expérimentales ont été obtenues – ainsi que leurs sections de Poincaré – dès 1979 par une équipe de l'université de Cornell aux États-Unis [10] à partir du comportement d'un système mécanique, de type oscillateur forcé. Dans ce cas, les trois variables, nécessaires pour décrire la dynamique dans l'espace des phases, étaient à la fois bien précises et mesurées directement. Par contre, dans le cas de mouvements fluides ou d'une réaction chimique, les variables pertinentes (c'est-à-dire les coordonnées dans l'espace des phases) ne sont pas directement mesurées. Mais l'idée s'est rapidement imposée que l'on pouvait utiliser des grandeurs directement mesurables, comme une vitesse ou une concentration, qui sont probablement des combinaisons des variables pertinentes. Toutefois, on ne mesure le plus souvent qu'une seule ou à la rigueur quelques grandeurs indépendantes alors que la reconstruction de l'attracteur réel doit se faire, le plus souvent, dans un espace des phases à plusieurs dimensions, donc exiger autant de variables mesurées indépendantes. Le problème a été en grande partie résolu par Takens (1981) lorsqu'il a proposé la méthode des décalages en temps (voir chapitre 7). Permettant, à partir d'une seule variable, d'en calculer autant d'autres que nécessaire, cette méthode a marqué une étape très importante pour l'exploitation des résulats expérimentaux.

Ainsi, J.-C. Roux, A. Rossi, S. Bachelart et C. Vidal (1980) ont pu tracer l'attracteur caractéristique de la présence de chaos, pour la réaction chimique dépendante du temps de Belousov-Zhabotinsky. De même, les premières sections de Poincaré d'attracteurs quasi-périodiques et étranges dans la turbulence hydrodynamique ont été reconstruites en 1981 par deux d'entre nous (M.D.-G. et P.B.).

Le couronnement en matière de caractérisation de l'espace des phases est la détermination de la dimension fractale (ainsi que d'autres quantités caractéristiques) des trajectoires chaotiques. En 1983, des physiciens théoriciens – d'une part P. Grassberger et I. Proccacia, d'autre part l'équipe américaine de J.D. Farmer, E. Ott et J.A. Yorke – proposèrent, pratiquement en même temps, des moyens pour calculer la dimension topologique des attracteurs reconstruits à partir de signaux expérimentaux (voir chapitre 7). Ce fut le début d'une petite révolution dans le monde du chaos : à partir de n'importe quelles données physiques, ou autres, l'espoir apparaissait de savoir combien de grandeurs pertinentes intervenaient dans telle ou telle évolution temporelle.

Les premières exploitations pratiques et la mise en évidence de dimensions fractales faibles dans la turbulence hydrodynamique ont suivi de peu les idées théoriques (d'une part B. Malraison, P. Atten, M.D.-G. et P.B. sur l'instabilité de Rayleigh-Bénard et, indépendamment et presque simultanément, A. Brandstater, J. Swift, H. Swinney, A. Wolf, J. Farmer, E. Jen et J. Crutchfield sur l'écoulement de Taylor-Couette, en 1983).

Le mot de révolution n'est peut-être pas trop fort car la méthode a connu par la suite un succès considérable. Le calcul de la dimension étant relativement aisé à mettre en œuvre, même sur un ordinateur modeste, il a été par la suite appliqué aux systèmes les plus variés et c'est ce qui a sans doute contribué à la popularisation – on pourrait même dire à la mode – du concept de chaos... Des dimensions ont ainsi été calculées sur des données météorologiques, climatologiques, en biologie et même sur des relevés financiers. Toutes ces applications n'ont pas toujours été faites avec suffisamment de sens critique, et certaines affirmations sont tout à fait irréalistes. Elle a eu cependant le mérite de poser le problème de la pertinence du calcul pour des systèmes compliqués et de sa limitation intrinsèque car elle existe. Aujourd'hui, fin 1993, ceci reste un sujet de recherche actif, comme en témoigne le grand nombre d'articles qui paraissent toujours sur le sujet... et où chaque auteur pense avoir trouvé la méthode la meilleure pour débusquer la présence, ou non, d'un chaos déterministe.

Versets chaotiques

Parvenus au terme qu'ils se sont fixé, les auteurs éprouvent, en même temps qu'un sentiment de soulagement, une inévitable sensation de frustration. En effet, ils auraient aussi aimé parler de petits sujets qui, bien que se rattachant aux rythmes ou au chaos, n'avaient pas logiquement leur place dans le corps des chapitres et dont l'importance ne justifiait pas qu'on leur en consacrât un. C'est pourquoi, appliquant en quelque sorte le chaos à une forme rédactionnelle, ils ont décidé de s'affranchir des contraintes d'unité de sujet, d'unité de longueur et de cohérence logique d'un paragraphe au suivant et proposent, pour finir, ces « Versets chaotiques ».

Périodicité et temps subjectif

Objectivement, « le temps est la durée des choses mesurée par le mouvement apparent du soleil » [1]. Si ceci ne fait pas de doute, chacun sait bien qu'il y a loin de la durée objective à la sensation subjective du temps. Déjà saint-Augustin, dans ses *Confessions*, énonçait des idées allant à l'encontre de cette définition : « Il n'y a point de temps là où il n'y a point de variété du mouvement [...] le temps est autre chose que le mouvement des astres. » Ce sentiment que des retours périodiques abolissent la notion de temps qui passe, est bien analysé par le grand historien G. Duby [2]. Il souligne que, dans les monastères bénédictins, la succession des offices divins suivait strictement une double périodicité, la périodicité diurne et la périodicité annuelle. « La vie de prières impliquait donc l'expérience ininterrompue du temps cosmique. En se pliant à ses rythmes circulaires, en se distrayant de tout accident susceptible de les déranger, la communauté monastique déjà vivait l'éternité [...] Le retour des prières journalières et annuelles annihilait chaque destin personnel, supprimait toute conscience d'une croissance et d'un déclin. »

À l'opposé de ces rythmes périodiques générateurs du sentiment d'éternité, la survenance d'événements imprévus, « chaotiques » en quelque sorte, rompt la monotonie du temps et marque clairement son déroulement de même que toute modification, lorsqu'elle est perçue de façon suffisamment discontinue. Ne sommes-nous pas nous-mêmes sensibles aux années qui s'écoulent du fait des changements irréversibles qui surviennent en nous et autour de nous ? L'expression *Fugit, irreparabile tempus*, (« Il fuit, le temps, sans retour ») de Virgile traduit bien la pérennité de ce problème, et la notion du temps subjectif et irréversible se retrouve dans ce joli mot d'enfant : « Le temps, c'est moi quand je grandis. »

La magie des mots

Le mot « chaos » est formé à partir d'un terme grec (d'origine indo-européenne, dont le sens pourrait être celui de gouffre, de précipice – la même racine étant à l'origine du mot « gaz ») qui paraît faire coexister deux idées assez différentes, celle de vide, d'absence, et celle de manque d'organisation, sens moderne qu'il avait dès l'antiquité romaine. Sa consonance rugueuse (au moins pour les francophones), assez évocatrice, contribue sans doute à sa récente (et relative) popularité. Il en résulte, comme souvent, des incompréhensions, car l'emploi scientifique du mot est restreint par des définitions (ici, pratiquement la SCI ou sensibilité aux conditions initiales) qui s'opposent à des divagations plus ou moins philosophiques. Sa définition précise comporte aussi bien une part d'arbitraire qui peut amener à des controverses sur la signification

« philosophique » du mot, controverses qui sont plutôt en dehors du champ scientifique.

Par le passé, d'autres expressions utilisées par les scientifiques ont ainsi accédé à une certaine popularité, sinon dans le grand public, du moins dans le public cultivé. Le premier exemple remonte probablement au XVIIIe siècle, où la théorie newtonienne de l'« attraction universelle » (ce que nous appelons plutôt aujourd'hui la gravitation) a connu un grand succès dans les salons et auprès des auteurs à la mode, plus grand encore sur le continent que dans la patrie d'origine, l'Angleterre. Ainsi, Laplace a bâti à la fin du XVIIIe et au début du XIXe siècle sa théorie de la capillarité (qui rend compte de l'existence de forces à courtes portées, très différentes de l'interaction newtonienne) en faisant constamment référence à la théorie de l'attraction universelle, qui n'avait en fait pas grand-chose à voir avec les mécanismes qu'il expliquait. Vers la même époque, le magnétisme a aussi frappé les esprits, ainsi que l'électricité naissante, surtout dans leurs manifestations biologiques, les premières à avoir été mises en évidence.

La seconde vague de popularité d'un mot pourrait sans doute être datée de la fin du XIXe et du début du XXe siècle, où le mot à la mode était celui d'« onde » : ondes électromagnétiques de Maxwell, rayonnement Thomson, etc. Le grand public était frappé par le caractère invisible, insensible, quelque peu magique de la propagation de ces ondes. Plus près de nous, la relativité, la physique nucléaire (pas toujours bien clairement distinguée de la physique atomique dans l'esprit du grand public : le CEA, qui fait plutôt du nucléaire, est appelé « atomique ») ont chacune eu leur créneau de notoriété.

Plus récemment encore (disons au cours des années soixante-dix), la théorie des catastrophes de Thom a elle aussi attiré l'attention au-delà du cercle des spécialistes. Sans doute la personnalité de René Thom n'y est pas étrangère, mais le vocable de « catastrophe » a certainement joué un rôle en l'occurrence. On peut parier que l'utilisation du mot de singularité topologique, au lieu de celui de catastrophe en aurait diminué l'impact médiatique. Le caractère mathématique abstrait de cette théorie et une certaine volonté délibérée de son auteur de ne pas lui chercher d'applications en physique ont peut-être joué un rôle dans la défaveur que la théorie des catastrophes connaît à présent.

Dans le même registre, quoique peut-être dans une moindre mesure, le mot « attracteur étrange » a certainement joué un rôle dans l'intérêt ou la curiosité qu'une large communauté scientifique – ou simplement cultivée – a développé pour les comportements du chaos. Ce mot, en effet, possède une part de magie (« attracteur ») et de mystère (« étrange ») dont l'imagination peut se nourrir.

L'astrophysique n'est pas avare non plus de concepts évocateurs, tel celui de *Big Bang*, entré maintenant dans le langage commun (il a curieusement désigné une opération de « rénovation politique » récente, sans lien bien clair avec l'idée de début catastrophique que cela pourrait impliquer), et celui de « trou noir », particulièrement populaire dans la presse de vulgarisation scientifique. La notion de trou noir, qui semble remonter à Laplace, désigne d'ailleurs une entité, plutôt à l'opposé de celle de « trou » puisqu'un trou noir serait de la matière ultra-dense, mais il est vrai, piégeant toute la lumière de son voisinage.

D'une façon générale, les scientifiques, comme les auteurs de cet ouvrage, ne portent qu'une responsabilité assez modeste dans la formation de ces vagues (ou minivagues, n'exagérons rien) médiatiques. Eux-mêmes apprécient, bien sûr, qu'un concept puisse percer dans le grand public, y faire naître, par exemple, des vocations et montrer que la recherche progresse et arrive de temps en temps à faire des découvertes intéressantes et utiles... Mais, plongés plus que d'autres dans le courant du progrès des connaissances, les scientifiques savent apprécier la difficulté de ce progrès et mesurer la part de réalité dans des publicités parfois démesurées.

Le chaos et les modes

Au-delà de la magie des mots, les modes existent dans la communauté scientifique. Albert Einstein écrivait à ce sujet en 1954 : « Il m'est difficile de comprendre combien, particulièrement dans les périodes de transition et d'incertitude, la mode joue en science un rôle à peine inférieur à celui qu'elle joue dans l'habillement des femmes. » Le chaos n'y a pas échappé, mais l'existence des modes n'a pas que des côtés négatifs. De même que les modes vestimentaires cherchent à créer de nouvelles apparences pour susciter des regards neufs, l'attrait, dans le monde des idées, pour un concept novateur, joint au fait d'entrer dans un domaine vierge où beaucoup reste à découvrir en sont certains des aspects les plus positifs. Cependant, tout ce qui est nouveau ne devient pas nécessairement à la mode. Dans le cas du chaos, le terme lui-même a pu jouer un rôle, mais les idées qui lui sont liées, révolutionnaires au départ et un peu magiques puisqu'il y avait ambiguïté (chaos déterministe), ont sans doute aidé également à la promotion du concept.

Aujourd'hui, avec un peu de recul, il est amusant de constater combien dans les années 1980 beaucoup de scientifiques cherchaient avec avidité comportements chaotiques et attracteurs étranges, souvent dans des domaines où *a priori* il n'y avait guère de raison de les trouver... Ces mêmes chercheurs laissaient souvent de côté des comportements très intéressants mais dont l'attrait était devenu négligeable puisqu'ils étaient non chaotiques !

Cependant, qui cherche obstinément a des chances de trouver, et le chaos le fut, parfois à la suite d'« acrobaties » ou de contraintes physiques très sévères ou artificielles, tout au moins en ce qui concerne les réalités expérimentales, comme en physique des solides, en acoustique, dans des interactions laser-fluide et en hydrodynamique.

La mode du chaos a peu à peu touché un domaine plus vaste que celui des physiciens et des mathématiciens, la biologie, par exemple, où elle a certainement suscité des études novatrices, la climatologie où sa pertinence n'est pas évidente, la météorologie et même l'économie. Les médias ont abondamment repris le terme de chaos sans lui donner un sens bien clair, du moins d'un point de vue strictement scientifique. Comme pour toutes les modes, l'emploi abusif d'un concept, de son « mirage », a fait que souvent le chaos a été évoqué à mauvais escient, ou a conduit à des interprétations erronées ou pour le moins très floues.

Pour en revenir à la manifestation des modes dans le milieu scientifique, souvent, au cours des rencontres de spécialistes et des congrès, un phénomène joue le rôle de « sésame » : si on en parle, si on le montre, si on travaille sur le sujet, alors on fait partie d'un certain sérail, avec la considération que cela implique. Parmi les phénomènes récents ayant tour à tour, ou en parallèle, joué ce rôle, citons les supraconducteurs à haute température, les solitons, les structures spiralées ou propagatives, les fullérènes, le calcul massivement parallèle, les réseaux de neurones, etc.

Les psychologues ont bien compris le caractère collectif et social des modes, qui le plus souvent naissent d'une profonde résonance avec l'état d'une société à un moment donné. Le phénomène de mode recouvre par ailleurs deux aspects antagonistes. Suivre la mode, qui par essence même se veut « toujours nouvelle », c'est à la fois vouloir se distinguer des autres et être remarqué d'eux, tout en agissant de la même façon qu'un grand nombre, puisque « être à la mode », c'est en fait agir comme beaucoup.

Le chaos créateur d'information

Considérons la transformation $X_{n+1} = I\ 10.\ X_n\ I$, les signes $I\ I$ signifiant « partie non entière ». Elle engendre une suite de nombres... X_{n-1}, X_n, X_{n+1}..... où le nombre X_{n-1} est obtenu en multipliant par 10 le précédent nombre X_n, mais en ne considérant que la partie suivant la virgule (ou partie décimale). Le seul cas intéressant correspond à la situation – la plus générale – où X_o est un nombre « irrationnel » c'est-à-dire un nombre ne pouvant être exprimé sous forme de fraction (donc ayant une infinité non périodique de décimales). Tel est le cas du nombre π exprimant le rapport du périmètre d'un cercle à son diamètre. $\pi = 3{,}14159...$ où les points de suspension signifient qu'il y a une infinité d'autres décimales ; la partie non entière de π est :

$$I\ \pi\ I = 0{,}14159...$$

Nous supposons que le calcul de l'itération proposée soit effectué par un ordinateur qui connaîtrait ou calculerait au fur et à mesure les décimales de π mais qui n'en afficherait que cinq.

Le premier affichage ($X_o = I\ \pi\ I$) sera $0{,}14159$.

Pour X_1, le résultat s'obtiendra en décalant la virgule d'un cran vers la droite (le 1 disparaissant alors, puisque nous ne nous intéressons qu'à la partie décimale) et, ce faisant, une décimale jusqu'alors invisible apparaît sur l'écran :

$$X_1 = 0,41592$$

Puis nous trouvons :

$$X_2 = 0,15926$$
$$X_3 = 0,59265$$
$$X_4 = 0,92653$$
$$X_5 = 0,26535$$
$$X_6 = 0,65358$$

... etc.

À chaque opération, une décimale (connue) disparaît alors qu'une nouvelle décimale (inconnue) apparaît, nous est « révélée » en quelque sorte. Cette opération s'appelle le décalage de Bernoulli [3]. On peut constater que cette transformation chaotique (les décimales de π sont des chiffres dont la séquence est aléatoire) crée de l'information, puisqu'elle nous apprend, à chaque pas, une décimale que nous ne connaissions pas. Cet exemple est une illustration simple de la notion de chaos « créateur d'information ». La quantité d'information créée à chaque opération est également nommée « entropie », par analogie avec d'autres domaines de la physique où elle intervient. Par définition, on dira que le gain d'information apporté par la révélation d'une décimale supplémentaire correspond à une entropie de 1. Notons que l'entropie se calcule toujours par un logarithme, le logarithme du gain de précision de chaque opération de décalage dans l'exemple cité ci-dessus. Ainsi, au terme d'une opération, l'entropie vaut Log 10 = 1, au terme de deux, Log 100 = 2, etc.

On aurait tort de croire que cette création d'information se limite aux décimales d'un nombre irrationnel : c'est un phénomène absolument général. Regardons en effet un mouvement chaotique tel celui que peut prendre une boussole qui, en plus du champ magnétique terrestre, est soumise à un champ magnétique tournant (ou oscillant). Nous constatons que ses mouvements sont très irréguliers et en tout cas imprédictibles : par moments elle semble s'arrêter, puis elle tourne rapidement dans un sens, oscille durant quelques périodes, se met à tourner dans le sens inverse, etc. Le fait que ces comportements sont imprévisibles revient à dire que le futur nous est inconnu et que chaque nouvel état qui apparaît apporte une information nouvelle. Nous ne pouvons mieux juger de cette révélation d'information qu'en comparant ce mouvement avec un phénomène périodique, telle la succession des marées basses et hautes dont la survenance ne nous apprend strictement rien que nous ne sachions déjà.

Hasard déterministe et hasard vrai

Est-il facile de tirer des nombres au hasard avec un ordinateur, par exemple en choisissant d'utiliser une itération dont nous savons qu'elle est chaotique ? Non seulement ce n'est pas facile, mais nous allons montrer que c'est en toute rigueur impossible, tout au moins sur de très longues suites de nombres et en utilisant des itérations déterministes. Supposons que nous souhaitions tirer au hasard des nombres compris entre 0 et 100. Imaginons de le faire à partir d'une application itérée du type :

$$X_{n+1} = A X_n + B$$

Nous savons que si A est supérieur à 1, cette itération est chaotique car douée de SCI (ou amplification des écarts puisqu'ils seront multipliés par A à chaque itération).

Souhaitant tirer des nombres compris entre 0 et 100, nous devons retrancher 100 à tout résultat X_{n+1} supérieur à 100 pour le ramener dans l'intervalle qui nous intéresse. Cette opération se traduit, en langage mathématique, en écrivant que l'on calcule X_{n+1} « modulo 100 ».

Mettons cela en pratique en choisissant, par exemple :

$$X_{n+1} = 3 \times X_n + 7 \qquad \text{modulo 100.}$$

Partant de X = 1, nous trouvons les nombres suivants : 10, 37, 18, 61, 90, 77, 38, 21, 70, 17, 58, 81, 50, 57, 78, 41, 30, 97, 98, 1, 10, 37, etc. Ces nombres peuvent paraître indépendants les uns des autres. Mais nous comprenons tout de suite que le défaut majeur de la méthode est précisément lié au déterminisme : quand la machine aura exploré tout ou partie des nombres compris entre 0 et 100, elle retombera forcément sur un nombre déjà rencontré qui déterminera automatiquement le suivant, et la suite ne peut que se répéter indéfiniment avec une période maximale de 100. Au contraire, si l'on tire des nombres par un processus de hasard obtenu, par exemple, par le mouvement incessant et complexe de nombreux bras agitant des boules comme pour le tirage du loto, on obtiendra forcément des tirages dont chaque nombre est complètement indépendant de ceux qui le précèdent. Il n'y a donc aucune raison d'avoir des séquences périodiques : le hasard est total (le fait que chaque nombre tiré soit obtenu avec une égale probabilité est une autre condition plus difficile à réaliser). Notons que l'inconvénient signalé ci-dessus pour le tirage « au hasard » de nombres à partir d'une loi déterministe (pourtant potentiellement génératrice de chaos) est incontournable, quelle que soit la puissance de l'ordinateur. En pratique, les ordinateurs tirent « au hasard » avec un modulo de quelques milliards correspondant à une puissance élevée de 2 (n'oublions pas que les ordinateurs travaillent en base 2). Ceci fait que la suite des nombres « au hasard » ainsi obtenue est très longue, mais au-delà de quelques milliards de tirages – au maximum –, la suite se répète à l'identique.

Le chaos est-il utile ?

Au départ, les chercheurs ne se sont pas posé la question de l'utilité du chaos. Devant certains comportements étonnants, leur premier souci a été, avant tout, de comprendre pourquoi des systèmes simples et déterministes pouvaient présenter une suite erratique d'états. Après un cheminement parfois laborieux, mais, en fin de compte cohérent, la compréhension du chaos étant acquise, la question de son utilité pouvait alors être posée. L'interrogation est souvent venue de personnes n'appartenant pas directement à la communauté des physiciens du chaos (industriels, grand public, etc.) et devant cette question, les chercheurs se sentent parfois un peu gênés. Égoïstement peut-être, ils n'y avaient pas beaucoup pensé : pour eux, la compréhension, le progrès de la connaissance pure se justifient indépendamment d'une exigence de finalité technologique ou autre.

En effet, le chaos n'est pas un produit ou un matériau dont la technologie pourrait s'emparer pour créer de nouveaux appareils commercialisables, opération qui se fait d'ailleurs souvent avec un décalage important par rapport à la découverte elle-même (ainsi, les lasers qui sont apparus dans les laboratoires au milieu des années soixante, purs produits nés de la mécanique quantique, n'ont été diffusés dans le grand public qu'une dizaine d'années plus tard).

Le chaos est avant tout un concept, on pourrait presque dire une « philosophie » des comportements dynamiques. La première utilité est donc avant tout de l'avoir compris, puis, connaissant les mécanismes qui le favorisent, de pouvoir agir sur lui. Dans beaucoup de cas, les comportements erratiques sont préjudiciables. Un montage mécanique dont la marche subirait des rythmes irréguliers verrait diminuer son rendement et sa stabilité se fragiliser, un circuit électronique sujet à des oscillations irrégulières serait inopérant, etc. Devant de telles situations, l'ingénieur doit alors se demander si les fluctuations indésirées sont liées à une source de bruit incontrôlée ou à un état de fonctionnement particulier intrinsèque au système. Dans ce dernier cas, seul un petit nombre de paramètres physiques peut intervenir, paramètres qui pourront être alors modifiés pour que l'ensemble se retrouve dans un état plus régulier.

C'est ainsi que des ingénieurs des Télécommunications qui voulaient trouver les meilleures conditions physiques pour moduler un faisceau laser – celui-ci devant servir à des télécommunications optiques – observèrent que, dans certaines conditions, l'intensité du faisceau avait un comportement tout à fait erratique et ne pouvait donc nullement être porteur de l'information à transmettre. L'étude approfondie de leur système, par des chercheurs de l'université de Lille [4], montra que ce comportement était d'origine chaotique, de type oscillateur forcé, et ils purent en conséquence modifier très simplement les caractéristiques du montage pour que ce chaos soit évité. Un autre exemple, qui aurait pu avoir de graves conséquences, fut celui d'un branchement sur une ligne haute tension du réseau EDF. En 1982, des sautes de tension importantes et incompréhensibles se produisirent lors d'un raccordement au réseau de la centrale hydraulique de Chastang, se fermant à trois cents kilomètres de là sur un auxiliaire de la centrale de Chinon. L'étude de la ligne électrique a révélé que les irrégularités étaient d'origine chaotique, analogues à celles d'un oscillateur amorti (capacité de la ligne plus self de l'auxiliaire), forcé par le 50 Hz de la ligne. Par voie de conséquence, on sait maintenant comment éviter qu'un tel incident se reproduise. La connaissance des comportements chaotiques et des paramètres qui les régissent est donc indispensable pour résoudre certains problèmes, dont les deux exemples cités donnent une illustration.

Des applications inattendues du « chaos » peuvent aussi se développer : des Japonais ont commercialisé un système de climatisation avec un flux d'air variable et irrégulier, chaotique en quelque sorte, car cela semble plus agréable. De même, pour un certain type de radiateurs, ils ont « programmé » une température « régulée » erratiquement ce qui permet de réaliser des économies d'énergie, mais aussi, paraît-il, améliore la sensation de confort.

Chaos, vie et santé

En dehors des systèmes où la régularité est indispensable au bon fonctionnement, il est très probable que, d'un point de vue général, le chaos ait une vertu majeure, celle d'introduire de la souplesse dans des évolutions dynamiques, et ceci de la manière la plus simple possible en ne faisant interagir qu'un petit nombre d'éléments. Nous avons déjà mentionné le caractère figé du battement de l'horloge dont la périodicité parfaite est l'image même d'un système pouvant difficilement s'adapter à des conditions différentes, ou innover. Par contre, le chaos introduit une part d'imprédictible, mais il le fait, pourrait-on dire, presque en douceur. En effet, le chaos déterministe est à la frontière entre l'ordre et le désordre total, lui-même souvent lié à la présence d'un très grand nombre de variables et où aucun repère, aucun contrôle n'existent. Mais bien que le chaos décrit ici présente de l'imprédictibilité, une possibilité de déviance grâce à la SCI, à court terme l'évolution reste cohérente ; le souvenir n'est pas brisé instantanément.

Il est probable que, dans ce sens, le chaos représente un mécanisme important d'adaptation et qu'il intervient largement dans le monde du vivant. L'activité cardiaque en est une illustration : la normalité comporte une part de chaos [5], sans lequel le cœur ne pourrait sans doute pas s'adapter aux différentes sollicitations extérieures. L'activité cérébrale donne un autre exemple remarquable : il est en effet maintenant bien connu que les signaux mesurés par les électroencéphalogrammes (EEG) sont en général très chaotiques, et d'autant plus que la personne est active. À l'opposé, la présence de signaux EEG presque périodiques est toujours liée à des pathologies dramatiques telles que l'épilepsie ou la maladie de Creutzfeldt-Jacob [6].

Certains éthologues pensent également que des manifestations chaotiques pourraient intervenir de façon positive dans le comportement de certains animaux, bien qu'alors ce chaos soit plutôt à prendre dans le sens général d'aléatoire. Des observations faites sur les déplacements de troupes de babouins en savanes africaines mettent en évidence des fluctuations apparemment aléatoires dans l'ordre avec lequel les animaux avancent. À certains moments, les mâles, dominants ou non, sont en tête, alors qu'à d'autres ce seront aussi bien les femelles, avec ou sans leurs petits. Cette variation dans les positions respectives pourrait s'expliquer par le fait qu'elle brouille les « pistes » des prédateurs qui, de ce fait, ne savent pas où se trouvent les individus les plus vulnérables, les plus jeunes en particulier. La configuration « chaotique » dans le temps serait alors un moyen de défense [7]. (Les mâles sont cependant plus souvent les premiers au début ou à la fin du parcours, mais ceci peut être expliqué indépendamment.)

La position conceptuelle du chaos, comme charnière entre ordre et désordre complet, que nous avons appelé aussi « bruit », et l'intérêt spécifique qui en résulte pourraient s'extrapoler à des systèmes où beaucoup d'éléments sont couplés, tels les réseaux booléens, comme ceux décrits au chapitre 11. Un minimum de règles locales, tout en préservant une part d'aléatoire, pourrait être efficace en matière d'adaptation et ce genre d'« architecture » dynamique pourrait intervenir dans l'activité du génome humain. De même, concernant l'activité cérébrale, des hypothèses étayées à partir de modèles de réseaux neuronaux voudraient que ceux-ci travaillent avec une certaine cohérence, présentant des états où se côtoient ordre et désordre, un peu comme dans les intermittences spatio-temporelles.

L'activité cérébrale, entre chaos et turbulence ?

Pour bien comprendre l'activité cérébrale, il conviendrait de la suivre à la fois en chaque point du cerveau (certains centres d'activité, comme ceux de la vue, sont localisés de façon connue dans le cerveau) et dans le temps. Des méthodes modernes de diagnostic, telle la RMN (résonance magnétique nucléaire) permettent d'avoir accès à certaines informations, mais le recours à des modèles peut être utile sur le chemin de cette compréhension, ne serait-ce que pour suivre l'influence de tel ou tel paramètre, qu'il serait difficile de faire varier dans la réalité. Nous en donnons ici un exemple concernant l'aspect collectif de l'activité du cerveau.

Les amplitudes des signaux d'électroencéphalogrammes (EEG), donc des ondes présentes au moment de leur enregistrement, sont très variables. Dès 1943, il fut montré que les fortes amplitudes, observées, par exemple, lors du sommeil profond, étaient dues à une synchronisation de l'activité neuronale, plutôt qu'à un accroissement du potentiel électrique de chaque neurone. Dès lors, l'idée que les neurones du cerveau pouvaient travailler en plus ou moins grande cohérence a fait son chemin. En 1941, les connexions importantes qui existent entre le thalamus et le néocortex avaient été découvertes. Sachant que le thalamus peut jouer le rôle d'un vrai *pace maker*, c'est-à-dire présenter des oscillations avec une fréquence bien définie, la question du rôle que le comportement rythmique de ce dernier pouvait avoir sur l'activité du cerveau s'est alors posée. De fait, l'on a observé que, pendant le sommeil, le thalamus peut présenter des oscillations basse fréquence ($\sim$ 3 Hz) que l'on retrouve dans l'EEG, alors que dans les états d'éveil, les fréquences intervenant dans les EEG (et dans le thalamus) sont beaucoup plus élevées. Il semble donc bien que la dynamique du cerveau soit influencée fortement par l'action périodique du thalamus.

Des modèles mathématiques [8] ont tenté de simuler cette situation à partir d'un réseau de neurones constitué de 80 % de cellules excitatrices, les autres 20 % étant des cellules inhibitrices (ce qui est pratiquement le cas réel). Les cellules sont reliées entre elles selon un certain voisinage (premiers voisins, deuxièmes voisins...) ; l'influx nerveux se propage donc entre elles, mais avec des temps de parcours différents suivant leurs distances respectives. Un petit nombre de cellules (2 %) choisies au hasard reçoivent des impulsions périodiques, traduisant celles susceptibles d'être émises par le thalamus.

Si l'action du thalamus est égale à zéro, l'activité du réseau de neurones peut être stationnaire, oscillante dans son ensemble ou désordonnée, suivant que l'activité de transmission au niveau des synapses est faible ou devient importante. Dans ce dernier cas, l'activité « turbulente » des neurones se présente sous la forme de zones localisées très actives qui se propagent de façon irrégulière dans le cortex. Entre oscillation et « turbulence », un comportement intermittent est observé, avec alternance d'états oscillants et d'états « chaotiques ». Il semble cependant que le comportement le plus conforme à la réalité en l'absence d'impulsions venant du thalamus soit celui d'un état « turbulent ».

Au contraire, lorsque les impulsions périodiques, simulant celles venant du thalamus, viennent stimuler le réseau de neurones initialement en état de « turbulence », l'activité de celui-ci s'ordonne. Des zones synchronisées apparaissent et le réseau tout entier « oscille » entre différentes configurations ordonnées temporellement et spatialement, avec une fréquence moyenne proche de celle du thalamus. Une analyse quantitative des états stimulés montre qu'ils dépendent de la fréquence envoyée par le thalamus. Si celle-ci est élevée, la complexité de l'organisation temporelle, mesurée par une « dimension D » comme pour les attracteurs chaotiques, est elle-même très élevée... Mais, au fur et à mesure que la fréquence de stimulation diminue, la complexité diminue et on retrouve des valeurs voisines de celles mesurées à partir d'EEG relevés dans l'état de sommeil.

Sans entrer dans les détails, ce modèle d'un réseau de neurones en interaction soumis à des impulsions périodiques montre le rôle coordinateur des stimuli périodiques. Leur fréquence semble avoir une influence prépondérante sur la complexité de l'activité du réseau neuronal, les fréquences élevées conduisant à des comportements de type « éveil », les fréquences basses plutôt à ceux de type « sommeil », état dans lequel la synchronisation est la plus efficace. Il est bien évident que de tels modèles sont très loin de prendre en compte tous les mécanismes mis en œuvre dans le cerveau, mais il est très instructif de voir comment une cohérence peut être initiée dans un ensemble de cellules au comportement « aléatoire ». Par contre, le rôle de la valeur précise des fréquences est probablement lié à des caractéristiques locales biochimiques et bio-électriques mais c'est le processus qui est intéressant. La pensée constructive est sans doute à mi-chemin entre la régularité parfaite et non imaginative et le désordre complet, qui à l'autre extrémité des comportements dynamiques n'apporterait que dispersion et incohérence destructive...

Déterminisme, libre arbitre et principes variationnels

L'énoncé mathématique du principe de déterminisme classique nous paraît fort clair, si nous nous référons à l'écriture des équations du mouvement d'un ensemble de particules en interaction, qui seraient plus ou moins les atomes et/ou les particules élémentaires composant notre univers. Connaissant ces équations du mouvement et les conditions initiales, tout état futur de ce gigantesque système est en principe connu et le temps n'est qu'une variable qui paramètre les états successifs. Cette détermination absolue du futur par le présent a posé de tout temps des problèmes aux philosophes, particulièrement en ce qui concerne la liberté dont nous, êtres pensants, pensons disposer..., c'est-à-dire notre libre arbitre. Cette doctrine a de même rencontré des objections de la part des théologiens, qui ne voyaient plus très bien comment placer dans un monde déterministe la volonté d'un Être suprême omniscient et omnipotent. Certains voient, dans les fluctuations quantiques et l'aspect intrinsèquement probabiliste qu'elles donnent de l'évolution vue à l'échelle atomique, la source de la liberté individuelle. De même, le chaos joue un rôle libérateur vis-à-vis du libre arbitre annihilé par le déterminisme (et avec lequel nous savons aujourd'hui qu'il est pourtant totalement compatible).

Mais la présentation de principes d'évolution comme la mécanique de Newton et sous forme d'équations différentielles, donc sous une forme impliquant, au moins implicitement, le déterminisme, n'est pas la seule possible. Il en existe une autre due à Maupertuis. Sans vouloir détailler ici le principe de Maupertuis, on peut rappeler qu'il postule que la trajectoire de l'ensemble d'un système de particules en interaction suit un principe de minimisation... d'économie ou encore, pourrait-on dire, de moindre effort. Une des formes de ce principe dit que si l'on fixe les positions au temps initial et au temps final, alors il n'existe qu'une seule trajectoire, qui minimise dans un espace abstrait le chemin de l'un à l'autre point.

Nous touchons là du doigt l'un des grands principes de la physique : le principe variationnel. Parmi toutes les trajectoires possibles du système de particules, il y en a seulement une qui sera choisie, celle qui minimise la longueur d'un certain chemin. Une belle illustration de ce principe remonte au début du XVIIe siècle et est due à Pierre de Fermat. Ce dernier avait trouvé en effet que les rayons lumineux choisissent un trajet qui minimise le « chemin optique » (ou produit de la longueur parcourue par l'indice de réfraction du milieu). L'ensemble des lois de l'optique géométrique découle de ce principe de minimisation.

Le principe de Maupertuis est intéressant de beaucoup de points de vue, car il donne l'impression que l'on peut échapper ainsi au déterminisme : la condition initiale et la condition finale interviennent de la même façon pour déterminer la trajectoire. On peut, par exemple, imaginer que l'univers se trouve actuellement sur la trajectoire qui le mènera vers un état final conforme à tel ou tel dogme religieux.

Au cours du XVIIIe siècle les deux conceptions (déterminisme et téléonomie ou doctrine de la finalité déterminant les trajectoires) se sont affrontées. Il paraît bien difficile de trancher cette question. Un des points délicats de la doctrine téléonomiste est que les variations permettant de déterminer la trajectoire sont virtuelles et constituent un objet mathématique plutôt que réel. On pourrait peut-être faire une remarque voisine en ce qui concerne le déterminisme philosophique, opposé au déterminisme mathématique : en l'absence de moyen réel de changer les conditions initiales à un instant donné, que la trajectoire soit définie par ces conditions initiales (équations de Newton) ou par le point de départ et d'arrivée (Maupertuis) n'a finalement pas d'importance puisque cela constitue deux façons différentes d'appréhender une réalité unique et intangible, la trajectoire réelle.

Mathématiques contre physique

Les découvertes dont nous avons parlé dans ce livre posent un « petit » problème que nous nous reprocherions de passer sous silence, celui du rapport entre mathématiques et physique. Ce type de débat est assez caractéristique de notre culture française (il n'existe guère dans les pays anglo-saxons, ou du moins sous une forme très atténuée), depuis Auguste Comte certainement, et sans doute bien avant (esprit rationnel de Descartes). Certains aimeraient en effet savoir où placer telle ou telle découverte ou résultat dans le grand édifice comtien : est-ce de la physique, sont-ce des mathématiques ? Une fois celle-ci placée, disons au bon étage, on peut affiner et se demander s'il s'agit de physique expérimentale ou appliquée ou bien théorique, si le domaine concerné est à l'étage « physique », de mathématiques pures ou appliquées si l'on a choisi l'étage (supérieur dans l'ordre comtien) des mathématiques. Cette distinction entre mathématiques et physique est assez récente : jusqu'au milieu du XIXᵉ siècle les savants se considéraient eux-mêmes comme des « géomètres », englobant ainsi ce que nous appellerions aujourd'hui mathématiques, physique et mécanique. C'est l'organisation de l'enseignement supérieur moderne, particulièrement en France où il a été très centralisé, qui a considérablement renforcé la mise en place des catégories comtiennes. Un jugement de valeur sur ce système, résultat de dizaines d'années d'évolution, ne servirait sans doute pas à grand-chose. On peut malgré tout tenter de présenter quelques réflexions sur la place respective de la physique et des mathématiques dans notre sujet.

Une position tout à fait extrême concernant les rapports de ces deux sciences reines est celle que Bouasse soutenait dans ses fameuses préfaces (écrites dans les années 1920-1930, époque de très grands polémistes comme L. Bloy ou L. Daudet, dont Bouasse n'est pas indigne sur le plan du style), toujours intéressantes à relire. Toutefois, Bouasse, bien que bon polémiste, avait d'énormes œillères qui l'empêchaient de voir la révolution qui s'accomplissait sous ses yeux : relativité, mécanique quantique, théorie cinétique, etc. Prenant l'exemple du pendule de Foucault, Bouasse soutenait le point de vue que les mathématiciens, dont Coriolis, connaissaient les équations du mouvement dans un repère en rotation, mais n'avaient pas su y voir ce qu'il appelle « le phénomène », c'est-à-dire la possibilité de mesurer de façon absolue la rotation d'un repère – en l'occurrence la Terre. Bouasse oppose fortement cette inaptitude à voir le phénomène dans les équations à la vision de Foucault, qui, partant d'une analyse mathématique erronée dans le détail (donc mathématiquement incorrecte), a néanmoins découvert et compris le phénomène physique profond d'existence d'un repère absolu par rapport auquel il pouvait mettre en évidence la rotation de la Terre sans regarder les étoiles.

Cet exemple montre comment se délimiterait le champ mathématiques/physique : d'un côté les mathématiciens écriraient des équations, de l'autre physiciens et mécaniciens en déduiraient les phénomènes qui peuvent exister. Cette vision est assez caricaturale, particulièrement quand on l'applique au phénomène du chaos. Il paraît incontestable que les fondateurs, Poincaré, Lyapunov, Hadamard, doivent être catalogués comme mathématiciens, encore qu'il ait été très sérieusement question d'attribuer le prix Nobel de physique à Poincaré. Ces savants, malgré tout, avaient souvent un point de vue de physicien, en ce sens qu'ils cherchaient à dégager des concepts généraux à partir d'une approche géométrique, ce qui les a amenés à des idées telles que celle de sensibilité par rapport aux conditions initiales, de bifurcation, etc., toutes idées qui sont au cœur de notre sujet. Dans les temps plus récents, la distinction entre mathématiques et physique a été parfois nettement moins claire.

Comme on l'a déjà dit, la distinction mathématiques/physique est souvent le résultat de la façon dont l'enseignement supérieur fonctionne : ainsi, certains de nos collègues physiciens décident, bien rapidement parfois, si une nouvelle idée est « physique » ou « non physique » au vu de l'expression mathématique de cette idée et des mathématiques qu'eux-mêmes connaissent. À l'opposé, un mathématicien ne voudra voir dans une théorie que son manque de rigueur, indépendamment peut-être de sa richesse ou de la profondeur des vues qui s'y expriment.

Beaucoup ont vu les théories du chaos comme plus mathématiques qu'elles n'étaient, puisque les mathématiques en question étaient peu ou pas enseignées. Ces disputes sémantiques n'ont toutefois qu'un intérêt assez mince, puisqu'il s'agit toujours, finalement, d'expliquer le monde qui nous entoure, et la théorie du chaos a bien montré qu'elle en était capable, y compris dans le cas de phénomènes assez peu intuitifs, comme les scénarios de transition, l'intermittence spatio-temporelle, etc. Le progrès des connaissances se fait heureusement sans qu'il soit besoin de savoir si l'on fait des mathématiques, de la physique ou de la mécanique....

Hasard, chaos et information

Une suite de chiffres tirés au hasard contient une certaine quantité d'information et peut être considérée comme un message. Supposons, pour simplifier, que les chiffres ne puissent être que des 1 ou des 0 (en somme, nous raisonnons en langage binaire). Chaque chiffre représente une information élémentaire minimale que l'on appelle « bit ». Si nous désirions transmettre à un collègue un message de 1 000 000 de chiffres binaires (ou un million de bits) se succédant sans aucune loi, c'est-à-dire au hasard, le plus simple que nous puissions faire est de prendre notre mal en patience et de lui écrire ce message par le détail, soit un million de 0 et de 1. Si, au contraire, cette suite s'établit selon une loi périodique, par exemple, chaque zéro étant suivi de deux 1, puis zéro, puis encore deux 1, etc., nous économisons beaucoup de peine en envoyant à notre collègue la recette de fabrication du message « écrire 0 suivi de deux 1 et répéter jusqu'au millionième chiffre ». Cette recette est appelée algorithme (ou encore programme) que sait admirablement traiter un ordinateur. Évidemment, cet algorithme écrit en langage binaire (le seul que comprend l'ordinateur) a une longueur bien inférieure à 1 000 000 de bits... de quelques centaines peut-être, et nous a néanmoins permis d'envoyer un message de 1 000 000 de bits, ce que nous n'aurions jamais pu faire avec si peu d'éléments pour la suite aléatoire de chiffres. Cela nous fait toucher du doigt une définition possible d'une suite de chiffres vraiment aléatoire : c'est une suite dont la façon la plus économique de la transmettre consiste à l'envoyer directement. Nous mesurons maintenant mieux une deuxième différence – plus subtile – existant entre une suite de nombres tirés au hasard par l'ordinateur selon une loi du type : $X_{n+1} = a\,X_n + b$ modulo N et celle des nombres véritablement tirés au hasard. Dans le second cas, la façon la plus simple de faire parvenir la suite est de la transcrire ; dans le premier, il suffit de communiquer l'algorithme et la valeur initiale (et la précision avec laquelle le calcul est effectué).

La mesure de la quantité d'information présente donc à ce niveau des difficultés de principe assez profondes, difficultés qui ont été vues pour la première fois, semble-t-il, par Kolmogorov et, un peu plus tard, par Chaitin, un chercheur des laboratoires IBM près de New York. Leur idée était d'essayer de quantifier la somme d'information transmise, non pas par une mesure sur le résultat du programme, c'est-à-dire la suite de symboles donnée par l'ordinateur, mais plutôt par la quantité d'information utilisée pour construire cette suite, soit la longueur du programme nécessaire pour la produire. Ils ont défini ainsi la complexité algorithmique d'un message comme la longueur en bits du programme le plus court qui pourra l'engendrer. Cette définition, somme toute assez raisonnable, comporte cependant une difficulté : on ne dispose d'aucun moyen pour savoir si un programme donné est le plus court possible, et on pourrait prouver qu'il en est nécessairement ainsi.

Par ailleurs, l'idée de quantité d'information peut être associée à la transmission d'un message, cette quantité pouvant aussi être assimilée à une entropie. Cette notion est antérieure à la théorie du chaos déterministe et a été proposée par Shannon, pionnier de la théorie de l'information. L'information ou entropie de Shannon a le mérite d'être extensive, car elle croît comme la longueur du message. En effet, elle s'exprime, pour un message écrit en binaire (langage des ordinateurs), comme le logarithme en base 2 du nombre total de messages que l'on peut écrire avec N éléments. Si toutes les combinaisons sont possibles, c'est-à-dire s'il n'y a pas de règles sélectives pour construire ces combinaisons, alors ce nombre s'exprime comme $\log 2^N = N \log 2 = N$. On peut aussi définir une entropie par élément, en divisant l'entropie totale par le nombre d'éléments N. Si cette entropie est elle-même égale à N, l'entropie par élément est égale à 1, entropie maximale par symbole que peut prendre un message, dans le sens que toutes les combinaisons sont également probables et qu'il n'y a pas de redondances.

Dans cet esprit, c'est-à-dire en ne considérant que le nombre d'arrangements possibles et non l'intelligence d'un message, on peut s'interroger sur l'écriture (ou le « parler ») dans les différentes langues, soit, pour nous, avec les vingt-quatre lettres de l'alphabet latin. En raison des contraintes de la grammaire, de la syntaxe, etc., un message, comme ce texte par exemple, ne peut être une suite aléatoire des vingt-quatre lettres de l'alphabet et possède donc en général moins d'information que ce qui résulterait de la théorie de Shannon pour des messages d'entropie maximale avec vingt-quatre symboles. On peut dire, en un certain sens, que les langues naturelles ont une certaine redondance dans la transmission des messages. Un cas particulièrement intéressant, et assez peu étudié, de langue naturelle qui se laisse difficilement quantifier par la théorie de Shannon est celui du langage des sourds-muets, qui utilise une information très différente de celle de l'écrit, puisque y participent des mimiques, des gestes, etc. Le contenu informatif de cette langue paraît potentiellement plus grand que celui d'une langue parlée qui incorpore beaucoup des limitations de la langue écrite.

Le chaos : réalisez-le vous-même...

Persuadés que rien n'est meilleur que de faire soi-même des expériences pour comprendre les phénomènes physiques, les auteurs manqueraient à leur devoir s'ils ne proposaient pas, pour finir, la réalisation d'une expérience simple et néanmoins profonde. Ils sont convaincus – ce qui n'est pas très original mais, paradoxalement, nullement pris en compte dans les programmes d'enseignement en France – que les sciences constitueraient moins le « point dur » au lycée et dans l'opinion publique tout entière si elles étaient enseignées de manière beaucoup plus expérimentale. Venons-en au fait. Vous vous souvenez que l'une des façons de créer le chaos est de forcer un oscillateur (non-linéaire). Nous vous proposons, comme oscillateur, de choisir une boussole. En effet, si son aiguille aimantée s'oriente vers le nord – et c'est là son rôle essentiel – après perturbation de cette orientation, vous pouvez noter qu'elle y revient en oscillant : la boussole est donc un oscillateur, amorti certes. Cet amortissement mérite que l'on s'y arrête un instant. Si l'aiguille se déplace dans l'air, l'amortissement est faible et l'oscillation dure de nombreuses périodes d'amplitude décroissante avant de se fixer dans son orientation d'équilibre. Si vous manipulez au contraire une boussole servant à s'orienter lors de randonnées, vous verrez que son aiguille est plongée dans un liquide pour augmenter la friction, donc l'amortissement : ainsi l'aiguille aimantée retournera vers sa position d'équilibre presque sans osciller (ce qui est évidemment plus commode en promenade !). Mais pour notre expérience, il est préférable de choisir une boussole moins amortie (d'ailleurs aussi courante que la précédente) et vous serez alors en possession d'un oscillateur (faiblement) amorti.

Comme nous l'avons vu, il suffit maintenant de le forcer convenablement pour le rendre chaotique. On peut, par exemple, le soumettre à un champ magnétique oscillant qui influencera directement l'aiguille : faisant cela, nous lui ajoutons le troisième degré de liberté nécessaire. Une façon à la fois simple et pédagogique de le réaliser est de constituer un pendule magnétique en suspendant un aimant au bout d'un fil à coudre, lequel fil sera lui-même suspendu à une potence aisément improvisable. Lançons ce pendule et commençons à mettre la boussole à une vingtaine de centimètres du plan d'oscillation du pendule (voir figure). La boussole oscille faiblement à une fréquence qui est généralement très proche de celle du pendule qui la stimule. Approchons progressivement la boussole du pendule oscillant. À l'évidence, l'influence du pendule magnétique sur la boussole grandit. Selon les cas, des régimes plus curieux peuvent apparaître... telles des oscillations bipériodiques où, tout en restant en régime prédictible, les amplitudes de l'oscillation de la boussole varient périodiquement. Puis, en dessous d'une certaine distance, des mouvements extrêmement irréguliers prennent place,

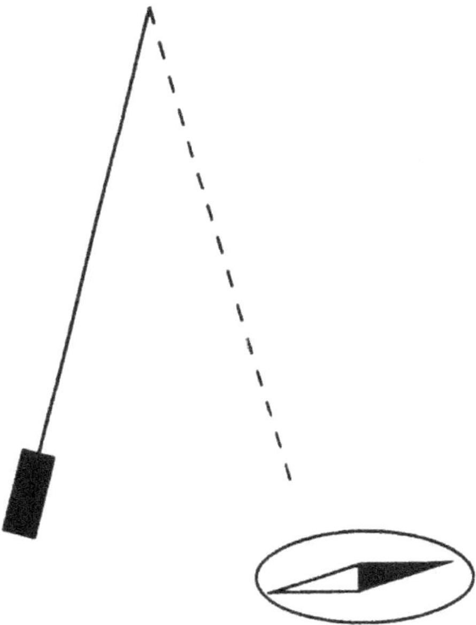

Fig. 1 – Réalisez simplement un « chaoteur » : influencez une boussole par les oscillations d'une pendule magnétique.

la boussole se mettant à tourner dans un sens, s'arrêtant, oscillant à nouveau puis tournant en sens inverse, sans que l'on puisse prévoir quelle fantaisie nouvelle va apparaître. Le mouvement est devenu imprédictible bien qu'étant celui d'un système très simple : c'est bien de chaos qu'il s'agit. Des observations très profondes peuvent être faites à partir de cette expérience élémentaire en faisant varier les divers paramètres de l'expérience, ce que nous laissons au lecteur la joie de découvrir par lui-même.

Des oscillateurs simples
et leur géométrie de phase

La pendule comtoise ne représente pas l'oscillateur le plus simple. Il est en effet non linéaire puisque le couple de rappel varie, de même que pour tous les pendules, comme le sinus de l'angle (ou amplitude d'oscillation). Par opposition, un oscillateur pour lequel la force de rappel serait directement proportionnelle à l'amplitude du mouvement (cas de la masse suspendue à un ressort) sera qualifié de linéaire. Par ailleurs, l'oscillateur que constitue la pendule comtoise est amorti : sans apport d'énergie externe, son amplitude d'oscillation décroît sans cesse jusqu'à l'arrêt des oscillations. D'où la nécessité d'entretenir le mouvement, c'est-à-dire d'apporter une certaine quantité d'énergie à chaque oscillation pour compenser les pertes. La classique pendule à balancier est donc un oscillateur non linéaire, amorti (on dit aussi dissipatif) et entretenu. Plutôt que d'étudier d'entrée de jeu la triple complexité de la pendule, nous allons procéder en trois étapes successives en ajoutant à chaque fois une complexité nouvelle. Ainsi, nous étudierons successivement l'oscillateur linéaire conservatif, puis amorti, et les oscillateurs non linéaires, d'abord non amortis, puis amortis et enfin amortis entretenus.

L'oscillateur linéaire

Ainsi que nous venons de le voir, un tel oscillateur est caractérisé par la proportionnalité entre la force de rappel et son élongation à partir de la position d'équilibre (de repos) du système.

Par exemple, si nous suspendons une masse m à un ressort (linéaire), il s'allonge d'une quantité K m g où K désigne la constante de rigidité du ressort et g l'accélération de la pesanteur. Plus le poids m g est important, plus l'allongement sera grand (tout en restant proportionnel à m g – dans une certaine limite). Cela constitue un exemple simple de linéarité.

Pour nous affranchir de l'effet de la pesanteur qui compliquerait notre raisonnement, nous supposons maintenant la masse et son ressort astreints à glisser sans frottement sur une tige horizontale (figure 1). L'équation du mouvement s'écrit en exprimant la conservation de l'énergie totale du système dynamique, d'où le nom de système conservatif donné à ce type d'oscillateurs :

$$m\ d^2X/dt^2 + K\ X = 0$$

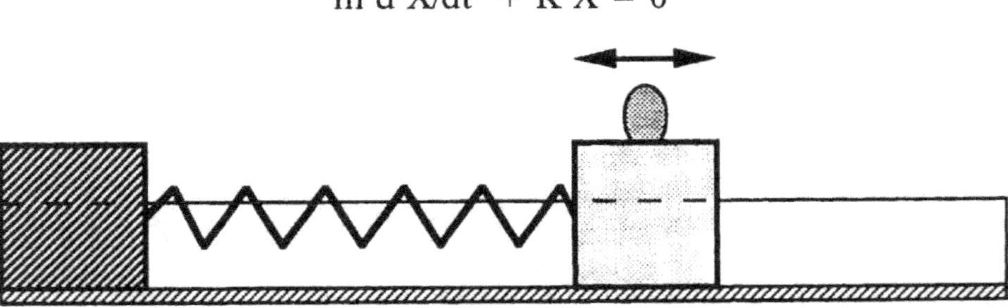

Fig. 1 – Schéma d'un oscillateur linéaire, illustré par une masse soumise à une force de rappel linéaire sous l'action d'un ressort.

où X représente la position de la masse à tout instant t ou l'amplitude du déplacement. d^2X/dt^2 est la dérivée seconde par rapport au temps du déplacement, ou encore l'accélération.

Cette équation différentielle peut aussi être mise sous la forme $d^2X/dt^2 + (K/m)X = 0$. La solution ne dépend *que des conditions initiales au temps pris comme origine t = 0*. L'équation étant du deuxième ordre (équivalent d'un système de deux équations du premier ordre), il faut fixer deux conditions initiales. Communément on fixe la position et la vitesse initiales, soient X_o et $V_o = (dX/dt)_o$. La solution de l'équation différentielle qui s'intègre très facilement est de la forme :

$$X = X_o \sin (\omega t + \phi)$$

où $\omega^2 = K/m$ et ϕ est une phase.

La solution est périodique et nous retrouvons la classique fonction sinusoïdale si essentielle en physique (figure 2).

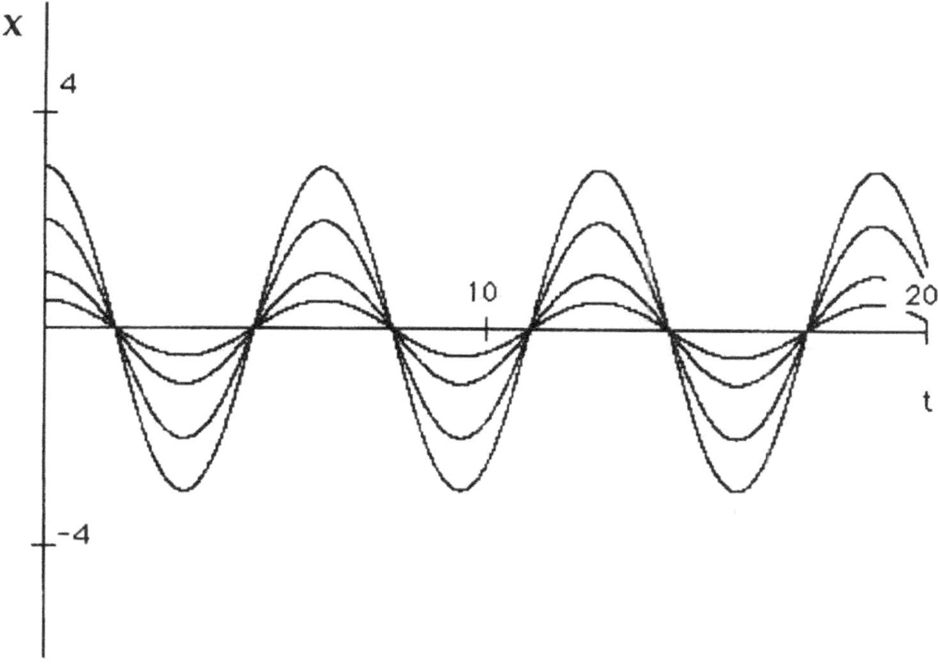

Fig. 2 – Solutions $X = f(t)$, $[X = X_o \cos \omega t = X_o \sin (\omega t + \pi/2)]$ pour différentes conditions initiales, de l'équation de l'oscillateur linéaire conservatif.

Plutôt que de représenter la solution en fonction du temps, il est beaucoup plus instructif et révélateur de tracer ce que l'on nomme le *diagramme de phase* de l'oscillateur. Il s'agit simplement de porter l'une de ses variables (dX/dt) en fonction de l'autre X. Dans le cas que nous venons d'étudier, la vitesse étant déphasée de $\pi/2$ par rapport au déplacement, le diagramme de phase est simplement un cercle ou une ellipse (voir figure 3). Encore une fois, notons que cette boucle de phase ne dépend que des conditions initiales ; autant de paires de conditions initiales (X_o, V_o), autant de boucles de phase différentes.

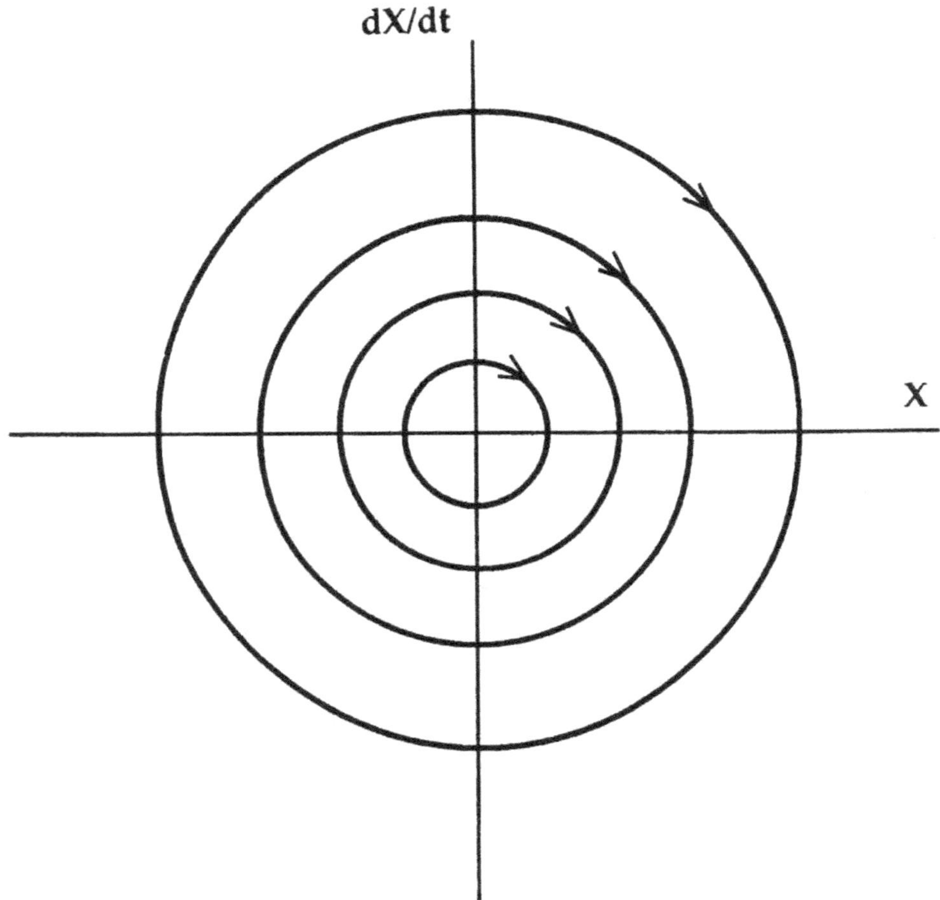

Fig. 3 – Diagrammes de phase $dX/dt = f(X)$ pour l'oscillateur linéaire conservatif avec différentes conditions initiales.

Avant de quitter l'oscillateur linéaire, que nous avons qualifié de conservatif, car l'énergie y est conservée, n'oublions pas que tous les oscillateurs réels (macroscopiques) ont en réalité du frottement qui leur fait perdre peu à peu leur énergie initiale. On dit qu'ils sont *dissipatifs*. On considère généralement que la friction est de type visqueux, c'est-à-dire que la force (ou le couple) qui en rend compte est proportionnelle à la vitesse dX/dt. C'est ainsi que pour traduire cette dissipation dans l'équation de l'oscillateur, nous la mettons sous la forme :

$$d^2X/dt^2 + A\ dX/dt + (K/m)\ X = 0$$

L'effet d'un tel amortissement est bien connu : il réduit exponentiellement l'amplitude de l'oscillation à zéro. Sur le diagramme de phase (figure 4), la spirale tend vers un point qui représente l'arrêt du pendule (X=V=0). Contrairement au cas du pendule conservatif, quelles que soient les conditions initiales, toutes les trajectoires aboutiront vers ce point, que l'on nomme pour cette raison *attracteur* qualifié de *point fixe* puisqu'il représente l'état de repos du système. Cet attracteur est le plus simple qui soit, mais nous en rencontrerons de plus compliqués par la suite.

L'oscillateur conservatif non linéaire

Un rapide coup d'œil sur l'oscillateur linéaire aux propriétés très simples nous ayant permis de nous remémorer quelques éléments de dynamique, nous pouvons maintenant attaquer un cas plus riche et difficile : celui de l'oscillateur non linéaire. L'archétype d'un tel oscillateur est le classique pendule dont la pendule comtoise est un exemple si on néglige ses forces de frottement (figure 5). La non-linéarité provient de ce que la force de rappel (en fait le couple de rappel) n'est pas proportionnelle à l'amplitude X (ici X est l'angle que fait le pendule avec la verticale), mais à sin X. L'équation de l'oscillateur non linéaire de type pendule non dissipatif s'écrit donc :

$$d^2X/dt^2 + K'\ \sin X = 0$$

où K' incorpore l'intensité de la pesanteur et la longueur du pendule.

Première difficulté par rapport à l'oscillateur linéaire, l'équation de l'oscillateur non linéaire ne s'intègre pas facilement. Pour obtenir les solutions, il est plus commode de passer par l'intermédiaire du calcul numérique à l'ordinateur. Les résultats de l'intégration (numérique) sont représentés sous la forme de leur diagramme de phase dans la figure 6.

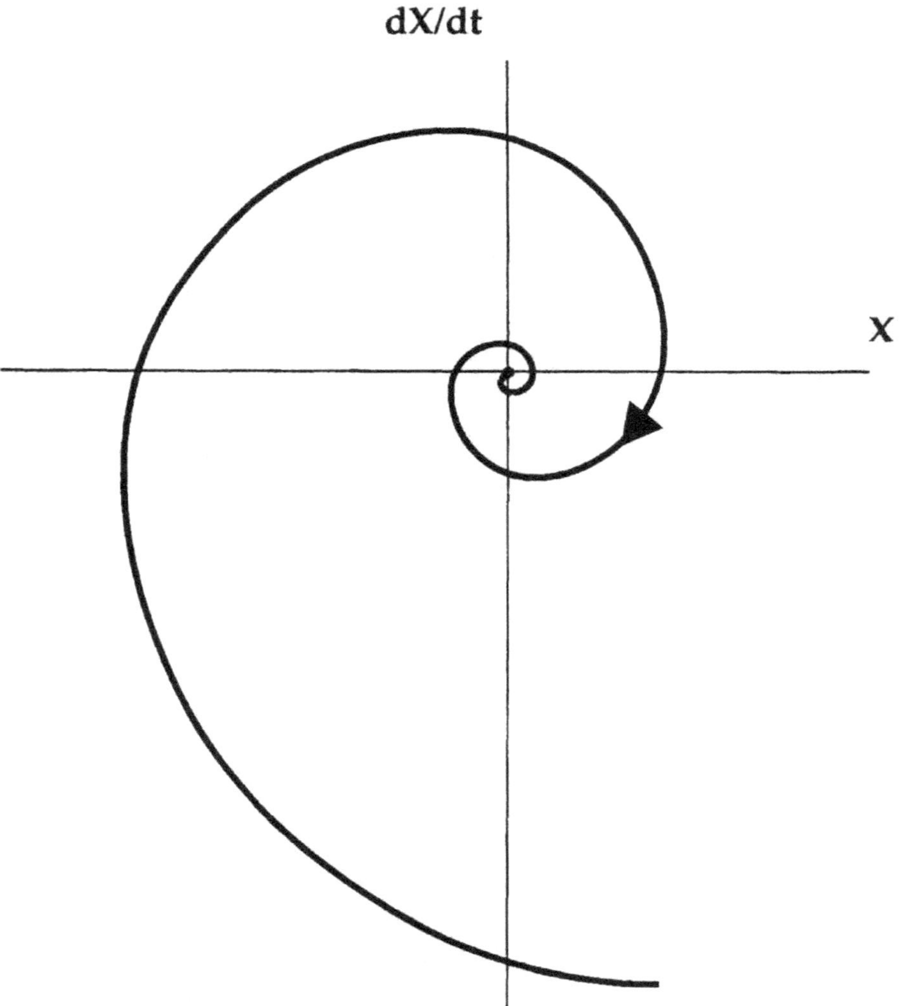

Fig. 4 – Attracteur point fixe de l'oscillateur dissipatif non entretenu. La spirale représente l'évolution transitoire.

Pour des oscillations de petite amplitude X, on sait que sin X est voisin de X. On n'est donc pas étonné de trouver une trajectoire qui soit pratiquement un cercle, tout comme dans le cas du pendule linéaire. Au fur et à mesure de l'augmentation de l'amplitude des oscillations, les effets non linéaires se font sentir et la trajectoire est de plus en plus déformée par rapport au cercle des petites amplitudes. Par ailleurs, et contrairement au cas de l'oscillateur

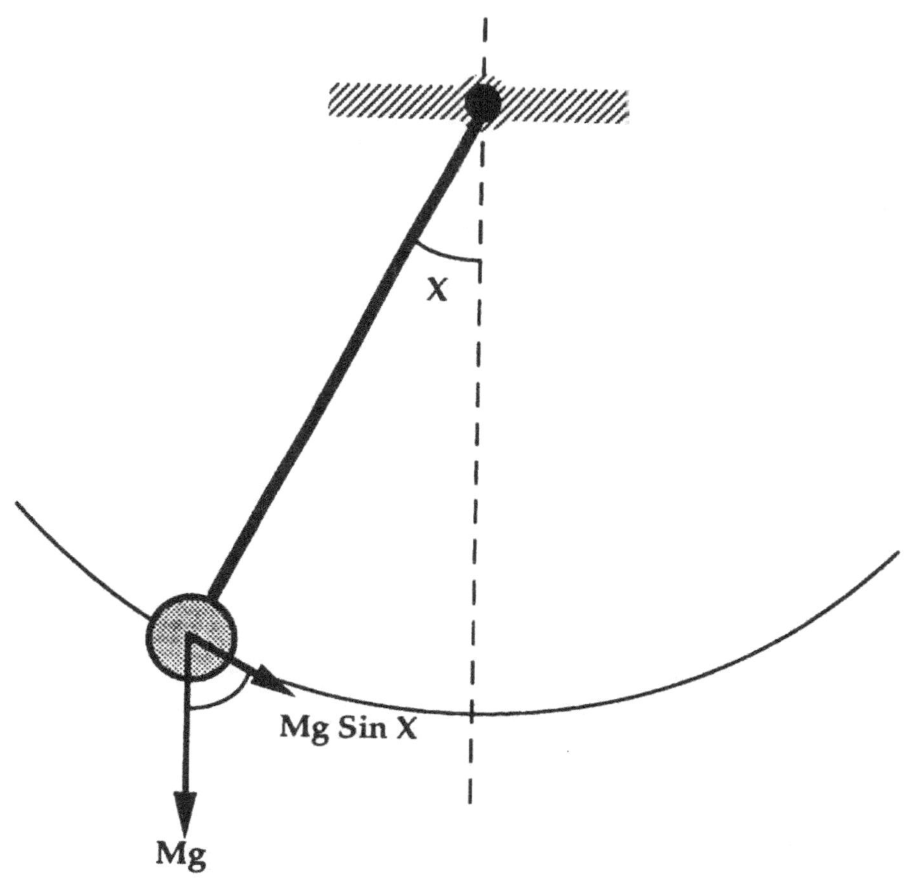

Fig. 5 – Schéma d'un pendule.

linéaire, il n'y a pas isochronisme des oscillations. La période d'oscillation dépend maintenant de l'amplitude * (figure 7).

Il existe un cas particulier intéressant, celui où Xo, l'amplitude initiale, vaut π (alors que la vitesse initiale est nulle). C'est dire que le pendule est lâché sans vitesse initiale de la position verticale. Le pendule est alors en position instable, et, en toute rigueur, pourrait rester indéfiniment dans cette position. En pratique, toute fluctuation infinitésimale va déclencher le mouvement qui amènera à nouveau, après qu'il aura fait un tour, le balancier en position instable. Le diagramme de phase correspondant est le diagramme limite que

* Au point de devenir infinie pour $x=\pi$.

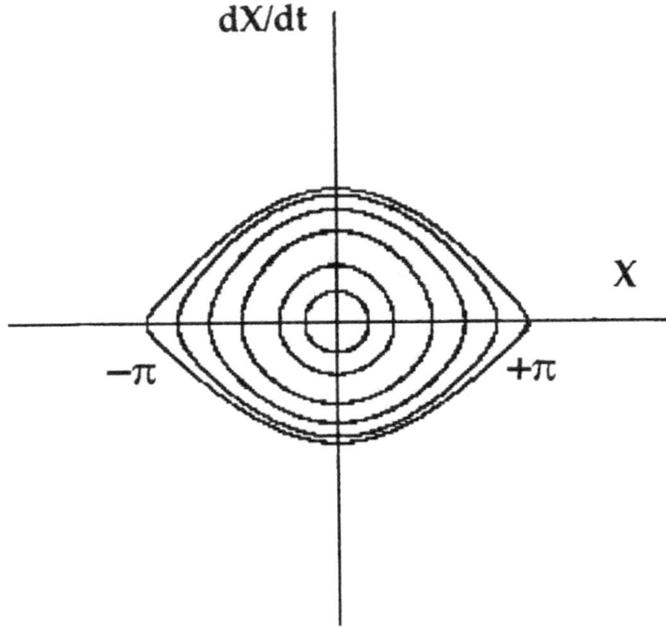

Fig. 6 – Diagrammes de phase du pendule non linéaire conservatif obtenus avec différentes conditions initiales et pour -π <X< + π.

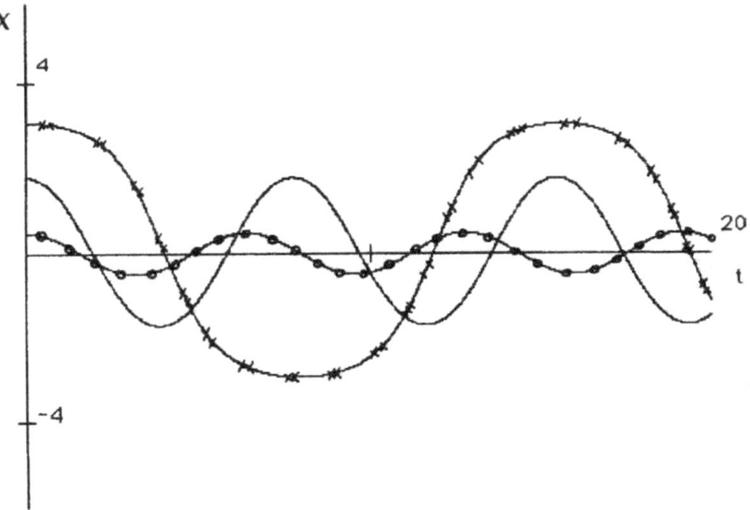

Fig. 7 – Comportement temporel de l'amplitude du pendule conservatif non linéaire pour différentes conditions initiales. Lorsque l'amplitude croît, la période augmente ainsi que la déformation par rapport à une sinusoïde pure.

l'on obtient en faisant croître Xo jusqu'à π (et en maintenant (dX/dt)$_o$ = 0) (figure 6).

Les choses changent radicalement si, au lieu de lâcher le pendule sans vitesse initiale ainsi que nous l'avons fait jusqu'ici, nous considérons (dX/dt)$_o$ > 0 en gardant Xo = π. En effet, le pendule peut maintenant tourner sans s'arrêter en X = π. Les trajectoires de phase sont ouvertes (figure 8). On nomme ces trajectoires « trajectoires passantes ».

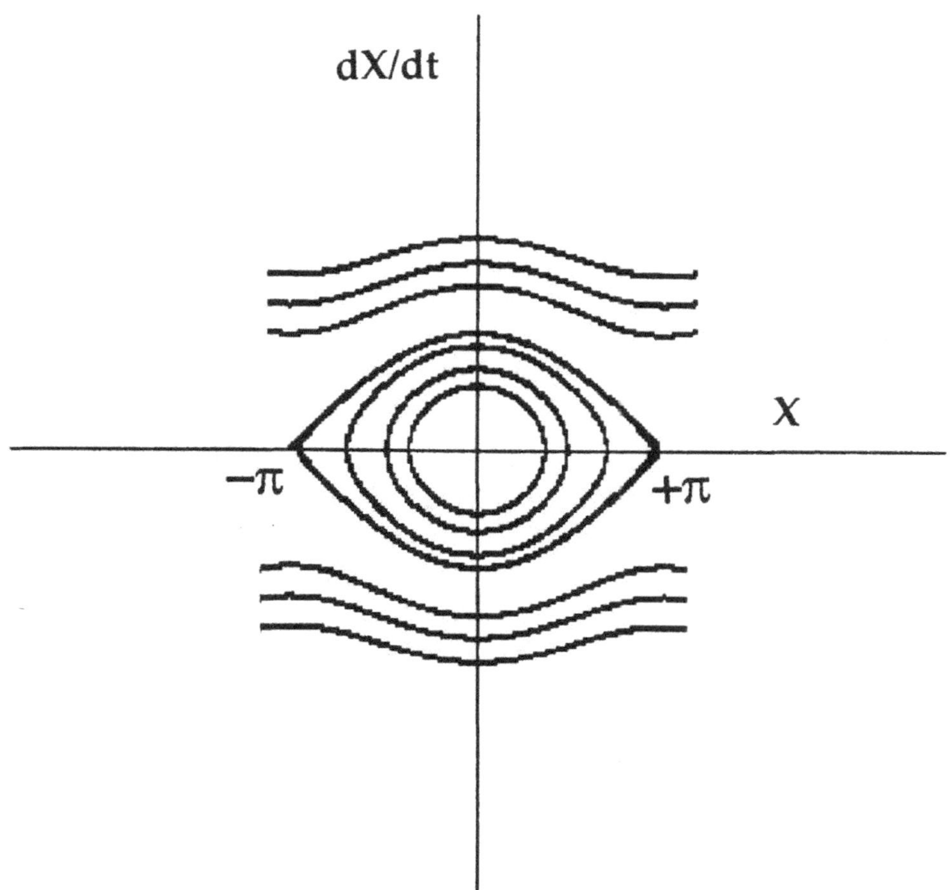

Fig. 8 – Schéma de toutes les trajectoires possibles dans l'espace des phases du pendule conservatif non linéaire. Pour des valeurs élevées de la vitesse initiale (dX/dt)$_o$, on peut avoir des trajectoires dites passantes, c'est-à-dire que la vitesse ne s'annule jamais et le pendule tourne sans s'arrêter autour de son axe.

L'oscillateur dissipatif entretenu

L'oscillateur conservatif n'existe pratiquement pas autour de nous ; la dissipation d'énergie est présente partout et même dans le système solaire le mouvement des planètes est très légèrement dissipatif avec des conséquences qui peuvent se mesurer, bien que se manifestant le plus souvent sur des temps excessivement longs. Pour que le mouvement d'un système dynamique puisse se maintenir, un apport d'énergie est nécessaire et cet apport conditionne de manière univoque l'amplitude des mouvements. Celle-ci est déterminée par l'équilibre entre énergie fournie et dissipation. Le premier modèle ayant rendu compte d'une telle propriété est celui de Van Der Pol qui, initialement, représentait le fonctionnement de triodes dans un circuit électrique.

La relation correspondante s'écrit :

$$d^2X/dt^2 + f(X)\, dX/dt + X = 0$$

Le terme $f(X)$ doit rendre compte du fait que la dissipation l'emporte aux grandes amplitudes alors que le mouvement aux faibles amplitudes doit être amplifié par l'énergie d'entretien, et cela indépendamment du signe de l'amplitude. Le terme $f(X)$ ne peut donc être que pair en X et par conséquent non linéaire. Dans le modèle de Van Der Pol, $f(X)$ s'écrit X^2-E, où E est un paramètre permettant de jouer sur le taux de non-linéarités. (Ce paramètre E mesure aussi la « puissance » de l'entretien). En exprimant le terme $f(X)$, la relation devient :

$$d^2X/dt^2 + (X^2\text{-}E)\, dX/dt + X = 0$$

ou encore en séparant les deux variables du mouvement, l'amplitude X et sa dérivée dans le temps $Y = dX/dt$:

$$dX/dt = Y$$
$$dY/dt = (E\text{-}X^2)Y - X$$

Ces deux équations différentielles ordinaires peuvent être intégrées numériquement, en particulier par la méthode de Runge-

Kutta. Un certain nombre d'illustrations sont présentées sur les figures 9 et 10. Elles donnent l'évolution de la dynamique en fonction du temps, ici implicite, au moyen des diagrammes de phase $dX/dt = f(X)$. La première figure montre l'influence des conditions initiales prises soit à l'intérieur, soit à l'extérieur du cycle limite. L'évolution de la trajectoire au cours du temps (spirale) montre dans les deux cas la convergence vers la trajectoire asymptotique unique qui s'effectue avec augmentation de l'amplitude pour a) et diminution de l'amplitude pour b). La trajectoire asymptotique, qui décrit un régime périodique, est appelée « cycle limite » et, dans ce cas, est très voisine d'un cercle. La figure 10 illustre l'influence de la grandeur du paramètre E, donc de l'entretien. La comparaison entre les deux diagrammes, ainsi qu'avec ceux de la figure 9, montre que la taille de l'oscillateur de Van Der Pol (ou l'amplitude des oscillations) croît avec E, et que les effets des non-linéarités qui lui sont associées déforment nettement les cycles limite ou portraits de phase correspondants. Ceux-ci s'éloignent de plus en plus d'un cercle.

Par ailleurs, on peut noter que les transitoires sont de plus en plus brefs quand E augmente, c'est-à-dire qu'avec le temps la trajectoire rejoint de plus en plus vite le cycle limite, quasi indépendamment de la condition initiale. (En prenant $X_o = Y_o = 1$, une dizaine de révolutions sont nécessaires pour approcher le cycle limite quand $E = 0{,}1$ alors qu'une seule suffit pour $E = 1{,}8$.)

L'oscillateur entretenu forcé

La dynamique d'un oscillateur entretenu ne peut qu'être périodique et donc représentée par un cycle limite. Si on soumet par contre cet oscillateur à une stimulation elle-même périodique, de fréquence différente de celle de l'oscillateur isolé, l'ensemble du système est bipériodique. Un exemple classique est celui d'une tige aimantée, entraînée par un champ magnétique tournant à une fréquence f_o et soumise par ailleurs dans son environnement à un champ pulsé de fréquence F. Les dynamiques qui vont alors pouvoir se développer sont de nature très variable et dépendent de deux paramètres : le rapport des deux fréquences f_o et F, et l'amplitude

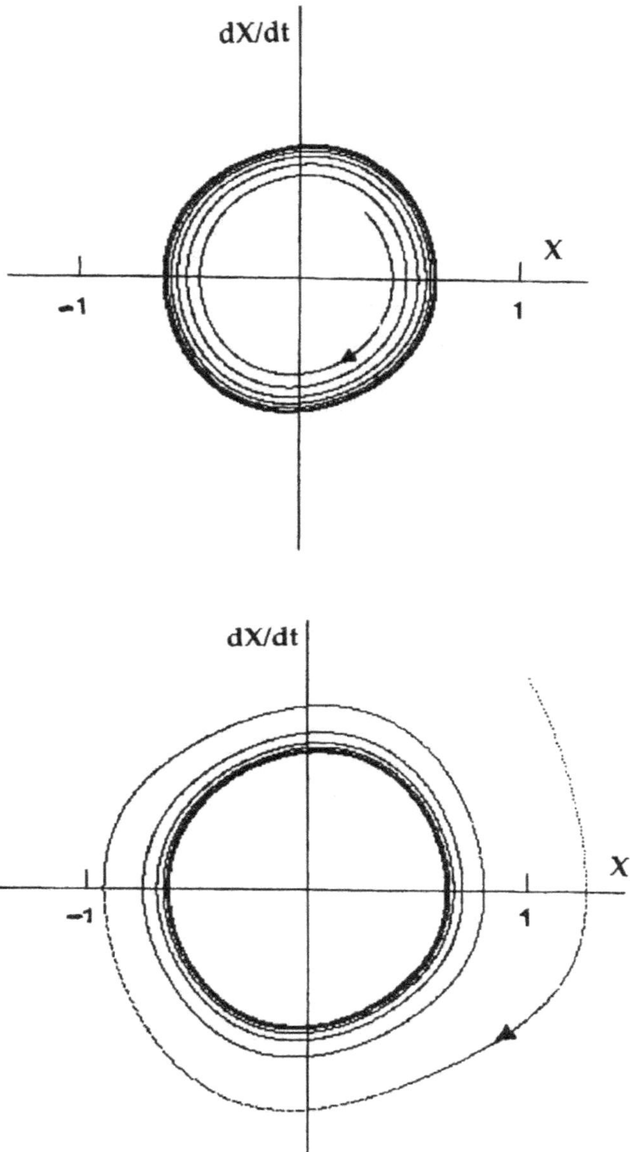

Fig. 9 – Influence des conditions initiales sur la trajectoire dans l'espace des phases de l'oscillateur de Van Der Pol avec E = 0,1 :

a) $X_o = Y_o = 0,3$ à l'intérieur du cycle limite
b) $X_o = Y_o = 1$ à l'extérieur du cycle limite.

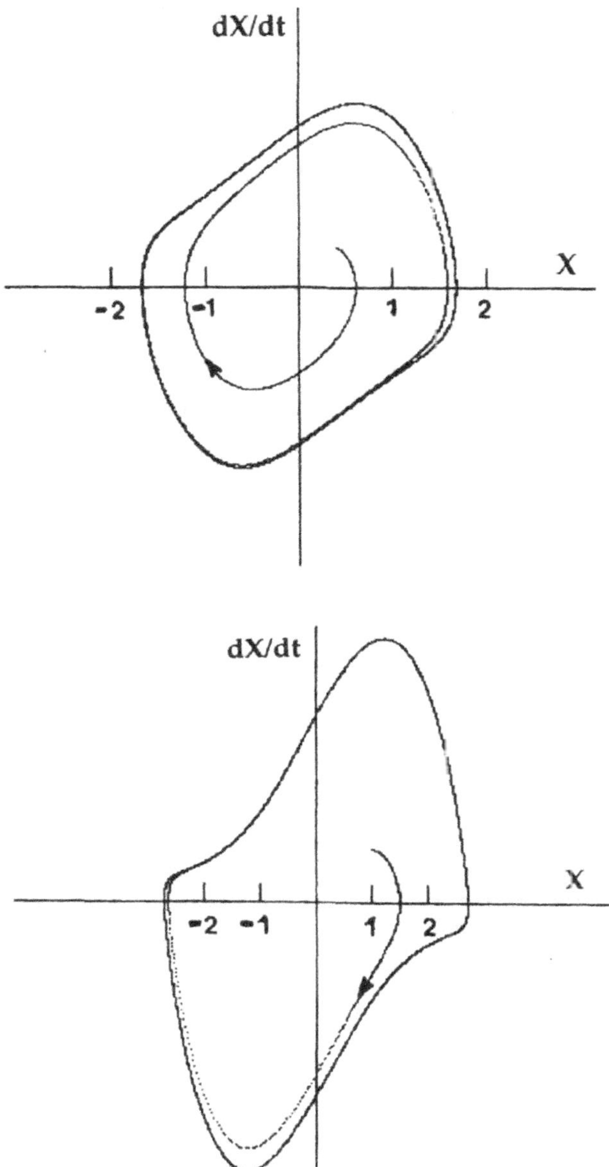

Fig. 10 – Influence de l'« entretien », c'est-à-dire de la valeur de E, sur le diagramme de phase de l'oscillateur de Van Der Pol.

a) E = 0,7
b) E = 1,8.

du forçage, les caractéristiques de l'oscillateur forcé étant maintenues constantes.

En reprenant comme oscillateur de départ l'oscillateur de Van Der Pol, l'expression générale de la dynamique s'exprime comme suit lorsque l'on ajoute le terme de forçage :

$$d^2X/dt^2 + (X^2-E)\,dX/dt + X = B \cos (2\pi Ft)$$

où F et B sont respectivement la fréquence et l'amplitude du forçage.

Les variables sont maintenant au nombre de 3 : les deux variables X et Y de l'oscillateur indépendant et la phase Z du forçage tel que :

$$dZ/dt = 2\pi F$$

$$dX/dt = Y$$

$$dY/dt = (E-X^2)Y - X + B \cos (Z)$$

L'amplitude B est une constante, à forçage donné, dans le sens que le système de forçage est indépendant et n'est pas influencé par l'oscillateur.

L'intégration des trois équations différentielles du premier ordre donne accès aux états dynamiques et on peut étudier le diagramme de ces états dans le plan des paramètres. Nous donnons quelques exemples choisis pour être les plus représentatifs dans les figures 11 et 12. Ils sont illustrés par une section de Poincaré de la trajectoire tridimensionnelle G(X,Y,Z). Cette section est formée des points (X,Y) tracés chaque fois que la phase Z prend une valeur donnée, + π par exemple.

Les tracés de la figure 11 illustrent l'effet de l'amplitude du forçage ; quand celui-ci est faible, l'oscillateur forcé est peu perturbé et, comme le montre la section de Poincaré (coupe d'un tore) le régime est bipériodique régulier. Quand le forçage augmente, il influence de plus en plus l'oscillateur qu'il force et celui-ci a tendance à modifier sa dynamique pour s'accrocher sur celle du forçage. Cet accrochage se fait sur le rationnel le plus proche du rapport f_o/F, 1/3 dans le cas de la figure pour B = 3 (présence de seulement 3 points dans la section de Poincaré). Pour B = 1,8,

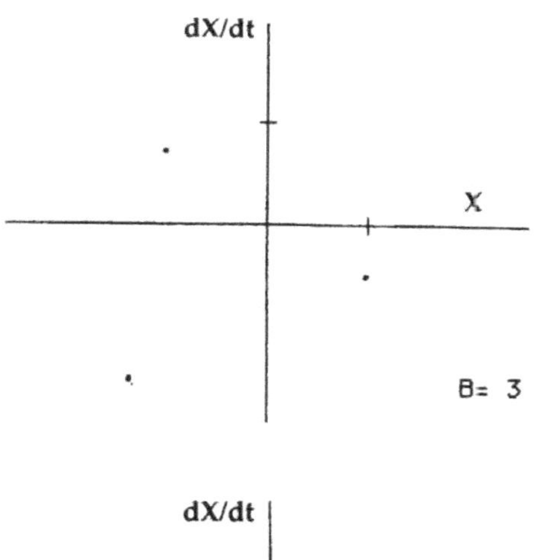

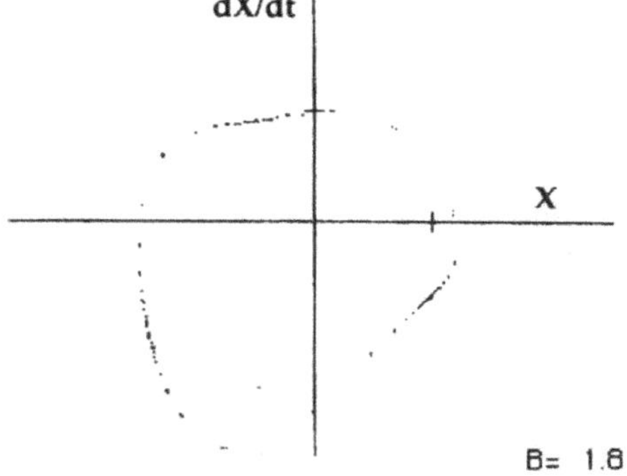

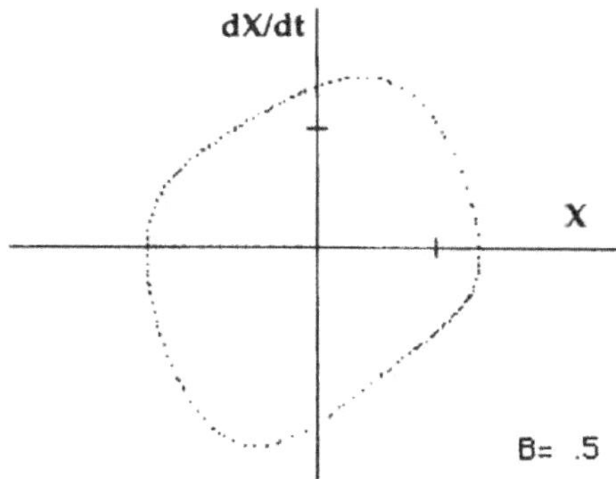

Fig. 11 – Influence de l'intensité du forçage B (E = 0,5 – F = 0,45)
a) B = 0,5 : la section de Poincaré est celle d'un tore. Le régime est bipériodique.
b) B = 1,8 : 3 zones sont plus denses que le reste de la section.
c) B = 3 : 3 points seulement sont visités. Il y a accrochage en fréquence tel que la fréquence de l'oscillateur de Van Der Pol f_o est égale à F/3.

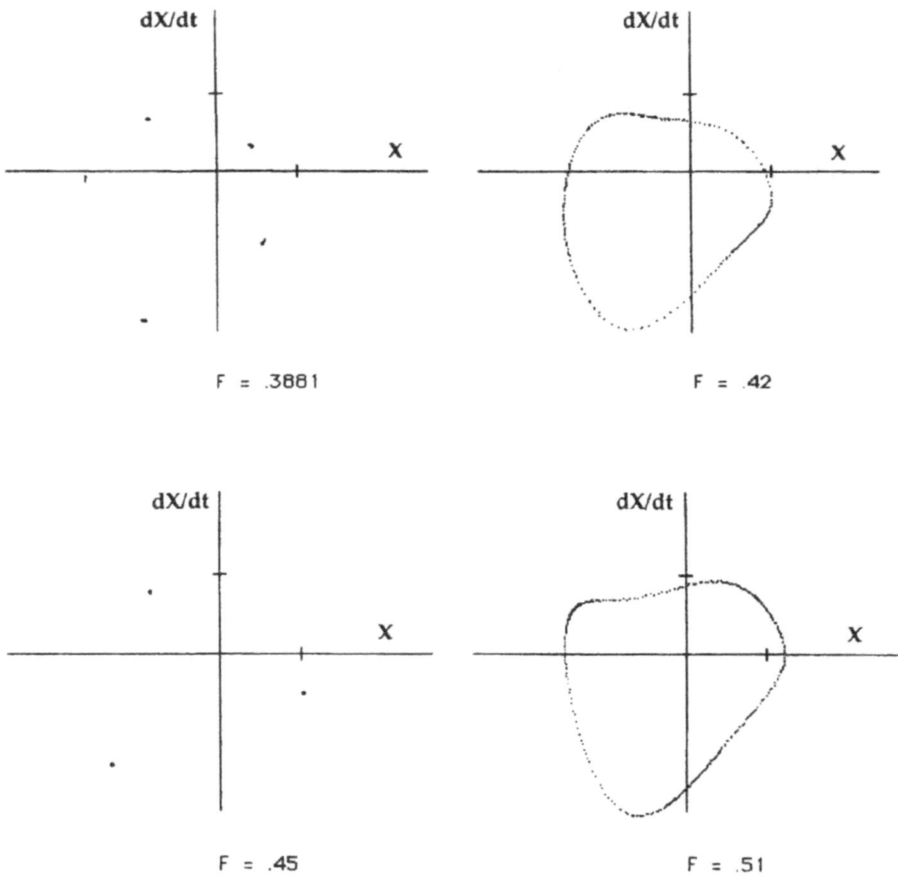

Fig. 12 – Influence de la fréquence de forçage F (E = 0,5 − B = 2,5) Accrochage 2/5 pour F = 0,3881; bipériodisme pour F = 0,42 ainsi que pour F
= 0,51; accrochage 1/3 pour F = 0,45.

cet accrochage est déjà pressenti par le fait que les points de la
section de Poincaré ne sont pas répartis de façon homogène, mais
se regroupent sur trois zones plus denses. Les diagrammes de la
figure 12 montrent combien à amplitude de forçage fixée (ici B =
2,5), la dynamique dépend de la fréquence F du forçage. Dans le
domaine présenté, l'on passe de l'accrochage 2/5 à un état bipériodique régulier, puis à l'accrochage 1/3 et à nouveau à l'état bipériodique. En faisant une exploration de plus en plus fine en F, on
trouverait en fait une infinité de langues d'accrochage sur des
rationnels p/q, mais leur largeur décroît très rapidement lorsque le

dénominateur q croît. Les comportements temporels présentés figure 13 correspondent à certaines dynamiques de la figure 12. Il est intéressant de remarquer combien l'information donnée par les diagrammes de phase est beaucoup plus frappante et significative que celle suggérée par les comportements en temps.

L'oscillateur forcé chaotique

L'oscillateur de Van Der Pol forcé périodiquement a tous les degrés de liberté (ou nombre de variables) nécessaires pour devenir chaotique. Cependant ses non-linéarités ne sont présentes qu'à travers le terme en X^2 de l'entretien ; elles sont donc faibles et les plages des paramètres B et F pour lesquels il est possible d'observer du chaos, et des attracteurs étranges dans l'espace des phases, sont très réduites. Aussi un modèle un peu différent a été construit avec un terme supplémentaire en X^3. Il s'exprime sous sa forme la plus générale comme :

$$d^2X/dt^2 - E(1-X^2)\,dx/dt + CX + X^3 = B\cos(2\pi Ft)$$

Lorsque le forçage est faible, le système dynamique ainsi décrit est bipériodique. Lorsque B augmente, et pour certaines valeurs des paramètres, on observe des comportements chaotiques, en particulier le bel attracteur représenté dans la figure 8 du chapitre 7.

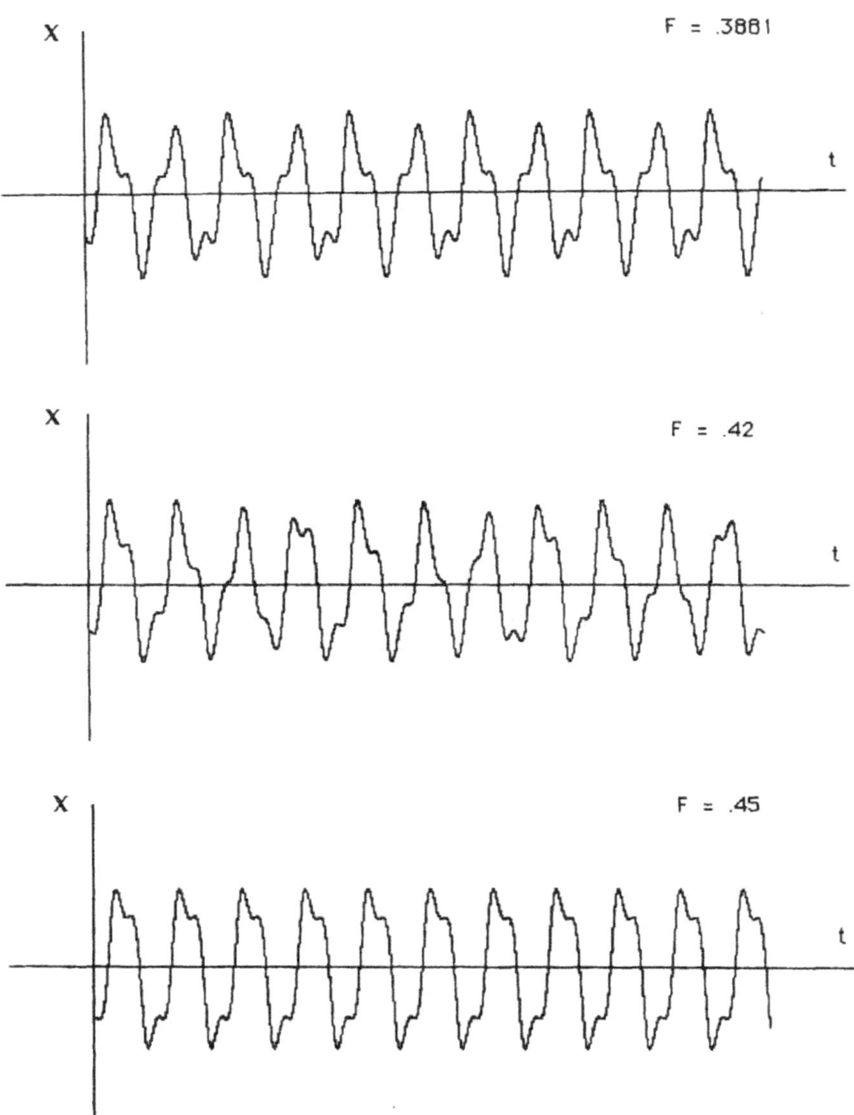

Fig. 13 – Comportements X = f(t) correspondant aux mêmes conditions que celles des diagrammes de la figure 12, mais le bipériodisme avec F = 0,51 n'est pas représenté.

CHAPITRE 1 : *Autrefois le temps*

1. Pour être en accord plus rigoureux encore avec le rapport réel des durées du jour et de l'année, le calendrier d'aujourd'hui – dit grégorien – est tel que, les années multiples de 100 (1700, 1800,...) ne sont pas bissextiles à l'exception de celles multiples de 400. Ainsi l'année 2000 sera bissextile.

2. David S. Landes : *L'Heure qu'il est*, Gallimard 1987 et *Le Génie mécanique dans l'islam médiéval*, Pour la Science, juillet 1991.

3. C'est la première fois que nous rencontrons le mot « chaos ». Nous le rencontrerons souvent et, dès le chapitre 3, il aura une signification scientifique très précise. Il faut néanmoins noter qu'au-delà de la polysémie de « chaos », les philosophies et les religions ont lourdement chargé ce substantif de toutes sortes de significations. Nous reviendrons sur ce sujet tout à la fin de cet ouvrage.

4. Le déterminisme de Pierre-Simon Laplace est discuté par Amy Dahan Dalmedico dans *Chaos et déterminisme*, Éditions du Seuil, Points Sciences, 1992.

5. Les dénominations de divinités mentionnées ici sont des traductions modernes et ne correspondent évidemment pas à celles d'origine. Par ailleurs, certains dieux réputés « grecs » sont peut-être de création plus tardive qu'on ne le croit (voir en particulier les thèses de l'historien des religions Georges Dumézil).

6. C. Allègre : *De la pierre à l'étoile*, éd. Fayard 1985.

7. Même dans l'Antiquité, le sérieux des prédictions était parfois mis en doute par les devins eux-mêmes. Ne dit-on pas qu'un augure ne pouvait croiser un autre augure sans avoir envie de rire ?

CHAPITRE 2 : *De notre temps*

1. Voir « La stabilité du système solaire » par J. Laskar dans *Chaos et déterminisme*, Éditions du Seuil, Points Sciences.

2. On pense que Galilée avait établi la loi de chute libre des corps à la fois de façon théorique et expérimentale (loi que l'on peut résumer ainsi : la distance parcourue est proportionnelle au carré du temps écoulé). Il est intéressant de noter que Galilée a tout d'abord cru que la vitesse était proportionnelle à l'espace parcouru (et non au temps écoulé ou à la racine carrée de la distance). Ceci pourrait être interprété comme si Galilée avait pensé que le temps lui-même dépendait de la distance parcourue. Indépendamment de cela, il est piquant de remarquer que le nom de Galilée, très grande figure de la Science, n'est même pas mentionné dans un dictionnaire de physique, par ailleurs fort complet, et auquel il est fait plusieurs fois référence dans cet ouvrage. Il s'agit du « Dictionnaire de Physique portatif » publié en Avignon en 1767... « avec permission des Supérieurs ». Ces Supérieurs, ecclésiastiques, ont sans aucun doute quelque responsabilité dans cet « oubli » volontaire. N'oublions pas, qu'à l'époque, Avignon était ville papale et que Galilée avait été condamné par le tribunal de l'Inquisition. Notons que la réhabilitation de Galilée par l'Église a eu lieu le 31 octobre 1992, près de 360 ans après sa condamnation. Au cours d'une cérémonie officielle, le pape Jean-Paul II a reconnu devant l'Académie Pontificale des Sciences que Galilée avait eu raison.

Les temps ont changé mais on aurait néanmoins tort de croire que – passion et subjectivité aidant – de tels procédés ont disparu de l'époque moderne (même s'ils ne revêtent pas l'aspect radical de la condamnation subie par Galilée).

3. Le déterminisme de Pierre-Simon Laplace et le déterminisme aujourd'hui par A. Dahan Dalmedico, *ibid.* (1)

4. Les temps de décroissance des isotopes radioactifs varient dans des proportions considérables, depuis le millionième de seconde jusqu'au million et même le milliard d'années. Ceci est en contradiction apparente avec l'intuition du physicien qui attribue à un phénomène physique donné une échelle unique de temps caractéristique : la femtoseconde (10^{-15} secondes) pour la rotation des électrons autour de l'atome, la journée pour le temps de rotation de la Terre sur elle-même, le million d'années pour les renversements du champ terrestre, etc. On peut donc légitimement se demander pourquoi les durées de vie radioactives sont si dispersées, si variables, alors qu'il s'agit toujours du même phénomène physique, avec simplement des modifications qui ne paraissent pas essentielles quand on passe d'un élément radioactif à l'autre (modification du nombre de nucléons, faible variation du diamètre du noyau), etc. Cette dispersion est due en fait à un phénomène typique de la mécanique quantique, l'effet tunnel, et elle est aussi

fondamentalement reliée au caractère aléatoire de l'émission radioactive. Pour tenter de rendre compte de ce phénomène, représentons-nous le noyau avant sa séparation comme une paire de particules en mouvement, chacune dans un potentiel créé par l'autre. Cette interaction est faite de deux parties : à courte distance elle est attractive, du fait des interactions nucléaires, alors qu'à grande distance (à prendre ici au sens des distances nucléaires, soit environ 10^{-9} mètres), c'est l'interaction coulombienne qui domine, c'est-à-dire la répulsion entre charges électriques de même signe (signe + pour les seules particules chargées du noyau, les protons). Le potentiel d'interaction entre les deux « particules » (encore liées mais qui seront les produits finaux de la décomposition radioactive) a l'allure représentée dans la figure 1 :

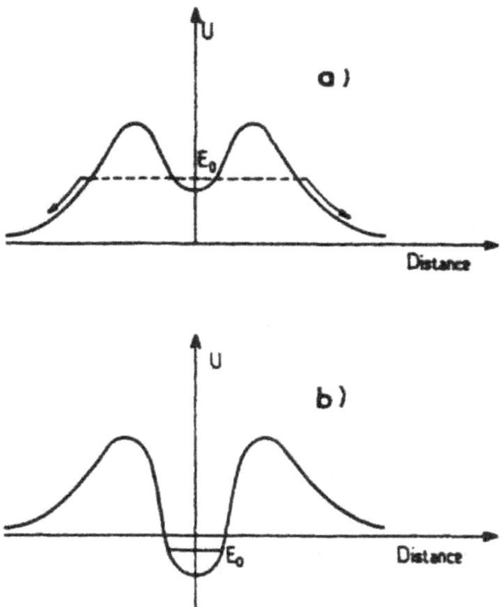

Potentiel d'interaction de deux particules en fonction de leur distance :

a) énergie à l'origine positive
b) énergie négative

un creux au voisinage de l'origine, puis une bosse, que l'on appelle la barrière, et à plus grande distance, une partie légèrement positive qui tend vers zéro à l'infini et représente la répulsion coulombienne. Imaginons une particule « classique » se mouvant sans frottement dans ce potentiel. Si elle part au voisinage de l'origine avec une énergie assez basse, inférieure à la hauteur de barrière, elle va osciller indéfiniment dans le puits de potentiel près de l'origine. Ces oscillations vont représenter en général des états excités du noyau, alors que la position d'équilibre au fond du puits constitue son état fondamental. Par définition, un tel état est celui d'énergie la plus basse, et on voit bien que, dans cette représentation, il y a deux possibilités : l'énergie de l'état fondamental de l'origine est positive ou négative. Lorsque cette énergie est négative, cet état représente bien le minimum *minimorum* d'énergie d'un état stationnaire. Au contraire, si cette énergie est positive, ce minimum *minimorum* est représenté par l'état à l'infini, c'est-à-dire avec les deux parties du noyau infiniment séparées, donc après la décomposition radioactive de celui-ci.

Dans le cadre de la mécanique classique, toutefois, ce retour à l'état fondamental ne peut pas se faire si la particule part initialement dans le creux de potentiel de l'origine avec une énergie insuffisante pour passer au-dessus de la barrière. Ceci n'est plus vrai dans le cadre de la mécanique quantique, qui est valable pour cette situation. En effet, cette mécanique quantique prédit, par le biais d'ondes évanescentes, que la particule pénètre bien partout, y compris sous la barrière de potentiel qui lui est classiquement inaccessible. Cette pénétration la fait ensuite passer de l'autre côté de la barrière où elle s'apercevra que l'état à l'infini est d'énergie plus basse, ce qui lui permettra de rejoindre cet état d'éclatement. L'effet tunnel est en quelque sorte un effet de « passe-muraille » mais qui devient monstrueusement improbable dès que les objets sont d'une taille excédant quelques atomes... et rend malheureusement impossible la réalisation imaginée par Marcel Aymé.

La probabilité par unité de temps de passer de l'autre côté de la barrière par effet tunnel est donc proportionnelle à l'amplitude de l'onde évanescente sous la barrière. Cette amplitude dépend exponentiellement de la hauteur de la barrière, soit quelque chose comme $\exp -V/v$, où V est la hauteur de barrière et v une énergie caractéristique. C'est cette exponentielle qui est fondamentalement à l'origine de la très grande dispersion des durées de vie radioactives. En effet, supposons que cette exponentielle vaille 10^{-9} pour un noyau radioactif donné. Prenons un autre noyau avec une structure voisine, mais pour lequel la hauteur de barrière V soit double. Comme cette hauteur apparaît dans l'exponentielle, le facteur de l'effet tunnel sera le carré (et non le double) du précédent, soit 10^{-18} (au lieu de 10^{-9}, soit un milliard de fois plus petit !). Pour donner un ordre de grandeur plus tangible, si le premier noyau se décompose en une minute environ, le second se décomposera en... près de 2 000 ans ! On voit donc que la présence de l'exponentielle de l'effet tunnel suffit à modifier complètement les ordres de grandeur des temps de décroissance radioactive, sans changer la nature physique du processus. Une situation un peu analogue existe dans un autre domaine de la physique, celui des réactions chimiques, dont la vitesse dépend d'un facteur exponentiel (ici non dû à l'effet tunnel), celui de la loi d'Arrhenius, et qui explique aussi l'incroyable étalement en temps des réactions chimiques et particulièrement leur très grande dépendance par rapport à la température, paramètre que l'on peut faire varier le plus facilement. À cela est aussi relié l'accroissement phénoménal de viscosité (d'un facteur 10^{+14}) de certains mélanges passant par refroidissement de l'état liquide à celui de verre. Dans ce dernier cas, malgré beaucoup d'efforts, il ne semble pas que l'on soit parvenu à comprendre complètement l'origine de cette sensibilité de la viscosité à la température.

5. L'isotope d'oxygène le plus répandu est O^{16}, où le chiffre 16 indique la masse atomique du noyau. L'isotope O^{18}, lui aussi présent partout dans la nature mais avec une abondance relative faible (< 1 %), a un noyau un peu plus lourd que O^{16} et c'est ce qui va expliquer des différences de comportement entre les deux isotopes. La molécule d'oxygène est présente dans l'atmosphère, bien sûr, mais l'oxygène est aussi un des trois atomes qui constituent une molécule d'eau (les deux autres étant des atomes d'hydrogène). Au cours du processus d'évaporation de l'eau de mer, en particulier dans les zones tropicales, la vapeur d'eau s'enrichit légèrement en O^{16} plus léger, par rapport à la concentration marine. Au fur et à mesure que cette vapeur d'eau, présente dans la haute atmosphère, remonte vers les latitudes plus élevées, le phénomène de condensation entraîne à l'inverse un enrichissement en O^{18} dans nuages et pluies, si bien que l'appauvrissement relatif en O^{18} ne fait que s'accroître dans la vapeur d'eau restant en haute altitude. Lorsque cette vapeur se condense en fin de parcours sur la calotte glaciaire, sa teneur en O^{18} – et donc celle de la glace qui va s'y fixer – est relativement réduite. Sans donner ici des détails que l'on peut trouver développés dans le livre *Gros Temps sur la Planète*, publié aux Éditions Odile Jacob, les résultats d'analyses et de modèles montrent que plus la calotte de glace est importante aux pôles, plus la teneur en O^{18} des océans est importante. Corrélativement, plus la température est froide aux pôles, plus la teneur en O^{18} des glaces est faible.

Où trouver le souvenir des variations possibles, au cours des âges, de la teneur en O^{18} des océans ? De minuscules animaux marins, les foraminifères, dont certaines espèces vivent dans les eaux superficielles, d'autres dans les fonds benthiques, permettent de répondre à la question. En effet, leurs coquilles calcaires vont garder dans leur composition un rapport O^{16}/O^{18}, qui sera un fidèle reflet de celui existant dans leur environnement au cours de leur existence. Quand ces petites bêtes meurent, elles commencent une lente sédimentation dans le fond des océans où des prélèvements permettent d'obtenir des échantillons portant en eux une certaine mémoire des temps passés. Les carottages ont ainsi permis de remonter à plusieurs millions d'années.

6. Aujourd'hui, nous connaissons, en principe, les causes des variations importantes du climat, et des glaciations en particulier. Elles ont été décrites dès 1924 par M. Milankovitch, professeur à l'université de Belgrade, et font appel aux variations astronomiques du mouvement de la Terre. Celles-ci sont de trois natures différentes :

– variation de la distance Terre-Soleil ;

– variation de l'inclinaison de l'axe de rotation de la Terre par rapport au plan de l'écliptique ;

– variation de la forme de l'écliptique, d'une orbite quasi circulaire à une orbite elliptique de faible excentricité (de quelques millièmes seulement).

Milankovitch a calculé la variation de l'énergie solaire reçue aux latitudes élevées de l'hémisphère boréal (intéressées en premier par le phénomène d'extension des glaciers) au cours des millénaires en fonction des paramètres indiqués plus haut. Bien sûr, les valeurs de ces paramètres ne sont pas données *a priori*, mais sont calculées, avec les meilleures approximations possibles, à partir des interactions des planètes entre elles, et de leur mouvement autour du soleil. (À ces interactions s'ajoute la variation de l'inclinaison de l'axe de rotation de la Terre, variation liée au fait qu'elle n'est pas exactement une sphère, mais plutôt un ellipsoïde aplati aux pôles. Cet effet avait été déjà calculé par D'Alembert au XVIIIe siècle.)

L'histoire de la théorie de Milankovitch est tout à fait instructive vis-à-vis du comportement collectif devant les idées nouvelles, mais aussi révélatrice des tâtonnements, des chemins parfois divergents que peut prendre la recherche avant les évidences finales. En effet, la théorie de Milankovitch fut d'abord accueillie avec satisfaction, puis progressivement abandonnée, puis de nouveau remise en valeur à la suite d'observations concordantes vers le milieu des années 1950. Elle fut cependant de nouveau mise à l'écart, et ce n'est que depuis une dizaine d'années qu'elle est vraiment acceptée (définitivement ?) comme la théorie explicative des paléoclimats.

Cette théorie met en évidence le caractère quasipériodique complexe, c'est-à-dire avec de nombreuses pseudo-périodicités, de la dynamique terrestre. La résultante de leur combinaison fait ressortir des périodicités d'amplitude importante de l'ordre de 100 000 ans, puis 41 000 ans, 23 000 et 19 000 ans. Ces périodes sont exactement celles que l'on trouve par analyse spectrale des variations climatiques reconstituées à travers l'étude des sédiments marins.

7. Ces calculs sont effectués par le Bureau des longitudes, institution créée par l'Académie des sciences et toujours rattachée à cette dernière.

CHAPITRE 3 : *Regards sur un passé terrestre*

1. Le seul programme expérimental actuellement existant sur cette question est celui du groupe de Tallin, en Estonie, qui ne semble pas avoir encore atteint les conditions de génération spontanée du champ magnétique dans un fluide conducteur turbulent.

2. On ne peut qu'admirer, à cette occasion, la profonde unité des lois de la physique : la conservation de l'énergie est un principe qui s'applique également aux interactions électromagnétiques et mécaniques.

3. La dynamo de Rikitake comprend deux dynamos semblables à celle représentée figure 3. Le courant produit par l'une sert à créer l'induction agissant sur l'autre. Sa dynamique non linéaire couple l'évolution de trois quantités : la vitesse angulaire W commune aux dynamos et les courants

électriques i et j induits respectivement par chacune des dynamos. Les équations couplées pour ces trois grandeurs vont être des équations différentielles (dites ordinaires) par rapport au temps t.

La vitesse angulaire W résulte des actions antagonistes d'un couple moteur G et de la friction par la force de Laplace [on ajoute une friction visqueuse mécanique proportionnelle à W, soit en g W(t)]. L'équation correspondante du mouvement s'écrit :

$$I \frac{dW}{dt} = G - M\, j(t)\, i(t) - g\, W(t),$$

où M est ce que l'on appelle l'inductance mutuelle de la spire qui tourne et de la bobine créant le champ magnétique, et I le moment d'inertie de la partie mobile.

Dans cette même spire, l'intensité du courant i est le résultat de la tension électrique d'induction engendrée par la rotation, soit M j(t) W(t) et de la résistance électrique dans le circuit, soit R_1. D'où l'équation :

$$L_s \frac{dj}{dt} = M\, j(t)\, W(t) - R_1\, i(t).$$

où L_s est la self-induction de la spire qui tourne.

Le courant j(t) dans l'autre spire suit une loi formellement analogue qui s'écrit :

$$L \frac{dj}{dt} = Mi(t)\, W(t) - R_2\, j(t),$$

où R_1 R_2 sont des résistances électriques supposées égales par la suite.

Ce système d'équations différentielles ordinaires est non linéaire, puisque dans les membres de droite, on trouve des produits des variables, tel le terme en M j(t) W(t) dans l'équation pour i(t). On peut le réduire à une expression plus simple par des transformations algébriques élémentaires qui lui donnent une forme plus agréable, sans lui faire perdre quelque propriété que ce soit. On retrouve alors les trois équations données dans le texte principal.

D'après T. Rikitake, Cambridge Phil. Soc. Proc. *54*, 89, 1958.

4. L'idée de la dérive des continents est due à F. Wegener, géologue autrichien du début de ce siècle. Le point de départ de Wegener était une constatation que tout le monde peut faire en regardant un globe terrestre : la coïncidence quasi parfaite entre le contour des côtes du golfe de Guinée (côte ouest de l'Afrique) et celui des côtes du Brésil à peu près aux mêmes latitudes : les deux contours s'emboîtent presque exactement. Wegener avait aussi remarqué que la géologie des terrains se raccorde aussi très bien, et que certaines espèces animales, à très lente diffusion, comme les animaux fouisseurs, sont très étroitement apparentées d'un côté et de l'autre de l'Atlantique. Ceci l'avait assez naturellement conduit à supposer

que ces deux continents (Afrique et Amérique du Sud) étaient deux morceaux d'un même continent (que l'on appelle le Gondwana, mais très antérieur, bien sûr, à l'apparition de l'homme), qui s'étaient séparés et avaient dérivé loin l'un de l'autre. Ce faisceau de présomptions n'avait pas été accepté comme une preuve scientifique de la dérive des continents en son temps, parce que Wegener n'expliquait pas vraiment quel était le moteur des mouvements des continents, que l'on sait maintenant être les mouvements du manteau sous-jacent. Cette histoire a un certain intérêt, déjà souligné souvent, du point de vue de l'histoire des sciences : c'est en étudiant un fait précis (la complémentarité Brésil-Afrique) que Wegener a mis en évidence un phénomène fondamental et de portée générale, alors qu'à la même époque, des théories abracadabrantes prétendaient expliquer la totalité des phénomènes d'orogénie sans qu'elles puissent au fond être vérifiées ou infirmées sur un point précis. L'orogénie s'explique dans le cadre de la dérive des continents comme le résultat de collisions de plaques (il existe aussi d'autres possibilités plus compliquées). On lira avec profit *L'Écume de la Terre* de C. Allègre, A. Fayard éditeur (1983) sur ces questions.

5. Les dorsales (voir la figure 1 du chapitre 3) se trouvent au fond des océans, à des profondeurs considérables, à l'exception de l'Islande qui est une émergence de la dorsale atlantique. Elles sont le siège d'une activité de type volcanique très intense. Les explorations en sous-marins spéciaux ont montré que des jets d'eaux très chaudes et chargées de minéraux dissous jaillissent dans les régions des dorsales et permettent le développement de formes de vie très étranges, dans lesquelles, en particulier, la source d'énergie n'est pas la synthèse chlorophyllienne, contrairement à ce qui se passe pour toutes les autres formes de vie terrestre ou marine.

6. Le physicien L. Alvarez, inventeur d'un accélérateur de particules, le Bétatron, a étudié la proportion d'iridium, un composant rare, dans les roches sédimentaires. Il affirme avoir mis en évidence que ce taux d'iridium a un maximum très marqué à la fin de l'ère secondaire, soit au moment qui correspondrait à la disparition des grands reptiles tels les dinosaures. Une explication possible de cette disparition, qui suivrait donc de près cette anomalie de la concentration d'iridium, serait qu'une très grosse météorite aurait heurté la Terre à ce moment-là et aurait perturbé suffisamment le climat pour faire disparaître les grands reptiles, lesquels, par leur spécialisation, n'auraient pas pu s'adapter à ce changement rapide. La météorite en question aurait aussi contenu de l'iridium, d'où l'excès de concentration dans cet élément. Cette théorie, si elle est séduisante, est loin d'emporter la conviction générale, un des problèmes majeurs étant l'absence de preuve que l'anomalie en iridium ait été présente partout sur la Terre au même moment géologique, et en coïncidence avec la disparition des grands reptiles.

7. Les travaux de Rikitake, à l'exception d'un article du mathématicien anglais Allan, ne semblent pas avoir eu beaucoup d'impact en leur temps. Il faut noter que ce travail qui n'a pas de lien direct avec la confirmation

de la théorie de la dérive des continents, est antérieur aux mesures de paléo-magnétisme près des dorsales océaniques, et donc à une époque où la séquence des renversements du champ magnétique terrestre était très mal connue. D'autres raisons à ce peu de succès peuvent être évoquées, en particulier le doute qui existait alors quant à la fiabilité des calculs sur ordinateurs numériques (ce travail remonte à 1958, rappelons-le). Il semble que la plupart des chercheurs qui connaissaient ce travail pensaient qu'en fait la dynamique du système de Rikitake était périodique, et qu'il ne trouvait un comportement aléatoire qu'en raison d'erreurs de calcul incontrôlables. Malgré l'enjolivement de certains historiographes, le sort du papier de Lorenz sur son modèle de convection turbulente, dont les équations sont très proches de celle de Rikitake (ce qui ne veut pas forcément dire grand-chose dans ce domaine), n'a pas été très différent de celui de Rikitake, au moins au début. La communauté des chercheurs a commencé à s'intéresser au modèle de Lorenz seulement à partir de la publication de Ruelle et Takens, qui établissait que les comportements chaotiques de systèmes déterministes représentaient un phénomène général, ce qu'évidemment ni le modèle de Lorenz ni celui de Rikitake, tous deux très particuliers, ne prétendaient faire.

CHAPITRE 4 : *Une loi simple... un comportement complexe*

1. Au nombre des problèmes mathématiques dont la formulation est très simple et qui sont néanmoins, depuis des siècles, l'objet de réflexions profondes, citons le « dernier théorème » de Fermat. Pierre de Fermat (1601-1665) réfléchissant à des types d'équations étudiées par Diophante d'Alexandrie (IIIe siècle de notre ère) avait énoncé que pour n entier plus grand que 2 l'équation :

$$x^n + y^n = z^n$$

n'a pas de solution pour des entiers positifs x, y, z. Depuis plus de trois-siècles, des mathématiciens éminents s'étaient attachés à tenter de démontrer ce théorème sans y parvenir totalement. Et pourtant, l'absence de solution était vérifiée par calcul quels que soient les nombres essayés. Ce n'est que tout récemment (mi-1993) qu'une démonstration vient d'en être annoncée par A. Wiles (aux dernières nouvelles, cette preuve ne serait pas complète).

2. La loi selon laquelle les valeurs successives de K se resserrent pour tendre vers K∞ a été découverte simultanément par deux physiciens français P. Coullet et C. Tresser de l'université de Nice et par un physicien américain M. Feigenbaum (seul auquel la littérature fait généralement référence). Cette loi s'exprime de la manière suivante : si K_{i-1}, K_i, K_{i+1} sont trois seuils de bifurcation successifs :

$$\frac{K_i - K_{i-1}}{K_{i+1} - K_i} = \delta$$

δ étant une valeur proche de 4,669... pour i suffisamment grand. Le point important est que cette valeur est universelle, c'est-à-dire qu'elle ne dépend pas de la forme exacte de la fonction sur laquelle on procède à l'itération (pourvu qu'elle présente une forme en cloche). Remplaçant, par exemple, la parabole $K X_n (1 - X_n)$ par la portion de sinusoïde $\sin (X_n)$ pour $0 < X_n < \pi$, on trouverait le même comportement et le même exposant δ. Cet exposant universel a été trouvé dans plusieurs situations expérimentales.

3. Dans le domaine chaotique, au-delà de $K\infty$, il existe d'étroites plages du paramètre K où l'on retrouve un comportement périodique. Il y a donc, dans ce cas, une imbrication très fine de domaines chaotiques et de domaines ordonnés. Une très bonne description de ce type de propriétés peut être trouvée dans le livre de E. Ott, *Chaos in Dynamical Systems*, Cambridge University Press, 1993.

4. L'application de la relation itérée $X_{n+1} = K X_n (1 - X_n)$ à des populations réelles d'animaux s'est révélée non réaliste. En effet, le facteur K peut être estimé d'après l'observation du taux de croissance de telle ou telle espèce. Or, ces estimations donnent des valeurs qui, en aucun cas, ne correspondent à celles des comportements chaotiques ; elles sont toujours plus faibles. D'une façon générale, toute relation même très sophistiquée mais ne faisant intervenir qu'une seule espèce (ou une variable) ne semble pas décrire les comportements observés. Une telle étude faite par R. May pour décrire l'évolution des populations de baleines a abouti à la même conclusion : les paramètres estimés d'après les observations correspondent à un état de « point fixe » pour le modèle, alors que la variation du nombre de baleines d'année en année a évidemment un aspect chaotique.

Par contre, des modèles construits à partir de trois variables – par exemple un prédateur et deux proies – dont les valeurs sont calculées de façon continue dans le temps (à l'aide d'équations différentielles) révèlent des comportements chaotiques plus en accord avec les observations. Des modèles de ce type ont même été développés pour essayer de rendre compte des variations de cas d'épidémies de maladies infantiles (rougeoles, varicelle,...) dans certaines villes américaines, comme New York ou Baltimore, avant l'introduction de la vaccination.

Un des problèmes majeurs de toute observation dans le monde du vivant est la présence de « bruit », c'est-à-dire d'une part d'aléatoire, introduit en particulier par des facteurs multiples liés à l'environnement. Dans le cas des populations animales, ce peut être la conjugaison du temps, de son influence sur la végétation, du développement d'une épidémie, d'un habitat modifié, l'arrivée d'un nouveau prédateur, etc. Néanmoins, des comportements de type dynamique non-linéaire, liés à un petit nombre de variables fondamentales, peuvent être présents. Leur mise en évidence dépend du taux de « bruit environnant », mais dans certains cas, il semble qu'en effet l'évolution puisse être reliée à une dynamique déterministe. Un exemple souvent cité est celui du lynx du Canada, pour lequel il y a des relevés sur une période relativement longue, deux cents ans environ. En effet, le nombre de peaux expédiées chaque année depuis la baie d'Hudson a été enregistré depuis 1735... Ce nombre varie avec une périodicité assez régulière de neuf à dix ans, mais avec des amplitudes très variables. L'analyse de ces données a été faite par la reconstruction de trajectoires dans un espace (de phases) à trois variables ; certains arguments « topologiques » (voir chapitre 7) ont conduit à l'hypothèse d'une dynamique déterministe dans l'évolution du nombre de lynx, dynamique chaotique avec une période de base sous-jacente de l'ordre de vingt ans et à laquelle serait superposée une part inévitable de bruit.

(W. Schaffer « Stretching and Folding in Lynx fur Returns : Evidence for a Strange Attractor in Nature ? », *The American Naturalist*, 124, 798, 1984.)

(W. Schaffer and M. Kot « Differential Systems in Ecology and Epidemiology », *Chaos*, éd. A.V. Holden Princeton University Press, 158, 1986.)

5. Les réactifs de la réaction de Bélousov-Zhabotinsky sont l'acide sulfurique, l'acide malonique, le bromate de sodium et le sulfate de cérium. Mis en solution dans l'eau en proportions convenables, les oscillations chimiques apparaissent. On peut les mettre en évidence visuellement en rajoutant un indicateur coloré telle la ferroïne ; la solution passe alors périodiquement du bleu au rouge. Voir Ch. Vidal et H. Lemarchand *La Réaction créatrice*, Hermann, Paris 1988.

CHAPITRE 5 : *Les rythmes des horloges : le temps régulier*

1. A. Pacault et Ch. Vidal, *À chacun son temps*, Paris, Flammarion, 1975.
2. David S. Landes, *L'heure qu'il est*, Paris, Gallimard, 1987.
3. L'expression qui décrit le mouvement du pendule sans frottement est obtenue à partir de la relation de Newton entre force et accélération (voir chapitre 2)

$$dV/dt = F/m \qquad (1)$$

où F est la force appliquée au mobile considéré, de masse m. La vitesse V est elle-même la dérivée par rapport au temps de la position x, soit $V = dx/dt$. En ne gardant que la variable de position x, l'équation du mouvement s'écrit alors

$$dV/dt = d^2x/dt^2 = F/m \qquad (2)$$

Dans le cas du pendule, et si l'on fait l'approximation simplificatrice des petites oscillations, la force F appliquée à la masse oscillante est alors − mg.x/l où x représente l'amplitude du mouvement le long de la trajectoire, l étant la longueur du bras oscillant. Cela conduit à l'expression

$$d^2x/dt^2 = -(g/l).x \qquad (3)$$

dont il faut trouver les solutions de x en fonction du temps.

Il s'agit ici d'une équation différentielle dite du « deuxième ordre » puisqu'elle met en jeu une dérivée seconde. Même en ne connaissant pas les méthodes d'intégration des équations différentielles, la recherche de solutions peut s'opérer par essai. En effet si l'intégration est, en général, une opération compliquée, quelquefois impossible, l'opération inverse de dérivation, elle, est toujours praticable et obéit à des règles plus simples. Ici, l'essai consistera à trouver une fonction du temps x(t) telle qu'en la dérivant deux fois (par rapport au temps) on retrouve la même fonction à un coefficient multiplicatif près. De telles fonctions existent : par exemple la fonction exponentielle $x = e^{at}$ et la fonction périodique $x = \sin(at)$ (dans les deux cas a est une constante).

Faisons l'essai avec la fonction périodique $x = B \sin(at)$ (nous avons *a priori* une idée du résultat !). Ici B représente l'amplitude de l'oscillation.

La dérivée première vaut :

$$dx / dt = a.B \cos(at)$$

et, en dérivant une deuxième fois, on obtient la dérivée seconde :

$$d^2x/ dt^2 = - a^2. B \sin(at) \tag{4}$$

ce qui peut encore se récrire

$$d^2x/ dt^2 = - a^2. x \tag{5}$$

On retrouve bien la fonction **x** de départ au coefficient $- a^2$ près. L'équation à intégrer du pendule :

$$d^2 x/ dt^2 = - (g/l). x$$

est de même nature, et la fonction d'essai $B \sin(at)$ en est la solution à la seule condition de faire

$$- a^2 = - (g/l) \tag{6}$$

Dans l'expression $x = B \sin(at)$ la constante **a** s'écrit généralement $\mathbf{a = 2 \pi / T}$ où T est la période du mouvement ou (intervalle de) temps séparant deux passages successifs du pendule au même point, avec le même sens de la vitesse. En portant cette expression de a en (6), on en déduit alors la très classique expression de la période du pendule simple et linéaire (proportionalité de la force et du déplacement x) :

$$T = 2 \pi (l/g)^{1/2}$$

En ce qui concerne l'amplitude d'oscillation du pendule non dissipatif – le seul concerné dans les mathématiques décrites ci-dessus –, elle dépend des conditions initiales de lancement. Connaissant le couple des valeurs Xi et Vi à un instant donné (pris comme instant initial) nous déterminons entièrement le mouvement du pendule à tout instant futur :

$$x = xo \sin (2 \pi t / T + \Phi)$$

ou encore, puisque, dans l'approximation linéaire faite, x est proportionnel à A :

$$A = Ao \sin (2 \pi t /T + \Phi)$$

Ao et Φ étant déterminées par les valeurs initiales Xi et Vi.

4. Toute variation périodique d'une grandeur – angle du pendule avec la verticale, émission de lumière par un phare, note émise par un instrument de musique, etc. – peut être obtenue quelle que soit sa « forme » par la superposition de signaux périodiques sinusoïdaux dont les fréquences sont des multiples, ou harmoniques, de la fréquence de base ; dans le langage des physiciens, cette décomposition est appelée transformée de Fourier, du nom du mathématicien et physicien français Joseph Fourier qui fut professeur à l'École polytechnique dès sa création en 1795 et étudia le phénomène de diffusion de la chaleur. Les non-linéarités présentes dans un système dynamique jouent justement ce rôle d'introduction de fréquences harmoniques, donc élevées. Un exemple intéressant est celui d'émission des sons, que ce soit par la voix ou par l'intermédiaire d'instruments de musique. On pourrait penser que lorsqu'une note est jouée, un son très pur est émis, avec une seule fréquence (par exemple 261 Hz c'est-à-dire 261 vibrations par seconde pour la note *do* du milieu d'un clavier). Mais, de fait, seul le diapason émet un son très pur, ne comportant qu'une fréquence unique, alors que les notes émises par les instruments de musique présentent toute une richesse harmonique que l'oreille sait d'ailleurs très bien percevoir ; analysé en détail, le son émis révèle qu'il n'a pas une variation purement sinusoïdale dans le temps (voir figure ci-après), bien qu'il soit périodique à la fréquence fondamentale de la note jouée, mais qu'il comprend aussi une part de fréquences multiples de celle-ci. Ainsi la note *do*, qui se jouerait au milieu du clavier sur un piano, émet un son avec la fréquence fo de 261 Hz, qui est la plus intense, et à laquelle s'ajoutent les harmoniques 2fo, 3fo, 4fo, etc. La fréquence 2fo est celle du *do* à l'octave supérieure, 3fo approximativement celle de la note de *sol* au-dessus de ce *do*, etc. La présence de ces harmoniques, dont le taux est variable d'un instrument à l'autre, est responsable de la richesse de leur son ou timbre.

Les non-linéarités sont introduites par la physique propre à chaque instrument de musique ; dans le cas de la clarinette, par exemple, elles sont liées à la vibration de l'anche et à la forme de l'onde sonore qui se propage dans le tuyau. La construction des instruments est, de ce fait, très délicate et le savoir-faire du réalisateur est crucial dans la fabrication d'instruments faciles à jouer et de bonne sonorité. En ce qui concerne la présence des harmoniques, lorsque leur succession est parfaite, c'est-à-dire que les fréquences fo, 2fo, 3fo, etc. sont bien excitées, on dit que les résonances sont bien alignées. Mais cette propriété résulte souvent de compromis que le facteur d'instruments doit faire (elle est donc variable d'un instrument à l'autre) et elle n'est pas efficace de la même manière pour toutes les notes et pour toutes les puissances de jeu. Ainsi, dans le cas de la clarinette,

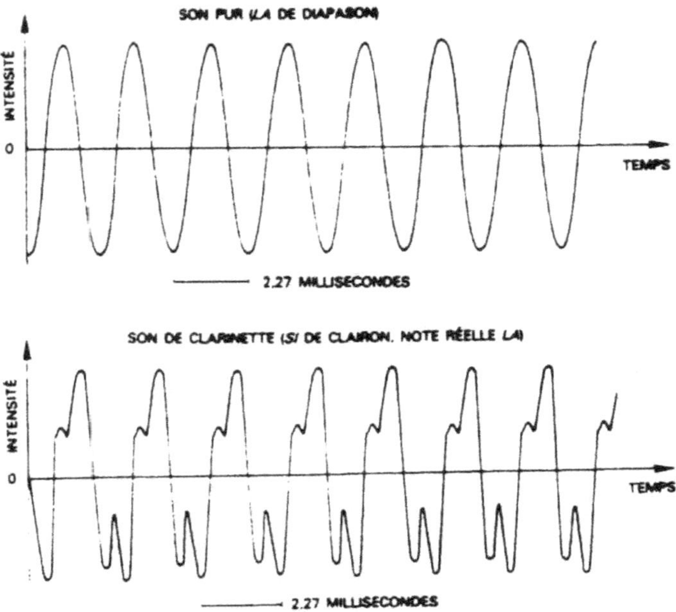

l'instrumentiste peut trouver des conditions pour lesquelles l'alignement des résonances n'est pas bon ; deux notes différentes peuvent alors être émises dans les mêmes conditions et, avec un certain entraînement, stabilisées simultanément. Ce type de son multiphonique est maintenant utilisé par les compositeurs contemporains.

(Des informations pourront être trouvées dans l'article de S. et F. Laloë, « La clarinette », *Pour la science*, mai 1985, d'où la figure ci-dessous est issue.)

Les mécanismes d'émission de la voix par les deux cordes vocales ne sont pas très différents de ceux des instruments de musique avec anche. Les voyelles correspondent chacune à une certaine fréquence de vibration avec un certain nombre d'harmoniques, la fréquence de base étant variable d'une personne à l'autre, tout en restant dans le domaine de quelques centaines de hertz. Les consonnes, elles, sont émises uniquement par des transitoires, ce qui explique qu'elles ne peuvent pas être tenues, mis à part les consonnes « sifflées », comme sssss.

5. Quel est le rôle du bruit dans les systèmes auto-oscillants ?

La théorie mathématique des systèmes auto-oscillants, qui décrivent donc les horloges – entre autres choses –, a pour conséquence apparente le fait qu'une fois les oscillations démarrées leur périodicité devient absolument parfaite. Bien entendu, ceci n'est qu'un effet de l'idéalisation mathématique et ne se produit pas dans la réalité. Les systèmes auto-oscillants réels ne sont représentés qu'imparfaitement par les équations et leur périodicité n'est donc pas absolument régulière : toute montre, d'aussi bonne qualité soit-elle, finit bien par retarder ou avancer. Une première source d'irrégularités qui vient à l'esprit est la variation incontrôlée des paramètres de l'oscillateur : si celui-ci est régulé par un balancier, la longueur de ce dernier peut varier par suite de fluctuations dans son environnement (température, pression, etc.). On peut tenir compte de ces irrégularités (autrement dit les corriger) à l'aide de tables correctrices, comme autrefois dans la Marine. Une fois faites ces corrections (ce qui se fait sur les montres modernes de façon automatique pour les fluctuations de température), il reste des effets incontrôlables que l'on peut relier globalement à la présence d'un bruit. Une idéalisation mathématique assez commode, quoiqu'un peu simplificatrice, ramène alors toutes les sources de fluctuations incontrôlées à une « température » de bruit unique. Cette notion de température rappelle que la source ultime de bruit réside dans les mouvements désordonnés des molécules, qui sont précisément décrits par des concepts thermodynamiques, donc par une température : à température nulle, le bruit thermodynamique est nul, puis il augmente avec la température (ce qui fait que l'on cherche à refroidir les atomes dans les horloges atomiques les plus précises qui existent, au point que ces atomes sont pratiquement immobiles). Sans entrer dans trop de détails, on peut dire que l'effet principal du bruit sur un oscillateur est la « diffusion de phase ». Considérons en effet un système dans un régime de cycle limite : une fluctuation aura pour effet de faire avancer ou reculer, au hasard, le point de fonctionnement sur l'orbite fermée de l'espace des phases. Ce retard ou cette avance ne seront jamais rattrapés, car ils équivalent à un changement d'origine du temps, qui est indifférent au système. Au bout d'un certain temps, la position du point représentatif sur l'orbite du cycle limite aura subi les effets conjugués de nombreuses additions ou soustractions de phase, qui représentent ces retards ou ces avances aléatoires. Le résultat final ressemble beaucoup au mouvement brownien : une particule dans un fluide subit des chocs aléatoires qui la déplacent de façon erratique d'une petite quantité dans une direction ou une autre. Au bout d'un temps suffisamment long, l'addition de ces petits déplacements se traduit physiquement par la diffusion de la particule, c'est-à-dire le fait que cette particule s'écarte de sa position initiale d'une distance qui croît en moyenne comme la racine carrée du temps (suivant une théorie due à Einstein). Le mouvement du point représentatif sur le cycle limite aura, bien sûr, une phase qui, pour sa partie déterministe croîtra linéairement avec le temps (c'est le mouvement périodique, régulier en l'absence de bruit). Mais sa partie dépendante du bruit, plus ou moins importante suivant les cas et résultant donc de l'addition et de la soustraction des retards aléatoires, diffusera d'un angle croissant comme la racine carrée du temps. Ce concept de diffusion de phase est dû au physicien russe Stratonovich, qui l'avait développé pour rendre compte du bruit dans les oscillateurs radiotechniques.

6. Y. Rocard, *Dynamique générale des vibrations*, Paris, Masson, 1971.

7. Un atome isolé peut se trouver dans des états d'énergie différente sui-

vant les interactions auxquelles il est soumis. La mécanique quantique nous apprend que ces états sont discrets, c'est-à-dire que seules sont permises certaines valeurs bien définies en énergie. Celles-ci répondent à des lois précises qui définissent les états ou niveaux possibles correspondants. Lorsqu'un atome se désexcite d'un niveau supérieur à un niveau inférieur, il émet généralement un rayonnement électromagnétique dont la fréquence est déterminée par la différence d'énergie entre ces deux niveaux. Dans le cas des horloges atomiques qui donnent aujourd'hui la référence de l'unité de temps, la transition choisie s'opère entre deux niveaux hyperfins de l'atome de césium 133 dans son état fondamental, soit $F = 4$, $m_F = 0$ pour le niveau supérieur et $F = 3$, $m_F = 0$ pour le niveau inférieur. La radiation correspondante, de longueur d'onde centimétrique (3,26 cm), se situe dans le domaine des hyperfréquences (fréquences radar). Elle est de largeur spectrale très fine, ce qui assure une très bonne définition de la fréquence et ne dépend pratiquement pas des conditions extérieures. Les horloges à jet de césium ont été retenues pour leur grande stabilité et la bonne reproductibilité de la valeur de la fréquence émise lorsque l'on passe d'une horloge à l'autre. Les horloges atomiques sont très utilisées aujourd'hui. Outre la mesure ultraprécise du temps, elles servent également dans la radionavigation à longue distance (avions, satellites), dans des dispositifs d'anticollision pour les avions, etc.

8. Le mot seconde vient de l'expression latine « minuta secunda » qui, au Moyen Âge, avait été donnée à la seconde subdivision de l'heure, la première étant la minute.

CHAPITRE 6 : *Les horloges en compétition : le temps dévié*

1. On trouvera un récit, intéressant et bien documenté, dans l'ouvrage de Barret et Gurgand, *Priez pour nous à Compostelle*, Hachette, 1978. Les auteurs ont eux-mêmes réalisé à pied, en 1977, le voyage de Vézelay à Saint-Jacques-de-Compostelle.

2. J. Sanmartin Losada, « La Physique de l'encensoir », *Pour la science*, sept. 1990.

3. Dans les termes plus rigoureux de la Mécanique il convient de noter que, dans le mouvement de rotation de l'encensoir, une quantité importante est le moment cinétique **mVl**, **m** et **V** étant respectivement la masse et la vitesse de l'encensoir et **l** la longueur de la corde de suspension. Par action sur la corde, aucun couple n'est appliqué au système : ce moment cinétique doit rester constant, indépendamment de la longueur de la corde. La vitesse **V** doit donc augmenter quand **l** est raccourci pour que le produit **mVl** reste constant. Remarquons que, quand on rallonge la corde au point haut de la course de l'encensoir, le moment cinétique est alors nul puisque la vitesse s'y annule avant de changer de signe : le relâchement n'a aucun effet sur le mouvement.

4. S'il n'y a pas de couplage entre deux pendules ou oscillateurs, de fréquence respective f_1 et f_2, le spectre représentant la dynamique du système global comprend les deux fréquences f_1 et f_2 (et leurs multiples ou harmoniques). Mais, dès qu'il y a couplage, l'influence d'un oscillateur sur l'autre rend le comportement temporel plus complexe. Cela se manifeste dans le spectre de fréquence (ou spectre de Fourier, voir note 4, chapitre 5), par l'apparition de fréquences dont la valeur est donnée par les combinaisons $nf'_1 \pm mf'_2$ où n et m sont des entiers et f'_1, f'_2 sont des fréquences légèrement différentes des fréquences propres des deux oscillateurs. Au fur et à mesure que le couplage – et les termes non linéaires – croissent, le nombre de fréquences présentes dans la dynamique, donc dans le spectre, augmente, les premières à apparaître étant celles données par n et m petits (soient 1, puis 2, 3, etc.). En particulier, la fréquence dite de battement entre f_1 et f_2 est égale à $f_1 - f_2$ (n = m = 1). Si f_1 et f_2 ont des valeurs très voisines, celle de leur battement est très faible et il y aura donc une modulation de période très longue dans le comportement temporel.

Indépendamment de ce phénomène de battement, au cours de l'apparition de nouvelles raies $nf_1 \pm mf_2$ (avec n et m croissant), certaines de ces raies viennent peupler la partie basse fréquence du spectre, inférieure à f_1 et à f_2. Cet enrichissement en basses fréquences peut être le signe précurseur d'un comportement chaotique pour lequel il y a toujours une raie large autour de la fréquence nulle.

5. L'explication détaillée du mécanisme d'accrochage entre la rotation de la Lune autour de la Terre et sa rotation autour de son axe est assez compliquée. Par contre, l'effet final de cet accrochage est particulièrement simple à décrire, puisqu'il aboutit à ce que l'astre des nuits nous montre toujours le même côté (rappelons que la Lune est sphérique, cette « face » est donc plutôt un demi-hémisphère projeté sur la surface de visée, comme on s'en rend facilement compte aux jumelles par l'allongement des ombres du relief lunaire au bord du disque apparent). La synchronisation de deux mouvements périodiques réclame deux ingrédients fondamentaux : le couplage entre les deux mouvements et l'amortissement. Le couplage en question est très faible. La distribution des masses dans la Lune n'est pas exactement à symétrie sphérique. Ceci est nécessaire pour expliquer le couplage en question, sinon il n'y aurait aucune raison pour que la Lune tourne vers la Terre une face plutôt que l'autre, puisque l'action d'un champ de gravité extérieur sur les masses lunaires serait indépendante de l'orientation si celles-ci étaient distribuées symétriquement. La distribution des masses, qui forment un ensemble solide à l'intérieur de la Lune, tourne bien évidemment comme l'astre lui-même. Le couplage avec le mouvement orbital de la Lune autour de la Terre se fait par la perturbation du champ de gravité de la Terre sur la Lune due aux marées terrestres : ces marées sont synchrones du mouvement orbital de la Lune et modifient la répartition de masse sur la Terre au fur et à mesure que la Lune tourne. Comme ces marées sont amorties par de nombreux phénomènes dissipatifs ayant lieu dans les

océans, ce couplage introduit aussi une partie dissipative, nécessaire pour que la synchronisation se produise.

Dans le cas de la synchronisation entre la rotation de Mercure sur lui-même et celle sur son orbite autour du Soleil, l'analogue des marées terrestres est joué par les marées solaires créées par Mercure sur le Soleil, dont la masse est fluide, au moins en partie (ces marées sont totalement invisibles, parce que beaucoup trop faibles étant donné la petite masse de Mercure).

6. V. Croquette, « Déterminisme et chaos », *Pour la science*, déc. 1982.

7. J. P. Gollub, H. L. Swinney, « Onset of turbulence in a rotating fluid », *Physical Review Letters*, 6 octobre 1975.

8. P. Bergé, Y. Pomeau, « La Turbulence », *La Recherche*, avril 1980.

9. C. Vidal, J. C. Roux, « Comment naît la turbulence », *Pour la science*, janv. 1981.

10. P. Bergé, Y. Pomeau, C. Vidal, *L'Ordre dans le chaos*, Hermann, Paris 1984.

CHAPITRE 7 : *Chaos et attracteurs étranges*

1. Au sujet de l'influence du bruit sur un pendule, voir note 5 du chapitre 5.

2. Cette non-possibilité de chaos pour un système à deux variables (ou degrés de liberté) est exprimée dans le théorème de Poincaré-Bendixson qui énonce que les seuls attracteurs possibles pour un système à deux variables sont le point fixe et le cycle limite. Cela revient à dire qu'il ne peut y avoir de « flot » chaotique dans une région bornée d'un espace des phases bidimensionnel.

3. Nous supposons que le système à partir duquel nous décrivons la formation de l'attracteur chaotique dans l'espace des phases est le pendule forcé du type *botafumeiro* avec ses trois variables, position, vitesse, longueur de la suspension dont la variation périodique constitue le forçage. Pour « voir » comment se forme l'attracteur chaotique il faut considérer une condition initiale (position, vitesse) pour une longueur donnée de la corde et suivre l'évolution de la trajectoire qui en est issue. Plutôt que de faire cet examen en suivant la trajectoire tout le long de son parcours, on reprend la méthode de Poincaré et on examinera la position du point sur la trajectoire chaque fois que la longueur de la corde de suspension sera maximale (par exemple). Enfin, pour avoir une vue complète, il nous faut traiter non seulement une condition initiale mais un ensemble de conditions initiales que nous supposons toutes contenues dans un rectangle ABCD. L'espace des phases étant à trois dimensions, on choisit ABCD dans un plan perpendiculaire à l'axe de coordonnée correspondant à la troisième variable (L, longueur de la supension) et on suppose qu'au début des opérations ABCD est dans le plan L = L maximal. Au cours de l'évolution, la

dissipation entraîne une réduction de la surface du rectangle alors que la divergence (SCI) implique un étirement de ce dernier, contraction et étirement se faisant évidemment dans deux directions différentes. Toutes les trajectoires devant rester dans un volume confiné de l'espace des phases, donc en particulier celles issues de ABCD, l'étirement n'est évidemment possible que si le rectangle se replie tout en s'étirant. Cette triple opération de contraction, d'étirement et de repliement se déroule continûment au cours de l'évolution dans l'espace des phases. Regardons ce qu'est devenu le rectangle au bout de la première période de forçage, soit quand la corde de suspension est revenue à sa longueur maximale par exemple. Au bout de cette première période, le rectangle initial s'est transformé en une figure ressemblant à un fer à cheval. Sa surface est inférieure à celle du rectangle de départ (la contraction a bien eu lieu) ; tous les points initialement très proches se sont écartés (la divergence a commencé à s'effectuer) ; enfin, grâce à sa forme repliée, il n'occupe pas plus de place que le rectangle initial (les trajectoires sont donc effectivement restées dans un volume confiné de l'espace). L'évolution se poursuivant, une deuxième période de forçage commence. Si, au début de la première, nous partions d'un rectangle, au début de la seconde, c'est d'un fer à cheval que part l'évolution. C'est ce dernier qui va maintenant se contracter, s'étirer et se replier pour donner naissance, à la fin de la deuxième période, à une figure plus complexe, sorte de double épingle. Puis, cette double épingle aboutira, après le troisième tour, à une structure huit fois repliée et ainsi de suite (voir figure 3 du chapitre 7). C'est ainsi que se forme l'attracteur chaotique dont on devine qu'en attendant suffisamment longtemps il aura une structure composée d'un très grand nombre de feuillets.

4. Par ailleurs, et après un nécessaire temps de repos pour la pâte, on la « tourne » pour l'abaisser au rouleau dans le sens perpendiculaire à celui de l'opération précédente. On obtient une excellente pâte après sept « tourages » successifs : on dit que l'on a une pâte feuilletée « à sept tours ».

5. On lira avec profit : B. Mandelbrot, *Les Objets fractals : forme hasard et dimension*, Flammarion, Paris 1975, et, du même auteur, *The Fractal Geometry of Nature*, Freeman, San Francisco 1982.

6. Au sujet des courbes chaotiques, voir M. Mendès France, « Images de la Physique », Le Courrier du CNRS, 1983, page 5.

7. Le choix de τ est délicat : il ne doit être ni trop petit, ce qui créerait des variables presque identiques les unes aux autres, ni trop grand sous peine de créer des variables décorrélées entre elles ; en pratique, il faut que t soit une fraction de la période résiduelle du signal.

8. Peu après sa publication, la méthode de Grassberger-Proccacia est devenue très populaire et a été appliquée à de nombreuses données erratiques relatives à des domaines variés. Dans le cas de données peu fournies (nombre de mesures trop faible), on trouve le plus souvent une dimension fractale (totalement fictive dans ce cas) de faible valeur. On a alors indû-

ment attribué à une origine déterministe ce qui n'était qu'un phénomène aléatoire mal analysé.

9. Le mot « turbulence » évoque généralement l'idée de turbulence développée, c'est-à-dire de l'agitation désordonnée d'un écoulement à grande vitesse au sein duquel coexistent des tourbillons de toutes échelles spatiales. En réalité, d'une façon beaucoup plus générale, on peut qualifier de turbulent tout écoulement dans lequel la vitesse varie de façon erratique, quelle que soit, par ailleurs, la configuration spatiale des mouvements du fluide.

10. Malgré cela, quelques mécaniciens des fluides de culture classique ainsi que certains numériciens émettent encore, avec plus ou moins de vigueur, des doutes quant à la possibilité d'appliquer la théorie du chaos aux écoulements réels.

CHAPITRE 8 : *Phénomènes périodiques naturels*

1. Il s'agit du rite des Matralia qui, en simplifiant, consistait à mimer au voisinage du solstice d'été la renaissance quotidienne du Soleil, vu comme un enfant dont prenait soin sa tante, la Nuit, sœur de l'Aurore, elle-même mère du Soleil. La Nuit s'occupait de l'enfant Soleil lorsqu'il était couché et invisible, alors qu'une esclave était chassée, esclave qui portait en quelque sorte tous les aspects négatifs de la nuit. Dumézil montre l'origine indo-européenne de ce rite, dont le sens était, semble-t-il, déjà perdu à l'époque romaine classique.

2. Tome 2, page 249 du *Dictionnaire de physique portatif*, 3ᵉ édition, en Avignon, chez la veuve Girard et François Seguin, 1767.

3. E. Panofsky, historien de l'art, s'interroge sur le fait que Galilée ne cite jamais Képler dont il connaissait pourtant les travaux sur les orbites elliptiques. Cet auteur pense que le concept même d'ellipse, cercle déformé, allait à l'opposé de l'idée que Galilée se faisait d'un univers parfait, perfection seulement compatible avec la forme pure du cercle, d'où le rejet des affirmations de Képler. E. Panofsky, *Galilée critique d'art*, traduit de l'anglais par N. Heinich, Les Impressions nouvelles, éd. 1993.

4. Les trois lois de Képler s'expriment de la façon suivante :
– les orbites des planètes sont des ellipses dont le Soleil occupe l'un des foyers ;
– le rayon vecteur joignant le Soleil à une planète balaye une aire proportionnelle au temps ;
– le carré de la période d'une planète varie comme le cube du grand axe de son orbite.

5. La fermeture exacte des orbites dans le problème à deux corps astronomiques est reliée à l'existence d'une constante supplémentaire du mouvement, en plus du moment angulaire et de l'énergie, constante que l'on appelle parfois l'invariant de Runge-Lenz. L'existence de cette constante du

mouvement a joué un certain rôle dans l'histoire des sciences. Tout d'abord, Einstein a montré qu'en raison des corrections apportées par sa théorie de la relativité générale à la théorie de Newton les orbites des planètes devaient avoir un mouvement de précession, que l'on peut voir comme la conséquence de ce qu'en relativité générale l'invariant de Runge-Lenz n'est plus invariant et les orbites du problème à deux corps ne se referment plus. Cette précession explique l'avance du périhélie de la planète Mercure, la plus proche du Soleil, précession qui avait été mesurée bien avant la théorie d'Einstein, et dont l'explication par cette théorie constitue un argument majeur en faveur de sa validité.

On sait que l'atome d'hydrogène est une sorte de petit système planétaire avec un proton central comme Soleil et un électron comme unique planète. Utilisant l'invariant de Runge-Lenz, Wolfgang Pauli, l'un des fondateurs de la mécanique quantique avait réussi dans les années 1920 à élucider complètement la structure quantique de cet atome d'hydrogène, quelques mois avant que Erwin Schrödinger propose son équation qui décrit elle aussi la mécanique quantique de cet atome d'hydrogène et bien d'autres choses.

6. J. Laskar dans *Chaos et déterminisme*, A. Dahan Dalmedico, J.-L. Chabert, K. Chemla, Le Seuil, Points sciences, 1991.

7. Le programme ci-dessous, écrit en langage basic (pour Macintosh), permet de tracer les trajectoires du modèle de Hénon-Heiles.

```
A = 1.328
FOR XI = .3 TO.8 STEP.1 : REM 6 valeurs
initiales différentes
X = XI
Y = 0
N = 0
FOR N = 0 TO 500 STEP 1

X1 = X –COS(A) – (Y – XV2)–SIN(A)
Y1 = X –SIN(A) + (Y – XV2)–COS(A)

PRESET (100 + 100–X1, 100 – 100–Y1), 33
X = X1
Y = Y1
NEXT N
NEXT XI
END
```

8. Les ceintures d'astéroïdes, découvertes dans la première moitié du XIXe siècle par les astronomes, sont formées de « petits » objets, le plus gros étant Cérès, de 940 km de diamètre environ, qui sont, pour la plupart, situés dans l'espace compris entre Mars et Jupiter dans le plan de l'écliptique. La distribution de ces astéroïdes en fonction de leur distance au Soleil montre des lacunes, dites lacunes de Kirkwood (du nom d'un astronome américain

de la fin du XIXe siècle). Ces lacunes apparaissent à des distances du Soleil pour lesquelles la période des orbites képlériennes des astéroïdes est dans un rapport simple (en résonance donc) avec la période de Jupiter. Ces lacunes peuvent en fait correspondre soit à une dépression dans la concentration d'astéroïdes (ce qui constitue alors une lacune au sens strict) soit, au contraire, à une concentration plus grande, suivant des modalités qui ne sont pas encore très bien comprises. Ainsi, la lacune de Hilda se situe autour de la résonance 3/2, c'est-à-dire que les astéroïdes y décrivent trois orbites autour du Soleil pendant que Jupiter en décrit deux. La compréhension de l'origine et de la dynamique des astéroïdes reste un sujet très actuel de l'astrophysique, puisque maintenant les radars terrestres peuvent les examiner et les sondes spatiales (comme l'a fait la sonde Galileo en 1991) s'en approcher. Voir l'article de R. Benzel, A. Barucci et M. Fulchignoni dans, *Pour la science*, n° 170, décembre 1991, p. 98.

Par ailleurs, la dynamique chaotique de certains astéroïdes rend possible leur collision avec la Terre. On a lu que, récemment, de tels astéroïdes – de tailles respectables – ont « frôlé » l'orbite terrestre. La probabilité de collision d'astéroïdes avec la Terre varie beaucoup avec leur taille, de même que la gravité du risque encouru. Ainsi, des astéroïdes de taille centimétrique tombent plusieurs milliers de fois par an sur Terre, mais le danger couru est nul. De taille décamétrique, les astéroïdes provoquent des dégâts à l'échelle de toute une région ; heureusement, statistiquement, il se produit une telle chute tous les mille ans (le dernier événement de ce type s'est produit en 1908, à Toungouska, en Sibérie, région fort heureusement inhabitée ; on estime à 10 mégatonnes la puissance qui aurait été nécessaire à une bombe thermonucléaire pour produire les mêmes dégâts). Quant aux météorites susceptibles de produire une catastrophe planétaire, leur taille doit être de l'ordre du kilomètre au moins et leur fréquence (moyenne !) est estimée à une chute par million d'années (un événement comparable, quoique de plus petite importance, a créé le célèbre « Meteor crater » en Arizona, il y a quelques dizaines de milliers d'années).

9. Ces oscillations de relaxation sont bien appréciées des mathématiciens appliqués, car elles conduisent à des méthodes d'analyse assez raffinées et proches des méthodes géométriques de Poincaré.

10. D. J. Tritton, *Physical Fluid Dynamics*, où les mots bifurcation et cycle limite n'apparaissent ni dans l'index ni, semble-t-il, dans le texte, contrairement à l'expression « attracteur étrange ».

11. Curieusement, les idées de Poincaré ont – de même – mis beaucoup de temps à s'imposer dans un autre domaine, celui de la théorie des systèmes oscillants en électronique et en électrotechnique. La mise en équations des oscillateurs à lampe avait été faite par Balthazar van der Pol, dans les années 1920. Incapable de les intégrer par les méthodes analytiques dont il disposait, van der Pol avait en quelque sorte redécouvert la méthode géométrique de Poincaré (sans s'en apercevoir d'ailleurs) pour intégrer son équation. L'importance des idées de Poincaré pour ces questions de

sciences appliquées a été reconnue tout d'abord par l'école russe de Gorki dans les années 1920-1930, qui a apporté d'ailleurs une contribution fondamentale au sujet, l'idée de stabilité structurelle et les premiers théorèmes la concernant. La notion selon laquelle les idées de Poincaré pourraient s'appliquer à des systèmes réels semble avoir été mentionnée pour la première fois par A. Andronov dans une note aux Comptes rendus de l'Académie des sciences sur « Les Cycles limites de Poincaré et la Théorie des oscillations auto-entretenues », présentée par Hadamard à la séance du 14 octobre 1929. Remarquons que, dans cette note, Andronov fait allusion à l'application de la notion de cycle limite aux réactions chimiques oscillantes, une idée que l'on fait habituellement remonter à une époque plus récente.

CHAPITRE 9 : *Météorologie*

1. Le Verrier s'est rendu célèbre par la découverte de la planète Neptune à partir de longs calculs basés sur de petites anomalies dans la trajectoire de la planète Uranus – découverte que nos amis anglais ont tendance à attribuer à un astronome britannique du nom d'Adams. (En fait les deux astronomes firent leurs calculs pratiquement au même moment, mais les estimations de Le Verrier étaient plus précises...)

2. La force de Coriolis s'applique à tout mobile se déplaçant à vitesse V sur un plan, lui-même en rotation à la vitesse angulaire Ω (Ω étant perpendiculaire à ce plan). La direction de cette force est perpendiculaire au plan (Ω, V) car égale au produit vectoriel $\Omega \wedge V$. Dans le cas d'un mouvement à la surface de la Terre, Ω est la projection de la vitesse angulaire de rotation de la Terre (dont la direction est la ligne des pôles) sur la verticale du lieu (Ω est donc maximal aux pôles et nul à l'équateur). Pour ce qui est des vents, il faut noter que leur vitesse n'aura effectivement la direction découlant de la force de Coriolis que lorsque le frottement sur la croûte terrestre est négligeable ; ceci s'applique donc aux vents soufflant au moins à quelques centaines de mètres d'altitude. Dans ce cas (et pour peu que l'on se place à une latitude suffisante), on peut dire que la force de Coriolis équilibre en permanence la force liée au gradient de pression atmosphérique. La direction de ce gradient étant perpendiculaire aux traces des surfaces isobares sur un plan horizontal (appelées, par simplicité « isobares »), on voit que, contrairement à toute intuition, la direction du vent est tangente aux isobares – et non perpendiculaire, comme ce serait le cas en absence de rotation de la Terre. Il s'agit là de ce que l'on nomme « l'approximation géostrophique ».

3. La popularité de saint Médard ne doit rien à la célèbre chanson des Frères Jacques : nous avons trouvé plus de dix dictons se rapportant tous à ce même saint et, pour beaucoup, relatifs à la pluviosité.

4. On désigne par « front » la zone séparant une masse d'air chaud d'une

masse d'air froid. Ces fronts peuvent avoir une extension de plusieurs milliers de kilomètres. On distingue les fronts « chauds » des fronts « froids » selon que c'est l'air chaud qui tend à remplacer l'air froid ou que c'est l'air froid qui s'enfonce comme un coin sous les masses d'air chaud pour les repousser. Dans les deux cas, le passage de ces fronts est accompagné de perturbations.

5. Pour une prévision quelques heures à l'avance (sur la région parisienne par exemple), il faut connaître la situation sur toute la France ; prévoir du jour au lendemain requiert d'être renseigné sur la situation dans un rayon de trois mille kilomètres et il faut tenir compte de la situation sur presque la Terre entière quand il s'agit de faire des prévisions plus de trois jours à l'avance.

6. Suivant le modèle utilisé, le côté de la boîte (ou pas de la grille) vaudra, dans la direction horizontale, de quelques dizaines à une centaine de kilomètres alors qu'il varie avec l'altitude (les boîtes voisines du sol ont une hauteur de 100 mètres à un kilomètre alors qu'en altitude les boîtes ont une hauteur de plusieurs kilomètres).

7. Les équations de Lorenz sont :

$$dx/dt = -ax + ay$$
$$dy/dt = bx - y - xz$$
$$dz/dt = -cz + xy$$

où les constantes a, b et c valent, dans le cas classiquement étudié (et seul envisagé dans cet ouvrage) :

$$a = 10, b = 28, c = 8/3$$

Profitons de cette note pour signaler que les lasers peuvent être le siège de très intéressants comportements chaotiques – voir, par exemple, P. Glorieux et E. Giacobino, « Explorer le chaos à la lumière des lasers », *La Recherche*, p. 1384, nov. 1989.

Les équations modèles les plus simples susceptibles de représenter les comportements chaotiques des lasers ressemblent beaucoup aux équations de Lorenz.

CHAPITRE 10 : *Rythmes du monde vivant*

1. Au cours de son étude de la chute des corps, Galilée avait estimé que la précision sur la mesure du temps était « mieux que le dixième de battement de pouls ».

2. L. Glass, A. Schrier, J. Belair, *Chaotic Cardiac Rythms*, Chaos, Princeton University Press, 1986.

3. Le terme de *pace maker*, tel qu'il est utilisé dans le langage courant, se rapporte au petit appareil médical qui joue le rôle de stimulateur cardiaque. Ce nom lui a été probablement donné du fait que les premiers

appareils envoyaient des impulsions régulières au cœur déficient, le terme de *pace maker* étant attribué en biologie à tout organe ayant une activité périodique intrinsèque.

Depuis leur mise en service, les stimulateurs cardiaques se sont sophistiqués et, grâce aux progrès de la microélectronique, ils bénéficient aujourd'hui de la présence d'une « puce » électronique, qui contrôle l'activité du *pace maker* proprement dit ; les impulsions ne sont envoyées que lorsque certains critères, ajustés pour chaque malade, se manifestent, par exemple au-delà d'un certain ralentissement du rythme cardiaque... ou d'une certaine faiblesse dans son activité.

4. A. Winfree, *When Times Breaks Down*, Princeton University Press, 1987.

5. B. van der Pol est célèbre pour avoir étudié les oscillateurs auto-entretenus et il les a décrits à l'aide d'une équation différentielle non linéaire qui porte son nom. Il s'était également intéressé à leur dynamique avec un forçage extérieur ; si la notion de chaos n'était pas présente, il avait, par contre, bien observé les phénomènes d'accrochage sur les sous-harmoniques de la fréquence imposée. Avec J. van der Mark, il a proposé en 1928 un modèle de la pulsation cardiaque à partir de l'interaction de trois oscillateurs de relaxation couplés, correspondant respectivement au nœud sinoatrial, au nœud atrioventriculaire et au ventricule. Ces oscillateurs étaient électriques (tubes néon montés en parallèle avec des capacités), de période voisine de 1 s, et identiques au départ. Le signal de sortie reproduisait tout à fait un signal ECG classique. Par contre, lorsque le couplage entre les circuits mimant le « nœud AV » et le « ventricule » était diminué, l'activité de ce dernier devenait de plus en plus lâche, c'est-à-dire que chaque contraction AV n'était pas obligatoirement suivie par une contraction du « ventricule ». À couplage quasi nul, le « ventricule » ne réagissait pratiquement plus.

Le dispositif permettait aussi de modifier les fréquences respectives de ces deux mêmes oscillateurs ; dans ce cas, l'analogue d'extrasystoles ventriculaires pouvait être observé, ainsi que des phénomènes complexes d'accrochage entre les fréquences respectives de deux oscillateurs.

(Voir « The Heartbeat Considered as a Relaxation Oscillation and an Electrical Model of Heart », *Philosophical Magazine*, 6, 763-775, 1928.)

6. A. Babloyantz, A. Destexhe, « Is the Normal Heart a Periodic Oscillator ? », *Biological Cybernetics*, 203-211, Springer-Verlag, 1988.

7. A. Reinberg, G. Labrecque, M. Smolensky, *Chronobiologie et Chronothérapeutique*, Heure optimale d'administration des médicaments, Flammarion Médecine-Sciences, 1991.

8. A. Reinberg, *Les Rythmes biologiques*, Éditions Que sais-je ?, PUF, 1989.

9. J.-F. Lennon, A. Clique, *Chaos dans les rythmes biologiques des organismes de la zone des marées*, Annales des télécommunications, 42, 339-345, 1987.

10. Un exemple intéressant d'oscillateur biologique réel est celui de neu-

rones qui interviennent généralement dans le contrôle du mouvement, comme celui des membres pour les mammifères. Quelques-uns de ces neurones existent aussi dans la queue de certains crustacés où ils jouent un rôle dans la commande du changement d'orientation relative des « anneaux ». Ces neurones, plus particulièrement étudiés en raison de leur taille (un neurone unique peut être analysé sous une loupe binoculaire) sont, pour un état de contraction musculaire donné, de vrais pacemakers, c'est-à-dire qu'ils émettent un « signal », ou décharge, périodique. Une étude approfondie a été conduite, en liaison avec une équipe de médecins de l'hôpital Saint-Antoine à Paris, à l'université UCLA de Los Angeles en Californie. Elle porte sur une écrevisse que l'on trouve dans cette région, mais aussi dans bien d'autres pays (Espagne, Norvège, Mexique, etc.). La préparation de l'expérience, délicate et minutieuse, consiste à isoler une fibre musculaire sur laquelle est fixée un neurone unique ; l'ensemble constitue un récepteur sensible à l'étirement. En agissant de façon contrôlée sur l'élongation de cet élément, on peut exciter (ou inhiber) à volonté la décharge du neurone et, en particulier, la stimuler avec des fréquences variables. Comme le neurone récepteur a sa propre fréquence, il répond en fonction de la fréquence de stimulation, avec toutes les caractéristiques d'un « oscillateur » forcé non linéairement par une « horloge » périodique. Des accrochages en fréquence, des glissements de phase et aussi des comportements chaotiques, sont donc observés. À ces caractéristiques s'ajoutent cependant des propriétés particulières liées à la présence d'un temps de réfractorité ; en effet, après chaque décharge, il faut un certain temps pour que le neurone retrouve son état initial à partir duquel il pourra réagir à une nouvelle stimulation. La configuration étudiée représente le prototype d'un élément unitaire dont tout un réseau aboutira à un comportement global, collectif et cohérent sous l'effet d'un couplage. L'étude du neurone stimulé artificiellement est donc un point de départ utile et nécessaire pour comprendre ensuite la réponse de tout un ensemble de neurones à des stimulations variées.

Voir J.-P. Segundo, E. Altshuler, M. Stiber, A. Garfinkel, *Periodic Inhibition of Living Neurons*, International Journal of Bifurcation and Chaos, vol I 549-581 et 873-890, 1991, et J.-P. Segundo, J.-F. Vibert, M. Stiber, E. Altshuler, *Transients in Inhibitory Driving of Neurons*, Journal of Neurosciences, à paraître.

CHAPITRE 11 : *Vers les comportements collectifs*

1. Notons que l'expérience quotidienne incite à accorder peu de poids aux prévisions en matière économique. Pour ne parler que de l'année 1993, par exemple, la prévision de croissance de l'économie française initialement évaluée à + 2,6 % est passée successivement (et à quelques mois d'inter-

valle) à + 1 %, puis − 0,4 %, − 0,8 % (et peut-être − 2 %), alors que toutes ces prévisions sont établies moins d'un an en avance !

2. La synchronisation spontanée des systèmes à grand nombre de degrés de liberté n'est pas rare : une assemblée de systèmes oscillants peut, par exemple, se transformer en un unique oscillateur comme une troupe qui se met à marcher au pas et où l'on n'entend plus qu'un seul rythme. Un phénomène un peu analogue pourrait intervenir dans les rythmes du cerveau où l'accroissement d'amplitude du signal EEG dans le sommeil profond serait une conséquence de la mise en phase d'un grand nombre de neurones. Certains physiciens théoriciens [H. Chaté et P. Manneville, « Progress in Theoretical Physics » **87**, 1 (1992)] se sont posé récemment un problème plus subtil concernant cette question de la « synchronisation » spontanée dans les grands systèmes. Ils ont imaginé un réseau régulier dont chaque nœud est le site d'un système dynamique en régime chaotique, lorsqu'il n'est pas couplé à ses voisins. Ce système dynamique chaotique est constitué par une itération, telle l'application logistique par exemple. Imaginons maintenant que l'on connecte ces systèmes dynamiques à leurs voisins. Intuitivement, on aurait tendance à penser que ce système « collectif », construit par l'addition de comportements individuels déjà chaotiques, aura une dynamique globale encore plus chaotique, étant tiré à hue et à dia par la dynamique de chacun des sites. Certains travaux affirmaient même avoir prouvé qu'il devait bien en être ainsi, l'addition et l'interaction de chaos individuels ne pouvant conduire qu'à un chaos global. En fait cette intuition est erronée : on connaît des modèles qui, du fait de leur couplage, arrivent à produire spontanément une dynamique globale régulière pour les valeurs moyennes, tout en gardant un aspect chaotique à l'échelle locale. Ce phénomène, en soi très remarquable, n'est cependant pas *général* en ce sens qu'on connaît de nombreux exemples du contraire (plus en accord avec le sens commun). On ne peut pas dire qu'à l'heure actuelle tout cela soit encore bien compris.

3. Dans le cadre présent, ce choix d'un temps discret est dicté par des considérations de commodité : au moins pour ces cas élementaires, il est plus facile d'itérer des transformations booléennes que de résoudre des équations différentielles d'évolution, qui supposent le temps continu. Certaines spéculations philosophico-physiques ont proposé que l'univers soit discret, à la fois en temps et en espace. Ceci éviterait certaines difficultés nées de l'application des théories physiques actuelles à la structure d'espace-temps à très petite échelle. Il est possible que l'univers soit vraiment discret à ces très petites échelles, construites à partir de ce qu'on appelle la longueur de Planck pour l'électron, mais la maille élémentaire de ce réseau espace-temps doit être certainement très petite pour avoir échappé aux moyens actuels d'analyse. Il est probable, de toute façon, qu'il existe une sorte d'échelle minimale de longueur en dessous de laquelle on ne saura jamais ce qui se passe, et il est donc possible qu'à cette échelle l'univers soit discret.

4. La représentation des phénomènes dynamiques que nous avons utilisée fait largement appel à l'idée d'espace des phases, c'est-à-dire d'espace dont les coordonnées ne sont pas directement celles de la position d'un point dans l'espace géométrique à trois dimensions. Pour représenter des dynamiques un peu compliquées, il est utile de généraliser la notion de coordonnée en y incluant aussi celle de *temps*. Au-delà de ces représentations espace-temps commodes, cette idée de représenter le temps comme une coordonnée a joué un rôle important pour la compréhension du scénario de transition par intermittence spatio-temporelle (voir note 7).

5. Il n'est pas question ici d'exposer ne serait-ce qu'un modeste échantillon de toutes les conjectures non prouvées de l'arithmétique qui ont été proposées au cours des siècles. Une des plus simples est celle de Catalan : l'équation dite diophantienne $x^2 - y^3 = 1$ n'a qu'une seule solution en nombres entiers pour x et y : $x = 3$ et $y = 2$. Du point de vue formel, ces conjectures peuvent parfois se définir comme la prédiction du résultat d'une infinité d'applications d'une règle simple : par exemple, la conjecture de Catalan dit que, si on calcule toutes les valeurs de $x^2 - y^3$ avec x et y entiers, on ne trouvera 1 comme résultat qu'une fois, sans que cela n'ait jamais pu être démontré.

Les conjectures qui se rapprochent peut-être le plus des problèmes d'automates concernent le caractère aléatoire (ou non) des chiffres du développement fractionnaire de nombres tels que le nombre d'or ($\frac{1+\sqrt{5}}{2}$). Ce nombre est irrationnel et on peut facilement obtenir son développement décimal en remarquant qu'il est la limite du rapport de deux entiers successifs d'une suite particulière dite « suite de Fibonacci ». Le premier terme de cette suite est 0, le suivant 1 et si $u(n)$ est le énième terme, on a la récurrence $u(n) = u(n - 1) + u(n - 2)$, donc $u(0) = 0$, $u(1) = u(2) = 1$, $u(3) = 2$, $u(4) = 3$, $u(5) = 5$, etc. le nombre d'or étant la limite du rapport $u(n)/u(n - 1)$ quand n tend vers l'infini. On peut en déduire une méthode de calcul des chiffres successifs du développement décimal de ce nombre d'or, qui sont ainsi obtenus par l'application de règles simples indéfiniment itérées. On peut alors se poser la question suivante : si on continue indéfiniment cette itération, quelle est la probabilité d'obtention du chiffre 0 (chacun des neuf autres chiffres pouvant d'ailleurs jouer le même rôle) ? On sait « expérimentalement » pour le nombre π (pour lequel un algorithme un peu analogue existe) que cette probabilité est très proche de $1/10^e$ – la même pour tous les chiffres – lorsque l'on pousse le développement décimal au premier milliard (environ) de chiffres après la virgule ; par contre, on n'a aucune idée de la façon de démontrer que cette probabilité tend (ou ne tend pas) effectivement vers $1/10^e$ quand ce développement décimal est prolongé à l'infini. Remarquons, pour finir, que le nombre d'or est ainsi appelé, depuis l'Antiquité grecque au moins, parce qu'il symbolise une proportion idéale dans les formes : un rectangle dont les côtés sont dans le rapport du nombre d'or paraît parfait à l'œil, qui le détecte aisément dans une assemblée d'autres rectangles ayant des proportions légèrement différentes.

6. Une expérience semblable a été développée indépendamment et sensiblement à la même époque à l'Institut d'optique de Florence (S. Ciliberto), les bonnes idées se diffusant vite dans le milieu scientifique.

7. Le seuil d'intermittence spatio-temporelle est relié à l'idée de percolation dirigée. Cette expression mêle deux notions : celle de percolation et celle de direction. L'idée de percolation peut se comprendre de la façon suivante : imaginons un filet de pêcheur tendu sur un cadre. Coupons un lien sur 10 au hasard : le filet aura sans doute perdu de sa résistance, mais il sera toujours en un seul morceau. Si on continue à couper des liens pris au hasard, il arrivera un moment où les parties coupées vont « percoler » (c'est-à-dire se rejoindre) à travers le filet, et celui-ci va tomber en pièces. On aura atteint alors le seuil de percolation. Il existe d'innombrables exemples physiques de ce phénomène de percolation. Un de ses intérêts, au moins pour les physiciens, est que le seuil de percolation (de rupture dans notre exemple du filet) est bien défini et qu'il existe une théorie, celle des phénomènes critiques, qui explique les grandes fluctuations dans la taille des morceaux du filet au moment où celui-ci se rompt. Cette idée de percolation s'applique, entre autres cas, au passage d'un fluide dans une roche poreuse (ou dans du café moulu et pressé...) : si on assimile le fluide aux liens coupés du filet, le fluide commence à traverser la roche poreuse à partir d'un seuil de porosité analogue à celui de la percolation des liens. On peut aussi imaginer des applications de cette idée à des situations sociales : une entreprise, une armée où l'information ne percole pas (ne se transmet pas) risquent fort de se trouver en mauvaise posture. En 1940, il semble qu'il fallait à peu près 48 heures pour qu'un ordre du haut commandement allié parvienne, s'il y parvenait jamais, aux unités combattantes, dont l'organisation pouvait bien donner l'impression d'un filet déchiré... L'idée de « direction » dans la percolation dite « dirigée » peut s'expliquer ainsi : lorsqu'un liquide percole dans un matériau poreux, il y a continuité des portions mouillées d'un bout à l'autre du matériau. De même, le filet se sépare en morceaux lorsqu'on peut suivre continûment des liens coupés d'un bord à l'autre. La percolation est dite dirigée si, lors de ce passage d'un côté à l'autre, on s'impose de progresser dans une même direction, sans jamais revenir en arrière. Puisqu'il y a restriction, on conçoit que la percolation « dirigée » demandera de couper davantage de liens dans le filet ou de mettre plus de liquide dans le café que nécessaire pour la simple percolation. Cette restriction de « direction » est suffisante pour rendre la théorie et le domaine d'applications de la percolation dirigée assez différents de ceux de la simple percolation. En particulier, on peut imaginer abstraitement que le lien de causalité d'un événement à un autre introduit une direction du passé vers le futur dans la direction de temps. C'est ce qui justifie la conjecture que la transition de percolation dirigée est celle qui

explique l'intermittence spatio-temporelle, où il y a bien lien de cause à effet dans la contagion turbulente d'une région d'espace à sa voisine.

8. Il existe plusieurs types de sismographes, mais la plupart sont de type pendulaire avec une masse importante qui peut tourner autour d'un axe. Lorsque le support est déplacé brusquement par suite de l'arrivée des ondes sismiques, la masse ne bouge pas du fait de sa grande inertie. Le déplacement relatif entre le support – et donc la terre qui bouge – et la masse pendulaire – immobile – est mesuré, donnant un signal qui traduit fidèlement les mouvements du sol. Les oscillations de la masse sont évitées grâce à un amortissement visqueux.

9. Ce sujet est inspiré en partie d'un article issu de l'université de Californie à Santa Barbara : J. M. Carlson et J. S. Langer, *Physical Review* **A40**, 6470, 1989.

10. Le frottement, dans notre expérience quotidienne, est une manifestation de l'irréversibilité : dans les fluides qui s'écoulent, la viscosité qui quantifie ce frottement est aussi la quantité qui mesure la vitesse à laquelle l'énergie mécanique servant à mouvoir le fluide se dégrade en chaleur. La force correspondant au frottement visqueux, ou fluide, existe dès qu'il y a mouvement. Elle est très faible pour des déplacements très lents et varie de façon linéaire avec la vitesse, suivant une loi due à Newton. Au contraire, quand on tente de faire glisser un solide non lubrifié sur un autre, il faut exercer une force minimale pour que le déplacement ait lieu. Lorsque la vitesse de déplacement augmente, la force, le plus souvent, diminue, contrairement au cas du frottement visqueux. C'est, par exemple, ce qui fait que les skieurs en déplacement rapide ne sentent pratiquement plus la friction des skis sur la neige. Cet exemple met en lumière la complexité des phénomènes physiques responsables de la friction solide : on connaît les problèmes de fartage, dont les erreurs sont parfois à l'origine des échecs de nos champions, ceci malgré les efforts empiriques visant à diminuer encore la friction solide ski/neige par des revêtements adéquats. L'étude physique de la friction solide est actuellement en plein développement grâce aux progrès des techniques de préparation et de caractérisation des propriétés des surfaces solides à l'échelle moléculaire.

CHAPITRE 12 : *Une petite histoire du chaos*

1. H. Poincaré, *Sciences et méthode*, Flammarion, 1908.

2. Une description imagée des idées d'Hadamard se trouve dans le livre de P. Duhem, *La Théorie physique, son objet, sa structure*, Paris, 1906.

3. S. Diner dans « Chaos et Déterminisme » édité par A. Dahan, Dalmedico et al., Point Sciences, Le Seuil, 1992.

4. Andronov et Pontryaguin ont imaginé la notion de « stabilité structurelle » qui – implicitement – est à la base de la description mathématique de nombreux phénomènes naturels. L'idée est que l'on ne peut pas

connaître les équations du mouvement d'un système avec une précision infinie. Plutôt que de s'intéresser alors à la dynamique d'un système précis, on étudie toute une famille de systèmes voisins les uns des autres de par leurs équations du mouvement. Cette notion comporte un degré d'abstraction supplémentaire par rapport à l'idée habituelle de stabilité (ou de sensibilité aux conditions initiales). On regarde maintenant non pas la sensibilité par rapport au choix des conditions initiales pour une même équation du mouvement, mais la sensibilité (éventuelle) de l'ensemble des trajectoires possibles par rapport à un changement des équations du mouvement.

5. Le billard de Sinaï est de forme carrée avec un réflecteur cylindrique placé en son centre. Les « boules » rebondissent donc successivement sur les parois du carré et du cylindre. Toutes les trajectoires voisines s'écartent rapidement l'une de l'autre donnant ainsi une image très concrète de SCI comme on peut le voir sur la figure ci-après :

Cet ensemble de résultats de Sinaï sur le billard clôt un chapitre de la mécanique classique ouvert il y a plus d'un siècle par Boltzmann. Ce dernier, physicien autrichien contemporain de Freud, avait jeté des bases de ce que l'on appelle la mécanique statistique moderne. Il avait montré que la loi de croissance de l'entropie, soit l'irréversibilité macroscopique des systèmes thermodynamiques (dont le principe de Carnot est une manifestation) est une conséquence de l'hypothèse ergodique, une propriété des systèmes mécaniques (ou hamiltoniens) réversibles. Cette hypothèse ergodique, souvent formulée de façon très mathématique, implique une croissance « naturelle » du désordre lors des collisions successives entre molécules d'un gaz, par exemple. Elle a donné lieu, au début du siècle, à des controverses passionnées qui ont opposé à Boltzmann beaucoup des esprits éclairés de son temps : ces contradicteurs s'attachaient à l'opposition apparente entre réversibilité formelle des équations et irréversibilité des lois moyennes, comme prédit par Boltzmann.

Boltzmann n'avait pas, semble-t-il, la notion qu'une preuve mathématique de ses résultats était nécessaire. Ce n'est que plus tard – entre les deux guerres – que Birkhoff (qui a eu, entre autres mérites, celui de démontrer le dernier théorème de Poincaré) a formulé précisément l'hypothèse ergodique, démontrée par Sinaï pour le cas du billard à obstacles convexes (donc pour un système « réel »), en employant des méthodes mathématiques particulièrement peu triviales. Notons que l'extension des idées de Sinaï au cas dissipatif a été faite par Bowen.

6. S. Smale, « Differentiable Dynamical Systems », Bull. Am. Math. Soc. 13, 747, 1967.

7. L'attracteur étrange de Hénon est le résultat de l'application suivante à deux dimensions du plan dans lui-même :

$$X_{n+1} = Y_n + 1 - aX_n^2$$
$$Y_{n+1} = b\,X_n$$

a = 1,4 et b = 0,3, valeurs habituellement adoptées, sont celles de la figure représentée ci-dessous :

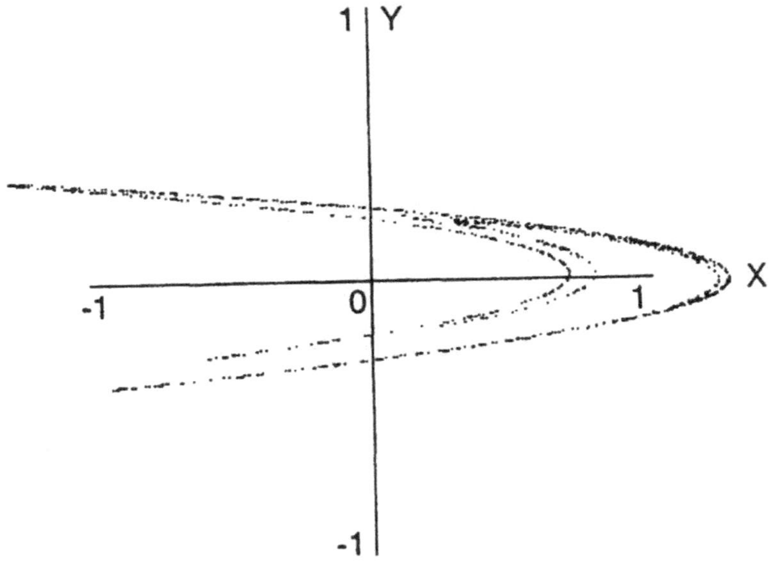

8. On peut s'interroger longuement sur les raisons – conscientes ou non – qui peuvent pousser des scientifiques renommés à se rendre complices d'une injustice en n'attribuant qu'à un seul découvreur ce qui fut en réalité trouvé indépendamment par plusieurs autres. Au-delà d'une possible (probable ?) connivence de « lobby », il existe probablement une raison plus profonde. Admettre qu'une découverte est faite indépendamment par deux (ou plusieurs) équipes, c'est, par là même, reconnaître que l'idée était « dans l'air » et que la découverte aurait, de toute façon, été faite et pratiquement à la même époque. C'est donc, *de facto*, minimiser son importance et – par voie de conséquence – tous les travaux des collègues étudiant le domaine correspondant ; au contraire, l'image mythique du grand découvreur unique grandit le prestige de tout travail s'y rapportant.

9. Notons, dans ce domaine, le rôle néfaste d'un livre « médiatique » tel

celui de J. Gleick qui – écrit par un journaliste peu au fait de la science du chaos – s'il est agréable à lire, biaise tout à fait l'information scientifique en omettant des pans entiers de la réalité. Outre qu'il passe quasiment sous silence les contributions françaises – pourtant très importantes – au domaine du chaos, il ignore complètement l'école russe. Ce dernier point est d'autant plus piquant qu'il monte en épingle les contributions de l'équipe américaine de Santa Cruz alors que, selon nous, la sympathique bande d'étudiants en question se limitait à des exercices d'application des grandes idées de Kolmogorov et de Sinaï !

10. F. Moon, *Chaotic Vibrations*, John Wiley and Sons, 1987.

Versets chaotiques

1. *Dictionnaire de physique portatif*, 3ᵉ édition, en Avignon chez la veuve Girard et François Seguin, 1767.

2. G. Duby, *Le Temps des cathédrales*, Éditions Gallimard, 1976.

3. I. Ekeland, *Le Calcul, l'imprévu*, Le Seuil, 1984.

4. P. Glorieux et E. Giacobino, « Explorer le chaos à la lumière des lasers », *La Recherche*, p. 1384, nov. 1989.

5. A. Babloyantz et A. Destexhe, « Is the Normal Heart a Periodic Oscillator ? », *Biological Cybernetics*, 58, p. 203, Springer Verlag, 1988.

6. B. J. West, *Fractal Physiology and Chaos in Medicine World Scientific*, 1990.

7. J.-P. Desportes, « La Longue Marche des babouins : ordre ou chaos ? », *La Recherche*, déc. 1984.

8. A. Destexhe et A. Babloyantz, « Deterministic Chaos in a Model of the Thalamo-Cortical System », *Self-Organization, Emerging Properties and Learning*, éd. par A. Babloyantz, Plenum Press, ARW Series, New York, 1991.

TABLE

Introduction 7

CHAPITRE 1 : *Autrefois le temps* 11

Le temps immobile, 12. – Origine du monde, origine du temps, 14. – De la prédiction dans les temps anciens, 17.

CHAPITRE 2 : *De notre temps* 21

Lois et stabilité, 22. – Mathématiques du temps continu, 23. – Vers l'évolution, 26. – Le temps éclaté, 27. – Repères géologiques, repères climatiques, 29. – La prédiction aujourd'hui, 33.

CHAPITRE 3 : *Regards sur un passé terrestre* 37

Champ magnétique terrestre, 38. – Quand on perd le Nord..., 42. – Une bande enregistreuse au fond des océans, 47. – Un fait troublant : l'errance déterministe, 49.

CHAPITRE 4 : *Une loi simple... un comportement complexe.* 51

La croissance d'une population animale, 52. – Un précurseur méconnu !, 54. – Aucune erreur ne vous sera pardonnée..., 60. –

De la nature de ce hasard, 62. – Modèle ou réalité ?, 63. – Vue géométrique sur la sensibilité aux conditions initiales, 65.

CHAPITRE 5 : *Les rythmes des horloges : le temps régulier.* 69

Les premières horloges, 69. – Qu'est-ce exactement qu'un pendule ?, 72. – Espace dynamique du pendule ou espace des phases, 75. – Quand le pendule ralentit ou action des non-linéarités, 79. – La mesure du temps aujourd'hui, 82.

CHAPITRE 6 : *Les horloges en compétition : le temps dévié.* 87

L'encensoir de Saint-Jacques-de-Compostelle : un pendule stimulé, 88. – Harmonie ou rivalité entre deux pendules, 91. – Une indépendance relative : le bipériodisme, 92. – Bipériodisme des marées, 95. – Quand l'union est forte : la synchronisation, 97. – Quand la lutte s'installe : le chaos, 101.

CHAPITRE 7 : *Chaos et attracteurs étranges* 109

Peut-on faire confiance aux pendules ?, 109. – Retour à Saint-Jacques-de-Compostelle, 113. – Un bel imbroglio, 114. – Une recette bien connue..., 117. – Un peu de géométrie... bizarre, 119. – Retour aux attracteurs chaotiques, 126. – Le chaos démasqué, 133.

CHAPITRE 8 : *Phénomènes périodiques naturels* 137

Toute dynamique naturelle est-elle périodique ?, 138. – Newton ou la raison du périodique, 140. – L'époque des doutes : le calcul des perturbations, 142. – Rien ne va plus !, 145. – Images de la dynamique du problème des trois corps, 146. – Retour sur Terre, 153. – Dissipatif contre conservatif, 155.

CHAPITRE 9 : *Météorologie* 157

Quel temps fera-t-il ?, 157. – Le temps qu'il fait, 159. – L'acte de prévision, 161. – Critique de la méthode ou la SCI revisitée, 164. – Du battement des ailes d'un papillon aux cyclones, 168.

CHAPITRE 10 : *Rythmes du monde vivant* 173

Le temps est-il notre maître ?, 173. – Une multitude d'horloges pour la dynamique de la vie, 174. – L'activité cardiaque : un oscillateur presque parfait à la géométrie complexe, 176. – La fibrillation : conséquence fatale d'oscillateurs découplés, 182. – Les rythmes biologiques : une étude difficile, 183. – Les horloges circadiennes endogènes existent-elles ?, 186. – Horloge circadienne et horloge circatidale, 188. – Le chaos des rythmes biologiques : réalité ou mirage ?, 189.

CHAPITRE 11 : *Vers les comportements collectifs* 195

Un système complexe... ultrasimple !, 197. – Transition et révolution(s) : un modèle, 200. – Déterministe et « chaotique »... mais sans sci !, 204. – Intermittences d'espace et de temps, 206. – L'intermittence spatio-temporelle : un phénomène universel ?, 212.

CHAPITRE 12 : *Une petite histoire du chaos* 219

Les pères fondateurs, 219. – D'autres pères fondateurs : l'école russe, 221. – Les classiques de l'époque moderne, 223. – La ruée vers l'or, 225. – Études de l'espace des phases, 228.

Versets chaotiques 233

Périodicité et temps subjectif, 233. – La magie des mots, 234. – Le chaos et les modes, 236. – Le chaos créateur d'information, 238. – Hasard déterministe et hasard vrai, 240. – Le chaos est-il utile ?, 241. – Chaos, vie et santé, 243. – L'activité cérébrale, entre chaos et turbulence ?, 245. – Déterminisme, libre arbitre et principes variationnels, 247. – Mathématiques contre physique, 249. – Hasard, chaos et information, 251. – Le chaos : réalisez-le vous-même, 253.

Annexe : *Des oscillateurs simples et leur géométrie de phase* 257

Notes 275

N° 26 Evelyne PEWZNER : *L'Homme coupable. La folie et la faute en Occident*

N° 27 Claude LÉVI-STRAUSS, Didier ÉRIBON : *De près et de loin*

N° 28 Paul KENNEDY : *Préparer le XXIe siècle*

N° 29 Uta FRITH : *L'Énigme de l'autisme*

N° 30 Ginette RAIMBAULT, Caroline ELIACHEFF : *Les Indomptables. Figures de l'anorexie*

N° 31 Pierre KARLI : *L'Homme agressif*

N° 32 Jean-Baptiste FAGES : *Histoire de la psychanalyse après Freud*

N° 33 Richard DAWKINS : *Le Gène égoïste*

N° 34 John D. BARROW : *Pourquoi le monde est-il mathématique ?*

N° 35 Catherine BONNET : *Geste d'amour. L'accouchement sous X*

N° 36 Jacques HOCHMANN, Marc JEANNEROD : *Esprit, où es-tu ? Psychanalyse et neurosciences*

N° 37 Françoise HÉRITIER (sous la direction de) : *De la violence*

N° 38 Harlan LANE : *Quand l'esprit entend. Histoire des sourds-muets*

N° 39 Marie CURIE : *Pierre Curie*

N° 40 Jean HEIDMANN : *Intelligences extra-terrestres*

N° 41 Edward N. LUTTWAK : *Coup d'État, mode d'emploi*

N° 42 Dan KILEY : *Le Syndrome de Peter Pan. Ces hommes qui refusent de grandir*

N° 43 Michael S. GAZZANIGA : *Le Cerveau social*

N° 44 Robert AXELROD : *Comment réussir dans un monde d'égoïstes*

N° 45 Antoine GARAPON : *Bien juger. Essai sur le rituel judiciaire*

N° 46 Jacques LESOURNE : *Vérités et mensonges sur le chômage*

N° 47 James LOVELOCK : *Les Âges de Gaïa*

N° 48 Peter REICHEL : *La Fascination du nazisme*

N° 49 Massimo PIATTELLI PALMARINI : *Le Goût des études ou comment l'acquérir*

N° 50 Roger VIGOUROUX : *La Fabrique du beau*

N° 51 Jean-Pierre PHARABOD, Bernard PIRE : *Le Rêve des physiciens*

N° 52 Patrice HUERRE, Jean-Michel REYMOND, Martine PAGAN-REYMOND : *L'Adolescence n'existe pas*

N° 53 Philippe TAQUET : *L'Empreinte des dinosaures*

N° 54 Éric ALBERT, Alain BRACONNIER : *Tout est dans la tête. Émotion, stress, action*

N° 55 Jean-Marie BOURRE : *La Diététique de la performance. Intelligence, mémoire, sexualité*

N° 56 Jacques HOCHMAN : *Pour soigner l'enfant autiste*

N° 57 Antoine GARAPON, Denis SALAS (sous la direction de) : *La Justice et le Mal*

N° 58 Renaud de ROCHEBRUNE, Jean-Claude HAZERA : *Les Patrons sous l'Occupation I – Collaboration, Résistance, marché noir...*

N° 59 Renaud de ROCHEBRUNE, Jean-Claude HAZERA : *Les Patrons sous l'Occupation II – Pétainisme, intrigues, spoliation...*

N° 60 Patrice BOURDELAIS : *L'Âge de la vieillesse. Histoire du vieillissement de la population*

N° 61 Marie-Frédérique BACQUÉ (sous la direction de) : *Mourir aujourd'hui. Les nouveaux rites funéraires*

N° 62 Petr SKRABANEK, James MCCORMICK : *Idées folles, idées fausses en médecine*

N° 63 Françoise HÉRITIER : *Les Deux Sœurs et leur Mère. Anthropologie de l'inceste*

N° 64 Pierre BERGÉ, Yves POMEAU, Monique DUBOIS-GANCE : *Des rythmes au chaos*

N° 65 Michel AGLIETTA : *Régulation et crises du capitalisme*

Imprimé par Lightning Source France
1 avenue Gutenberg
78310 Maurepas

N° d'édition : 7381-0234-Y

9 782738 102348